中国工程院咨询研究报告

中国煤炭清洁高效可持续开发利用战略研究

谢克昌／主编

第 6 卷

先进燃煤发电技术

黄其励 等／著

科学出版社

北京

内 容 简 介

本书是《中国煤炭清洁高效可持续开发利用战略研究》丛书之一。

本书重点论述了燃煤发电行业的现状并给出了技术发展的导向。本书在煤粉锅炉汽轮机发电及节能节水技术，循环流化床锅炉发电技术，整体煤气化燃气－蒸汽联合循环（integrated gasification combined cycle，IGCC）发电技术，先进燃煤发电污染控制技术和燃煤电厂 CO_2 捕集、利用和封存技术，电厂燃煤稳定供应策略方面进行了论述并给出技术发展路线图。

本书可供能源领域的管理人员、专家、学者了解我国的燃煤发电技术和发展方向。

图书在版编目（CIP）数据

先进燃煤发电技术 / 黄其励等著. —北京：科学出版社，2014.10
（中国煤炭清洁高效可持续开发利用战略 / 谢克昌主编；6）
"十二五"国家重点图书出版规划项目 中国工程院重大咨询项目
ISBN 978-7-03-040337-7

Ⅰ. 先… Ⅱ. 黄… Ⅲ. 燃煤锅炉-火力发电-研究 Ⅳ. TM621.2

中国版本图书馆 CIP 数据核字（2014）第 063523 号

责任编辑：李 敏 刘 超 张 震 / 责任校对：郑金红
责任印制：徐晓晨 / 封面设计：黄华斌

科 学 出 版 社 出版
北京东黄城根北街 16 号
邮政编码：100717
http://www.sciencep.com

北京京华虎彩印刷有限公司 印刷
科学出版社发行 各地新华书店经销

*

2014 年 10 月第 一 版 开本：787×1092 1/16
2017 年 1 月第三次印刷 印张：18 1/2
字数：410 000

定价：198.00 元
（如有印装质量问题，我社负责调换）

中国工程院重大咨询项目

中国煤炭清洁高效可持续开发利用战略研究
项目顾问及负责人

项目顾问

徐匡迪　中国工程院　十届全国政协副主席、中国工程院主席团名誉主席、原院长、院士

周　济　中国工程院　院长、院士

潘云鹤　中国工程院　常务副院长、院士

杜祥琬　中国工程院　原副院长、院士

项目负责人

谢克昌　中国工程院　副院长、院士

课题负责人

第 1 课题　煤炭资源与水资源　　　　　　　　　　　　　　彭苏萍

第 2 课题　煤炭安全、高效、绿色开采技术与战略研究　　　谢和平

第 3 课题　煤炭提质技术与输配方案的战略研究　　　　　　刘炯天

第 4 课题　煤利用中的污染控制和净化技术　　　　　　　　郝吉明

第 5 课题　先进清洁煤燃烧与气化技术　　　　　　　　　　岑可法

第 6 课题　先进燃煤发电技术　　　　　　　　　　　　　　黄其励

第 7 课题　先进输电技术与煤炭清洁高效利用　　　　　　　李立涅

第 8 课题　煤洁净高效转化　　　　　　　　　　　　　　　谢克昌

第 9 课题　煤基多联产技术　　　　　　　　　　　　　　　倪维斗

第 10 课题　煤利用过程中的节能技术　　　　　　　　　　金　涌

第 11 课题　中美煤炭清洁高效利用技术对比　　　　　　　谢克昌

综　合　组　中国煤炭清洁高效可持续开发利用　　　　　　谢克昌

本卷研究组成员

组　长

黄其励　　东北电网公司　　　　　　　院士、教授

副组长

岳光溪　　清华大学　　　　　　　　　院士、教授

成　员

倪维斗　　清华大学　　　　　　　　　院士、教授

岑可法　　浙江大学　　　　　　　　　院士、教授

秦裕琨　　哈尔滨工业大学　　　　　　院士、教授

费维杨　　清华大学　　　　　　　　　院士、教授

潘　垣　　华中科技大学　　　　　　　院士、教授

徐大懋　　中国广东核电集团有限公司　院士

孙　锐　　电力规划设计总院　　　　　副院长兼总工、教授级高工

龙　辉　　中国电力工程顾问集团公司　教授级高工

杨勇平　　华北电力大学　　　　　　　副校长、教授

姜士宏　　电力规划设计总院　　　　　副总工、兼副主任、教授级高工

程乐鸣　　浙江大学　　　　　　　　　教授

倪明江　　浙江大学　　　　　　　　　教授

吕俊复　　清华大学　　　　　　　　　教授

张　海　　清华大学　　　　　　　　　教授

杨海瑞　　清华大学　　　　　　　　　教授

许世森　　中国华能集团清洁能源技　　院长、教授级高工
　　　　　术研究院有限公司

焦树建　　清华大学　　　　　　　　　教授

黄　斌　　中国华能集团公司　　　　　高工

孙绍增　　哈尔滨工业大学　　　　　　教授

王志轩　　中国电力企业联合会　　　　秘书长、教授级高工

朱法华　　国电环境保护研究院　　　　院长

张晶杰　　中国电力企业联合会　　　　高级经济师

薛建明　　国电环境保护研究院　　　　教授级高工

李 政	清华大学	教授
翁 立	北京低碳清洁能源研究所	研究员
许兆峰	清华大学	助理研究员
王宝冬	北京低碳清洁能源研究所	教授级高工
彭 勃	中国石油大学	教授
刘练波	中国华能集团清洁能源技术研究院有限公司	高工
赵 洁	电力规划设计总院	院长、教授级高工
崔占忠	电力规划设计总院	副主任、高工
张 健	电力规划设计总院	副主任、教授级高工
袁 德	中国电力投资集团公司	生产总工、教授级高工
程钧培	上海发电设备成套设计研究院	院长
黄树红	华中科技大学	教授
刘 青	清华大学	副教授
陈 刚	华中科技大学	教授
柴靖宇	电力规划设计总院	教授级高工
冯伟忠	外高桥第三发电有限责任公司	总经理
陈玉红	中国电力工程顾问集团公司	教授级高工
王 盾	电力规划设计总院	教授级高工
刘 庆	电力规划设计总院	处长、教授级高工
冉 巍	电力规划设计总院	高工
赵兴雷	北京低碳清洁能源研究所	高工
陶 叶	电力规划设计总院	高工
詹 扬	华北电力设计院工程有限公司	总工、教授级高工
彭红文	华北电力设计院工程有限公司	处长、教授级高工
杜 谦	哈尔滨工业大学	副教授
陈多刚	中国电力投资集团公司	副处长、高工
罗 青	中国华能集团香港有限公司	副总经理
李 侃	神华集团有限责任公司销售管理部	总经理
马春元	燃煤污染物减排国家工程实验室	教授

序 一

　　近年来，能源开发利用必须与经济、社会、环境全面协调和可持续发展已成为世界各国的普遍共识，我国以煤炭为主的能源结构面临严峻挑战。煤炭清洁、高效、可持续开发利用不仅关系我国能源的安全和稳定供应，而且是构建我国社会主义生态文明和美丽中国的基础与保障。2012 年，我国煤炭产量占世界煤炭总产量的 50% 左右，消费量占我国一次能源消费量的 70% 左右，煤炭在满足经济社会发展对能源的需求的同时，也给我国环境治理和温室气体减排带来巨大的压力。推动煤炭清洁、高效、可持续开发利用，促进能源生产和消费革命，成为新时期煤炭发展必须面对和要解决的问题。

　　中国工程院作为我国工程技术界最高的荣誉性、咨询性学术机构，立足我国经济社会发展需求和能源发展战略，及时地组织开展了"中国煤炭清洁高效可持续开发利用战略研究"重大咨询项目和"中美煤炭清洁高效利用技术对比"专题研究，体现了中国工程院和院士们对国家发展的责任感和使命感，经过近两年的调查研究，形成了我国煤炭发展的战略思路和措施建议，这对指导我国煤炭清洁、高效、可持续开发利用和加快煤炭国际合作具有重要意义。项目研究成果凝聚了众多院士和专家的集体智慧，部分研究成果和观点已经在政府相关规划、政策和重大决策中得到体现。

　　对院士和专家们严谨的学术作风和付出的辛勤劳动表示衷心的敬意与感谢。

徐匡迪

2013 年 11 月 6 日

序 二

  煤炭是我国的主体能源，我国正处于工业化、城镇化快速推进阶段，今后较长一段时期，能源需求仍将较快增长，煤炭消费总量也将持续增加。我国面临着以高碳能源为主的能源结构与发展绿色、低碳经济的迫切需求之间的矛盾，煤炭大规模开发利用带来了安全、生态、温室气体排放等一系列严峻问题，迫切需要开辟出一条清洁、高效、可持续开发利用煤炭的新道路。

  2010 年 8 月，谢克昌院士根据其长期对洁净煤技术的认识和实践，在《新一代煤化工和洁净煤技术利用现状分析与对策建议》(《中国工程科学》2003 年第 6 期)、《洁净煤战略与循环经济》(《中国洁净煤战略研讨会大会报告》，2004 年第 6 期) 等先期研究的基础上，根据上述问题和挑战，提出了《中国煤炭清洁高效可持续开发利用战略研究》实施方案，得到了具有共识的中国工程院主要领导和众多院士、专家的大力支持。

  2011 年 2 月，中国工程院启动了 "中国煤炭清洁高效可持续开发利用战略研究" 重大咨询项目，国内煤炭及相关领域的 30 位院士、400 多位专家和 95 家单位共同参与，经过近两年的研究，形成了一系列重大研究成果。徐匡迪、周济、潘云鹤、杜祥琬等同志作为项目顾问，提出了大量的指导性意见；各位院士、专家深入现场调研上百次，取得了宝贵的第一手资料；神华集团、陕西煤业化工集团等企业在人力、物力上给予了大力支持，为项目顺利完成奠定了坚实的基础。

  "中国煤炭清洁高效可持续开发利用战略研究" 重大咨询项目涵盖了煤炭开发利用的全产业链，分为综合组、10 个课题组和 1 个专题组，以国内外已工业化和近工业化的技术为案例，以先进的分析、比较、评价方法为手段，通过对有关煤的清洁高效利用的全局性、系统性、基础性问题的深入研究，提出了科学性、时效性和操作性强的煤炭清洁、高效、可持续开发利用战略方案。

  《中国煤炭清洁高效可持续开发利用战略研究》丛书是在 10 项课题研究、1 项专题研究和项目综合研究成果基础上整理编著而成的，共有 12 卷，对煤炭的开发、输配、转化、利用全过程和中美煤炭清洁高效利用技术等进行了系统的调研和分析研究。

  综合卷《中国煤炭清洁高效可持续开发利用战略研究》包括项目综合报告及 10 个课题、1 个专题的简要报告，由中国工程院谢克昌院士牵头，分析了我国煤炭清洁、高效、可持续开发利用面临的形势，针对煤炭开发利用过程中的一系列重大问题进行了分析研究，给出了清洁、高效、可持续的量化指标，提出了符合我国国情的煤炭清洁、高效、可持续开发利用战略和政策措施建议。

第1卷《煤炭资源与水资源》，由中国矿业大学（北京）彭苏萍院士牵头，系统地研究了我国煤炭资源分布特点、开发现状、发展趋势，以及煤炭资源与水资源的关系，提出了煤炭资源可持续开发的战略思路、开发布局和政策建议。

第2卷《煤炭安全、高效、绿色开采技术与战略研究》，由四川大学谢和平院士牵头，分析了我国煤炭开采现状与存在的主要问题，创造性地提出了以安全、高效、绿色开采为目标的"科学产能"评价体系，提出了科学规划我国五大产煤区的发展战略与政策导向。

第3卷《煤炭提质技术与输配方案的战略研究》，由中国矿业大学刘炯天院士牵头，分析了煤炭提质技术与产业相关问题和煤炭输配现状，提出了"洁配度"评价体系，提出了煤炭整体提质和输配优化的战略思路与实施方案。

第4卷《煤利用中的污染控制和净化技术》，由清华大学郝吉明院士牵头，系统研究了我国重点领域煤炭利用污染物排放控制和碳减排技术，提出了推进重点区域煤炭消费总量控制和煤炭清洁化利用的战略思路和政策建议。

第5卷《先进清洁煤燃烧与气化技术》，由浙江大学岑可法院士牵头，系统分析了各种燃烧与气化技术，提出了先进、低碳、清洁、高效的煤燃烧与气化发展路线图和战略思路，重点提出发展煤分级转化综合利用技术的建议。

第6卷《先进燃煤发电技术》，由东北电网有限公司黄其励院士牵头，分析评估了我国燃煤发电技术及其存在的问题，提出了燃煤发电技术近期、中期和远期发展战略思路、技术路线图和电煤稳定供应策略。

第7卷《先进输电技术与煤炭清洁高效利用》，由中国南方电网公司李立涅院士牵头，分析了煤炭、电力流向和国内外各种电力传输技术，通过对输电和输煤进行比较研究，提出了电煤输运构想和电网发展模式。

第8卷《煤洁净高效转化》，由中国工程院谢克昌院士牵头，调研分析了主要煤基产品所对应的煤转化技术和产业状况，提出了我国煤转化产业布局、产品结构、产品规模、发展路线图和政策措施建议。

第9卷《煤基多联产技术》，由清华大学倪维斗院士牵头，分析了我国煤基多联产技术发展的现状和问题，提出了我国多联产系统发展的规模、布局、发展战略和路线图，对多联产技术发展的政策和保障体系建设提出了建议。

第 10 卷《煤炭利用过程中的节能技术》，由清华大学金涌院士牵头，调研分析了我国重点耗煤行业的技术状况和节能问题，提出了技术、结构和管理三方面的节能潜力与各行业的主要节能技术发展方向。

第 11 卷《中美煤炭清洁高效利用技术对比》，由中国工程院谢克昌院士牵头，对中美两国在煤炭清洁高效利用技术和发展路线方面的同异、优劣进行了深入的对比分析，为中国煤炭清洁、高效、可持续开发利用战略研究提供了支撑。

《中国煤炭清洁高效可持续开发利用战略研究》丛书是中国工程院和煤炭及相关行业专家集体智慧的结晶，体现了我国煤炭及相关行业对我国煤炭发展的最新认识和总体思路，对我国煤炭清洁、高效、可持续开发利用的战略方向选择和产业布局具有一定的借鉴作用，对广大的科技工作者、行业管理人员、企业管理人员都具有很好的参考价值。

受煤炭发展复杂性和编写人员水平的限制，书中难免存在疏漏、偏颇之处，请有关专家和读者批评、指正。

谢克昌

2013 年 11 月

前　言

　　电力行业承担着提供稳定可靠电力保障的任务。由于我国煤炭丰富，煤炭成为电力行业的主要能源，煤电占电力行业总容量的70%以上，消耗煤炭占全国煤炭消耗总量的一半。虽然我国煤炭资源较为丰富，但煤炭资源赋存丰度与经济发达程度逆向分布，给燃煤机组的经济环保运行带来困难。当前火电发展增速减慢，但长远来看，在环保技术进步、发电成本降低、电力需求增加等因素的推动下，煤电行业未来发展前景仍较为乐观。不可否认，煤电行业在污染物控制和 CO_2 减排方面也承担着重要的责任，其技术的研发和完善在近几年将得到迅速发展。

　　煤电行业高效清洁发展的主要方向是提高设备的效率，减少煤炭的消耗。现阶段煤电行业主要是煤粉发电技术和循环流化床锅炉发电技术。近几年来，随着大型电力设备制造水平的快速提高以及以大代小政策的落实，大型火电机组可靠性和效率显著提高。与此同时，随着节水技术的应用、水务管理水平的提高，以及空冷机组的大量应用，全国火电厂单位发电量耗水量大幅降低。

　　就煤粉发电技术而言，提高火电厂蒸汽参数是提高供电效率的有效途径。以600MW机组为例，超临界机组比亚临界机组设计发电煤耗下降14gce/（kW·h），而超超临界机组比超临界机组又下降11gce/（kW·h）。我国600MW及以上机组所占比例近年来快速增加，所占比例已达36.84%。今后，还应进一步优化火电结构，建设高参数、大容量机组；积极开发二次再热机组，提高机组的供电效率；积极开展700℃等级超超临界机组的研究和开发，大力推进高级耐热金属材料特别是镍基合金材料的开发，既是技术储备也是战略储备，进一步提高机组设计参数，实现600℃、700℃等级超超临界机组自主知识产权；合理加大热电联产机组比例，热电联产技术具有显著的节能减排效益，它将高品位的热能用于发电，低品位的热能用于供热，实现了能源梯级利用，理论上是一种高效率的能源利用形式，具有节约能源、改善环境的综合效益；强化热力系统等设计优化并对现有燃煤火电机组进行系统节能提效改造；加强运行管理及节能调度；积极推进综合节水技术的应用，汽轮发电机组主机排汽采用空冷系统后，与循环供水的湿冷机组相比，全厂节水达到80%左右。在北方缺水地区，大力采用空冷技术，进一步降低发电水耗；积极探索以燃煤发电为主、与太阳能等可再生能源相结合的复合发电技术，充分利用可再生能源，做好可再生能源与传统能源的协调使用，搞好工业示范。

循环流化床燃烧（CFB）发电技术具有清洁高效、污染物排放量低、燃料适应性广、负荷调节范围大以及灰渣易于综合利用等优点。近20年该技术迅猛发展，从小容量工业锅炉走向大型发电行业，是煤清洁燃烧发电的重要技术之一。目前，我国已经掌握了世界领先的CFB技术，具备了开发创新的能力，形成了自主知识产权的CFB技术，达到了国际先进或领先水平。值得注意的是，CFB锅炉燃料不仅在劣质煤和特种燃料大规模利用上有其优势，同时还可以低成本控制污染物排放。随着CFB锅炉低能耗技术的逐渐完善，循环流化床锅炉机组在供电效率和可靠性方面已与煤粉锅炉相当。今后应充分发挥CFB锅炉燃烧技术的优点及其在劣质煤利用、低成本污染控制方面的优势，同时将低能耗新技术和高可靠性、高参数相结合，降低污染物排放，发展超临界/超超临界参数CFB锅炉机组。

整体煤气化燃气-蒸汽联合循环（integrated gasification combined cycle，IGCC）是1987年试验成功的一种洁净煤发电新技术。在未来的5~15年内，该技术的供电效率有望达到50%~52%，而污染物排放只有同容量超临界参数燃煤电站的1/3。但是，由于IGCC技术的发展历史很短，关键技术研发得不够，系统较复杂，尚未形成批量和规模生产，其比投资费用和发电成本较高，因而该技术的发展并不顺利。但随着IGCC技术在煤化工、石化企业、煤制天然气的生产中，获得了明显的经济和环保效益，且其关键技术又渐趋成熟，加上人们认识到，IGCC技术是煤炭清洁高效利用，尤其是减排CO_2的有效途径之一，因此，目前世界上重新掀起了开发IGCC的热潮。我国也建立了三座示范工程，其中天津"绿色煤电"项目是我国唯一一座纯发电的示范工程。显然，为了发展该技术，解决其比投资费用和发电成本高的问题是无法回避的。我国需通过天津"绿色煤电"示范工程积累经验，尽快掌握和改进IGCC技术。

烟气脱硫主要以钙基原料为吸收剂，但存在脱硫产物的资源化问题且耗水较高。目前大规模采用的选择性催化还原法（SCR）烟气脱硝技术效率高；选择性非催化还原法（SNCR）烟气脱硝技术成本低，但效率也低；低氮燃烧技术实现简单，成本最低。因此，依靠科技进步，应进一步发展深化综合低氮燃烧技术，并因地因时制宜，综合协调采用SCR、SNCR及低氮燃烧技术的组合方式控制氮氧化物（NO_x）排放。控制燃煤电站污染物排放技术的发展方向是以脱硫脱硝一体化、汞排放协同控制为主；加强PM_{10}和$PM_{2.5}$的综合治理和推广技术；从可持续发展看，应当大力发展节水、资源化的脱硫技术。

　　CO_2 捕集利用和封存（CCUS）技术当前面临的最主要问题是巨大的能源消耗增量和封存的长期安全性。现阶段宜建设少量燃煤电厂 CO_2 捕集示范项目，验证并促进燃煤电厂脱碳技术进步，降低 CO_2 捕集的能耗和成本。富氧燃烧技术是燃烧中减少 CO_2 排放的有效措施，但会导致供电效率下降。化学链燃烧减少 CO_2 排放优势非常明显，可以进行示范。燃烧前捕集 CO_2 适用于 IGCC 以及部分化工过程。增加 CO_2 捕集储存（CCS）后，除了输运与封存外，系统的耗能增加。由于 CCS 影响到燃煤电厂经济性，有效利用 CO_2 是缓解经济性压力的有效途径。本书建议明确 CCUS 在我国碳减排中的地位；适当提高 CCUS 燃煤电厂的上网电价或给予适当补贴；采取税收优惠，从金融、财政、税务等方面政策上改善 CCUS 燃煤电厂的经济性；设立碳排放限额或碳税；加强 CCUS 基础研究及技术示范；建立 CCUS 科技发展规划，加大对 CCUS 的科学技术研究和工程示范的支持力度；做好相关人才的培养和国际合作交流。

　　保证火电厂供煤的数量和品质，对煤炭清洁高效利用有重要的影响。应借鉴国际煤炭等大宗货物成熟的市场运行经验，结合我国国情及市场现状，创建我国稳定电厂燃煤供应所应采取的措施，如长期供煤合同、燃煤价格调整机制、能源和煤电管理体系、煤电价格联动机制等。建立长期合同为主、短期合同和临时合同相结合的电厂燃煤购销体制；创建一套涉及煤炭、运输和电力行业全产业链的科学、公正、权威的价格指数体系，并在此基础上构建具有中国特色的燃煤价格调整机制；创建并逐步完善燃煤价格、上网电价、销售电价的联动机制，建立完整的电价市场化形成和运行模式，充分发挥价格信号对市场的引导作用，形成协调、有序、竞争的电力市场；构建统一完善的发电行业燃煤管理体系。大力开拓国际煤源，调整国内供给不足，探索并采用输煤输电并举的灵活多样的能源运输体系，充分利用混配煤技术实现最大化的环保和经济效益。科学挖潜、加强管理以降低燃煤发电综合成本，利用管理体系和机制的优势稳定电厂燃煤的采购和供应。通过健康的市场机制保障电厂燃煤的稳定供应。

　　同时，国家应加强电网调峰电源的规划，并制定合理的电网辅助服务政策，使高效火电机组取得实际的节能减排效益。

　　以燃煤发电为主的电力结构，在今后相当长时期内都不会改变。大力发展高效、清洁、低碳的燃煤发电技术，在 21 世纪具有重大的战略意义。

作　者

2013 年 12 月

目　　录

第1章　概　述

1.1　燃煤发电机组技术及经济特性分析

1.1.1　国内燃煤发电机组现状

电力工业是煤炭消耗的主要产业,2010年我国发电耗用原煤量16亿t,占全国煤炭消耗总量的50.24%。

2012年年底,我国发电总装机容量达11.45亿kW,其中火电机组装机容量8.19亿kW,占全国总装机容量的71.53%,近几年总装机容量和火电装机容量的变化情况如图1-1所示。

图1-1　全国总装机容量和火电机组装机容量

1.1.2　主要技术指标分析

1.1.2.1　机组热效率、煤耗及厂用电率

我国300MW及以上纯凝燃煤湿冷发电机组设计热效率及发电煤耗见表1-1。从表1-1可以看出,从300MW亚临界机组到600MW超临界机组、再到1000MW超超临界机组,提高蒸汽参数使发电效率明显提高。以600MW机组为例,亚临界机组设计发电煤耗296gce/(kW·h),超临界机组设计发电煤耗为282gce/(kW·h),下降14gce/(kW·h),而600MW级超超临界机组设计发电煤耗降为271gce/(kW·h),比超临界机组

又下降 11gce/（kW·h）。由于煤耗的降低，粉尘、SO_x，NO_x 及 CO_2 等的排放量大大降低。

表 1-1　300MW 及以上纯凝燃煤湿冷发电机组设计热效率及发电煤耗

机组种类	蒸汽初参数		设计热效率/%	设计发电煤耗/[gce/(kW·h)]	设计厂用电率/%	设计供电煤耗/[gce/(kW·h)]
	温度/℃	压力/MPa				
亚临界 300MW	538/538	16.67	41.3	298	6.7	319.9
亚临界 600MW	538/538	16.67	41.6	296	6.2~6.5	315.6~316.6
超临界 600MW	566/566	24.2	43.6	282	6.2~6.5	300.6~301.6
超超临界 600MW	600/600	25	45.4	271	6~6.2	288.3~288.9
超超临界 1000MW	600/600	27	45.7	269	5~5.5	283.2~284.7

2012 年，我国 600MW 及以上电厂年运行平均供电煤耗 326gce/（kW·h），比 2002年的 383gce/（kW·h）下降了 57gce/（kW·h），近几年火电厂运行平均供电煤耗变化情况如图 1-2 所示。

图 1-2　全国火电机组年运行平均供电煤耗

2011 年，全国 300MW 及以上火电机组供电煤耗对比情况如图 1-3 所示。

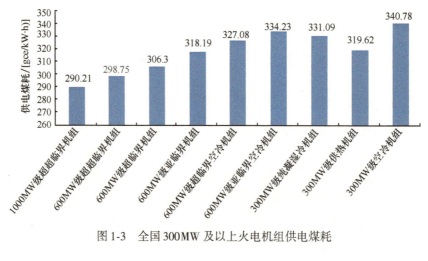

图 1-3　全国 300MW 及以上火电机组供电煤耗

2011年全国火电机组运行供电煤耗对比结果显示，1000MW超超临界机组经济性最好，平均供电煤耗为290.21gce/(kW·h)，300MW级空冷机组平均供电煤耗为340.78gce/(kW·h)，比300MW级纯凝湿冷机组平均供电煤耗高出9.69gce/(kW·h)。

近几年来，随着火电机组环保治理措施的逐渐完善，火电厂用电设备有所增加，但由于电网中新增机组单机容量逐步加大，低效的中小凝气机组逐步关停。因此，火电厂平均厂用电率有所下降，近年全国火电机组的厂用电率变化情况如图1-4所示。

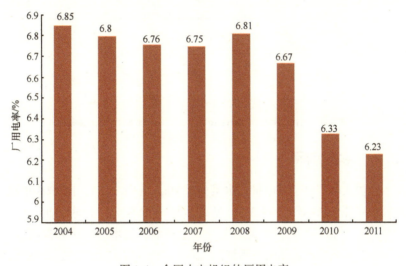

图1-4 全国火电机组的厂用电率

2011年，全国300MW级火电机组、600MW及以上火电机组厂用电率对比情况如图1-5和图1-6所示。

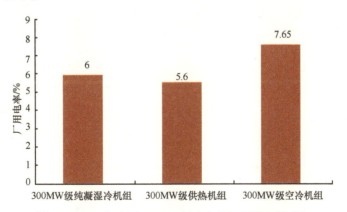

图1-5 2011年全国300MW级火电机组厂用电率对比

由图1-5、图1-6可以看出，全国2011年300MW以上火电机组纯凝湿冷机组厂用电率为4.24%～6%，空冷机组厂用电率为6.61%～7.65%。

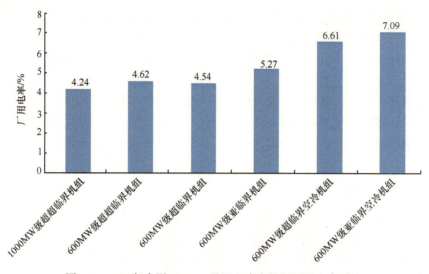

图 1-6　2011 年全国 600MW 及以上火电机组厂用电率对比

1.1.2.2　耗水指标

2011 年，全国火电厂单位发电量耗水量为 2.34kg/（kW·h），比 2005 年耗水指标降低 24.3%，比 2000 年耗水指标降低 43.3%，见表 1-2。不同容量、不同冷却方式机组的单位发电耗水量见图 1-7。分析其原因，一是发电企业重视节水技术的应用和提高水务管理水平；二是"上大压小"等电力产业结构的调整；三是北方缺水地区投运空冷机组的份额增加。

表 1-2　火力发电厂设计耗水指标和实际运行耗水量

燃煤机组冷却方式	设计耗水指标相关标准规定/[m³/(s·GW)]			实际运行耗水量统计数值/[m³/(s·GW)]		
	《火力发电厂节水导则》（DL/T 783）	《取水定额》（GB/T18916.1）	《大中型火力发电厂设计规范》（GB50660—2011）	2000 年	2005 年	2011 年
淡水循环	0.6～0.8	≤0.8	≤0.7	1.147,[4.13kg/(kW·h)]	0.86,[3.09kg/(kW·h)]	0.649,[2.34kg/(kW·h)]
海水直流	0.06～0.12	≤0.12	≤0.1			
空冷机组	0.13～0.2	—	≤0.06～0.12			

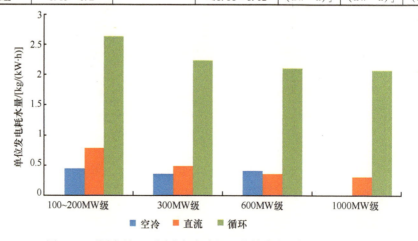

图 1-7　不同容量、不同冷却方式机组的单位发电耗水量柱状图

1.1.2.3 可靠性指标

2010 年，200～1000MW 火电机组主要运行可靠性指标见表 1-3。

表 1-3 2010 年 200～1000MW 火电机组主要运行可靠性指标

机组容量分类/MW	统计台数/台	运行系数/%	等效可用系数/%	等效强迫停运率/%	非计划停运次数/[次/（台·a）]
900～1000	21	88.14	92.25	0.38	0.72
800	2	53.95	63.58	0.78	3.00
700	6	79.12	88.90	0.31	0.50
660～680	39	79.32	92.88	0.58	0.98
600～650	249	81.68	92.51	0.55	0.66
500	8	79.32	92.88	0.58	0.98
360～385	16	79.07	94.83	1.48	1.19
350～352	58	87.89	94.36	0.32	0.54
330～340	118	83.79	93.48	0.36	0.67
310～328.5	52	85.82	93.69	0.09	0.35
300	363	79.79	92.31	0.60	0.75
205～250	78	73.95	94.27	0.45	0.41
200	113	77.74	94.22	0.51	0.45

通过深入开展可靠性监管工作，近年来全国电力系统及电力设备的可靠性稳步提高。2010 年，参与可靠性指标统计评价的燃煤火电机组共计 1342 台，总容量 466 180MW。燃煤火电机组中，500～1000MW 容量机组 325 台，总容量 207 280MW，占常规火电总装机容量的 44.46%；300～390MW 容量机组 607 台，总容量 190 910MW，占常规火电总装机容量的 40.95%；200～290MW 容量机组 191 台，总容量 39 490MW，占常规火电总装机容量的 8.47%；100～190MW 容量机组 219 台，总容量 28 490MW，占常规火电总装机容量的 6.11%。300MW 及以上容量机组所占比例进一步提高，占常规火电总装机容量的 85.42%。

（1）等效可用系数

等效可用系数定义如下：

$$EAF = \frac{AH - EUDH}{PH} \times 100\% \tag{1-1}$$

式中，EAF 为等效可用系数；AH 为统计期间可用小时数；EUDH 为降出力等效运行小时数；PH 为统计期间小时数。

2010 年，全国火电设备年利用时数为 5031h，比 2009 年提高 168h，是 2004 年以来火电设备利用时数的首次回升。在这些机组中，900～1000MW 机组、200～680MW 机组等效可用系数均在 92.25% 以上，等效可用系数为 63.58% 的 800MW 机组和等效可用系数为 88.90% 的 700MW 机组分别为俄罗斯和日本的产品。它们的等效可用系数明显低于国内机组等效可用系数。

（2）强迫停运

等效强迫停运率定义如下：

$$EFOR = \frac{FOH+EFDH}{FOH+SH+EFDH} \times 100\% \qquad (1-2)$$

式中，EFOR 为等效事故（被迫）停运率；FOH 为被迫停运小时数；SH 为运行小时数。

统计期间可用小时数（AH）：机组或者设备的主要部分能够投运提供服务的时间，与其实际运行与否、可以运行负荷水平无关。

统计期间小时数（PH）：设备处于"可运行状态"的时钟小时数（通常是一年）。可运行状态包括计划停运或事故（被迫）停运期间的可用状态（从零到满负荷）和无负荷状态，不包括机组的不能运行、封存、退役的时间。

运行（发电）小时数（SH）：机组与输变电系统电气联接并履行发电的总小时数。

事故（被迫）停运时间（FOH）：机组因设备事故而强迫停运的小时数。

2010 年各等级火电机组等效强迫停运率为 0.09%～1.48%，其中最高的是 360～385MW 机组，为 1.48%；其次是 800MW 机组，为 0.78%；其余机组等效强迫停运率均在 0.6% 及以下。

（3）非计划停运

2010 年，各等级火电机组非计划停运为 0.35～3 次/（台·a）其中最高的仍然是 800MW 机组，为 3 次/（台·a）；其次是 360～385MW 机组，为 1.19 次/（台·a）。

1.1.2.4　调峰特性

火电机组的调峰性能主要取决于锅炉炉型、煤质、机组结构特点和热工自动化控制水平。我国火电机组设计都按负荷控制在 50%～100%，最低负荷为 50%，但 20 世纪八九十年代投运的国产常规燃煤机组大多按带基本负荷运行方式设计，这是造成机组可调性差的一个重要因素。近年来投运的 600MW 级容量火电机组虽然设计有一定的调峰能力，但由于经济性、可靠性等方面原因，并不适合非常规调峰。

1.1.2.5　污染物排放水平

（1）烟尘排放水平

我国火电厂燃煤含灰分较高，平均在 28% 左右，经过 30 多年的发展，国内全部 300MW 级及以上机组均安装了高效率的电除尘器、电袋除尘器或布袋除尘器；火力发电厂加大除尘器改造力度，除尘器效率显著提高。2011 年，我国电力烟尘排放总量为 155 万 t，如图 1-8 所示。2011 年全国发电量比 2005 年增长近 91%，但火电烟尘排放总量比 2005 年降低了 56.9%，2011 年单位火电发电量排放烟尘量由 2005 年的 1.33g/（kW·h）下降到 2011 年的 0.4g/（kW·h）（图 1-9）。

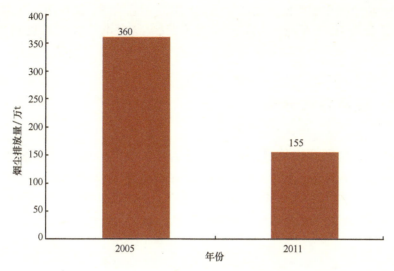

图 1-8　全国火电机组烟尘排放情况

（2）二氧化硫（SO_2）排放水平

到 2012 年年底，国内火电机组已投运烟气脱硫装置容量超过 6.8 亿 kW［不包括循环流化床锅炉（CFB）］，约占全国煤电机组容量的 90%，保证了目前绝大部分火电机组 SO_2 排放浓度控制的达标排放。2011 年，全国火电机组 SO_2 排放量为 913 万 t，占全国 SO_2 排放量的 41.2%，2011 年全国发电量比 2005 年增长近 91%，但全国电力 SO_2 排放量占全国 SO_2 排放量的比例由 2005 年的 51% 下降到 41.2%，火电机组 SO_2 排放绩效值由 2005 年的 6.4g/（kW·h）下降到 2011 年的 2.3g/（kW·h）（图 1-9）。

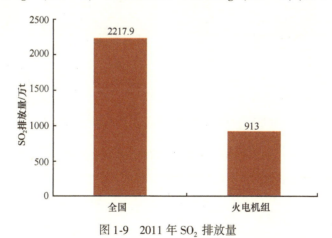

图 1-9　2011 年 SO_2 排放量

（3）氮氧化物（NO_x）排放水平

截至 2012 年年底，全国已投运的烟气脱硝容量为 2.3 亿 kW，在建、规划（含规划电厂项目）的脱硝工程容量超过 1.4 亿 kW。2012 年已投运的烟气脱硝机组以新建机组为主，且 97% 以上采用选择性催化还原法（SCR）工艺技术。2011 年，全国煤电机组 NO$_x$ 排放量总量为 1073 万吨。2011 年 9 月 7 日，《火电厂大气污染物排放标准》（GB13223—2011）颁布后，随着新标准的实施，预计未来烟气脱硝装置将在我国得到较快发展。

1.1.3 经济特性分析

按照火电工程限额设计参考造价指标（2010 年水平），目前阶段新上火电机组主要为常规 300MW 亚临界供热机组，600MW 超临界机组、600MW 级超超临界机组和 1000MW 级超超临界机组。2×300MW 亚临界供热机组、2×600MW 超临界机组、2×600MW 超超临界机组、2×1000MW 超超临界机组，新建机组投资（考虑烟气除尘、脱硫、脱硝等环保工艺）及造价构成比例如图 1-10 和表 1-4 所示。

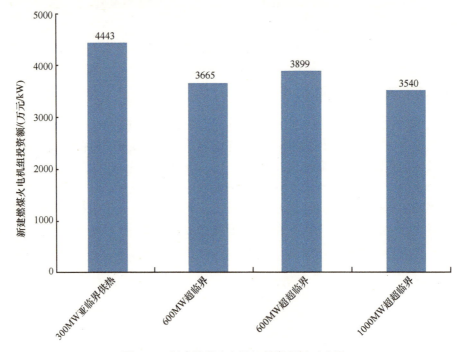

图 1-10　新建燃煤火电机组投资指标对比图

表 1-4　新建燃煤火电机组造价构成比例

机组容量	建筑工程费用/%	设备购置费用/%	安装工程费用/%	其他费用/%	合计/%
300MW 亚临界供热	22.56	46.51	16.96	13.97	100
600MW 超临界	20.92	48.14	18.04	12.90	100
1000MW 超超临界	19.86	52.00	16.27	11.87	100

火电机组的成本电价与多种因素有关，按照不含增值税，利用时数为 5000h，贷款利息为 6.4%，含税标煤价为 900 元/t 进行测算，电价及电价构成比例如图 1-11 和表 1-5 所示。

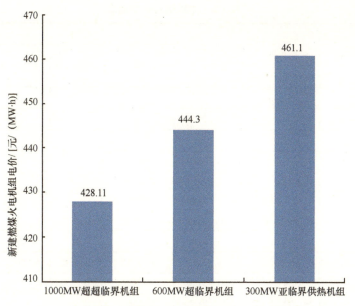

图 1-11　新建燃煤火电机组电价指标对比图

表 1-5　新建燃煤火电机组参考电价构成

项目	燃料费/%	折旧/%	财务费用/%	分利/%	所得税/%	其他/%
2×300MW 亚临界供热	62. 66	10. 12	5. 41	6. 4	2. 24	13. 13
2×600MW 超临界	64. 59	9. 77	5. 02	6. 42	2. 08	12. 12
2×1000MW 超超临界	64. 26	10. 29	5. 20	7. 21	2. 13	0. 92

注：不含增值税，利用时数为 5000h，贷款利息为 6.4%，含税标煤价为 900 元/t。因数据概略取值，加和可能不为 100%，下同。

1.2　中国发电用煤种类

按照《中国煤炭分类简表》（GB5751—1986），我国煤炭可分为无烟煤、烟煤和褐煤三大类，烟煤又分为贫煤、贫瘦煤、瘦煤、焦煤、1/3 焦煤、肥煤、气肥煤、气煤、1/2 中黏煤、弱黏煤、不黏煤、长焰煤（表 1-6）。对于电站用煤，为满足锅炉选型和燃烧系统拟定的需要，还需对煤的可磨性、磨损特性，煤粉的燃烧特性（着火特性和燃尽特性）、爆炸特性，煤灰的结渣特性等进行分析或分级。对此，我国在国家标准或行业标准中均已制定了相应的测试、判别或分级方法。

我国煤炭资源较为丰富，但分布不均，在地理分布上的总格局是西多东少、北富南贫。据全国各地第 3 轮煤炭资源预测资料预测，全国垂深 2000m 以浅煤炭资源总量为 5.57 万亿 t，其中新疆、内蒙古、山西、陕西、贵州、宁夏六省（自治区）占全国煤炭资源总量的 87%，分别居全国第 1～6 位。预测 1000m 以浅煤炭资源量为 2.86 万亿 t，目前已累计查明约 1.2 万亿 t。截至 2005 年年底，全国煤炭保有资源量为 1.04 万亿 t，其中山西、内蒙古、陕西、新疆、贵州、宁夏六省（自治区）占全国煤炭保有资源的 81.2%，分别居全国第 1～6 位。

表1-6 中国煤炭分类简表

类别	符号	包括数码	分类指标					
			V_{daf}/%	G	Y/mm	b/%	$P_M{}^b$/%	$Q_{gr,maf}{}^c$ / (MJ/kg)
无烟煤	WY	01, 02, 03	≤10					
贫煤	PM	11	>10.0~20.0	≤5				
贫瘦煤	PS	12	>10.0~20.0	>5~20				
瘦煤	SM	12, 14	>10.0~20.0	>20~65				
焦煤	JM	24 / 15, 25	>20.0~28.0 / >10.0~28.0	>50~65 / >65[a]	≤25.0	(≤150)		
肥煤	FM	16, 26, 36	>10.0~37.0	(>85)[a]	>25.0	[a]		
1/3焦煤	1/3JM	35	>28.0~37.0	>65[a]	≤25.0	(≤220)		
气肥煤	QF	46	>37.0	(>85)[a]	>25.0	>220		
气煤	QM	34 / 43, 44, 45	>28.0~37.0 / >37.0	>50~65 / >35	≤25.0	(≤220)		
1/2中黏煤	1/2ZN	23, 33	>20.0~37.0	>30~50				
弱黏煤	RN	22, 32	>20.0~37.0	>5~30				
不黏煤	BN	21, 31	>20.0~37.0	≤5				
长焰煤	CY	41, 42	>37.0	≤35			>50	
褐煤	HM	51 / 52	>37.0 / >37.0				≤30 / >30~50	≤24

注：①分类用的煤样，除 Ad≤10.0% 的不需减灰外，对 Ad>10% 的煤样，应采用氯化锌重液选后的浮煤样（对易泥化的褐煤亦可采用灰分较低的原煤）。详见图标 GB474。

②分类指标符号意义：V_{daf}——干燥无灰基挥发分；G——烟煤的黏结指数；Y——烟煤的胶质层最大厚度，mm；b——烟煤的奥亚膨胀度，%；P_M——煤样的透光率，%；$Q_{gr,maf}$——煤的恒湿无灰高位发热量，MJ/kg。

③G>85，再用 Y 值或 b 值来区分肥煤、气肥煤与其他煤类，当 Y>25.0mm 时，应划分为肥煤或气肥煤；当 Y≤25mm 时，应根据其 V_{daf} 的大小划分为相应的其他煤类。

④按 b 值划分类别时，V_{daf}≤28%，暂定 b>150% 的为肥煤；V_{daf}>28%，暂定 b>220% 的为肥煤或气肥煤。

⑤如按 b 值和 Y 值划分的类别有矛盾时，以 Y 值划分的为准。

⑥V_{daf}>37.0%、G≤5 的煤，再以透光率 P_M 来区分其为长焰煤或褐煤。

⑦V_{daf}>37%、P_M>30%~50% 的煤，再测 $Q_{gr,maf}$，如其值大于 24MJ/kg（5700kcal/kg），应划分为长焰煤。

我国煤炭资源赋存丰度与地区经济发达程度呈逆向分布的特点，煤炭基地远离煤炭消费市场，煤炭资源中心远离煤炭消费中心，从而加剧了远距离输送煤炭的压力，带来了一系列问题和困难。煤炭送端地区包括山西、陕西、内蒙古、宁夏、新疆，受端地区包括北京、天津、河北、山东、华东地区四省一市（江苏、浙江、福建、安徽、上海）和华中地区东四省（湖北、湖南、河南、江西）。从目前我国的主要煤炭生产基地之一——山西大同，到东部和南部的用煤中心沈阳、上海、广州、北京、天津等地，分别为 1270km、1890km、2740km 和 430km。

总体而言，我国煤炭资源分布不均衡，煤炭资源中心远离煤炭消费中心，煤炭运输运量大，中间环节较多，容易造成电厂实际来煤与原设计煤不一致。

1.3 本书的研究意义

我国是世界人口最多的发展中国家，从改革开放的 20 世纪 80 年代开始，走上了工业化、近代化的快车道。预期我国还需要 30～50 年可以完成国家现代化的进程。国际上发达国家的工业化进程是在低价石油时代完成的。而我国则没有如此幸运，自 20 世纪 70 年代的第一次石油危机后，国际油价剧烈上升。我国又是个多煤少油的国家，因此只能以煤作为主要一次能源度过以高能耗为特征的工业化阶段。除了机动设备之外，电力是社会运转的主要动力。根据统计和预测，我国电力生产以煤为主的局面在相当长的时期不会改变。2012 年我国火电机组装机容量占总装机容量的 71.53%，预计到 2020 年燃煤发电比例也将维持在 70% 以上。我国发电耗用原煤量占全国煤炭消耗总量的 50% 左右。预计从 2010 年到 2050 年，我国电煤占原煤生产总量的比例变化不大。

因此从战略高度有必要全面科学地评估我国燃煤发电所带来的问题、燃煤发电技术和污染排放控制技术的水平和发展趋势、各类技术的成本与我国燃煤发电环保排放标准的关系。在此基础上，以高碳能源低碳化利用为宗旨，综合考虑我国经济能力、技术发展趋势，以及管理和政策等因素，提出一个切实可行的近、中、远期的燃煤发电技术路线图，实现高效、低污染和低碳发电的目标，为国家宏观决策和有关电力企业的发展，作实实在在的贡献。

先进燃煤发电技术在中国煤炭清洁高效可持续开发利用战略中占有举足轻重的地位，开展先进燃煤发电技术研究具有重要的现实意义和深远的历史意义。

第 2 章 煤粉锅炉汽轮机发电及节能节水技术

2.1 煤粉锅炉汽轮机发电技术

2.1.1 煤粉锅炉发电技术的发展趋势

随着我国国民经济的不断发展，城镇化和工业化进程加快，未来必然持续增加对电力的需求。而我国电力发展以燃煤为主的趋势一定时间内还不会改变，这就要求我们在发展燃煤火电机组的同时，确定煤粉锅炉发电技术的发展趋势和方向。未来我国煤粉锅炉发电技术的发展趋势是建设高效、节能、节水、环保型燃煤火电机组，主要发展的技术和设备有大型高效、高参数燃煤机组，热电联产机组，环保技术，综合节水技术以及燃煤发电与太阳能复合发电技术。

2.1.2 煤粉锅炉发电技术的发展建议

2.1.2.1 高效、高参数燃煤机组发电技术

国际上，火电机组技术发展的趋势是提高蒸汽参数，即提高朗肯循环的热端平均温度。在600℃等级超超临界发电技术成熟后，蒸汽温度达到700℃以上的先进超超临界发电技术研究计划得以启动，将为下一代火电装备的更新提供技术，也将进一步降低机组的煤耗，减少温室气体和其他污染物排放。

我国的一次能源结构决定，在一定时期内我国仍将以采用煤基发电为基本原则，进一步优化火电结构，发展更高效、高参数超超临界燃煤机组以降低发电煤耗，提高能源利用效率。

2.1.2.2 综合系统节能提效技术

我国现有煤电机组消耗煤炭占全国煤炭消费总量的一半。近年来，通过"上大压小"、技术进步和加强管理等措施，全国平均供电煤耗显著下降。另外，部分机组仍存在技术粗放、管理不善、能耗偏高等问题。优化已有的成熟火力发电技术，从系统的观点，以能源在数量和质量上双提效、双挖潜的视角，搞好技术进步和先进技术的配套集成应用，以期达到"提高存量火电机组利用效率和创新增量火电机组效率"的双赢。可采用的综合系统节能提效技术包括汽轮机系统改造（汽轮机通流部分改造、汽轮机间隙调整及汽封改造、汽轮机冷端优化、蒸汽和给水管道系统优化）、锅炉系统改造（锅炉排烟余热回收利用、空气预热器密封改造、锅炉风机改造、锅炉运行优化调整、锅炉

等离子点火或微油点火技术)、综合改造（电除尘器高频电源改造及运行、脱硫系统运行优化、凝结水泵变频改造、电厂照明节能措施)、供热改造等。

2.1.2.3　热电联产提效技术

国际上热电联产技术的发展趋势是能供热的机组均向用户供热，并有供热机组大型化的发展趋势。我国应进一步提高热电联产供热比重。建议重点建设背压式机组和大型抽凝机组。在热负荷连续、稳定的工业企业、工业园区或采暖期较长的小城镇，建设背压式热电联产机组；在热负荷比较集中，或热负荷发展潜力较大的大中型城市，建设单机容量 300MW 等级大型热电联产机组。

2.1.2.4　燃煤电厂污染物控制技术

国际上燃煤电厂污染物控制技术的发展趋势是技术向多元化发展，使环保工艺效率不断提高，排放控制指标不断降低；控制污染物排放种类增加，由烟尘、SO_2、NO_x 控制逐渐发展到对 $PM_{2.5}$（总量）、汞等重金属的控制，以满足更高质量的环境要求。

我国在满足新的火电厂排放控制国家标准及排放总量控制的前提下，实现燃煤电厂污染物控制技术不断升级。实现现有除尘器效率的提高，完成新型高效电除尘器、低低温电除尘器、移动极板电除尘器、布袋除尘器大机组示范应用；实现现有湿法烟气脱硫工艺、烟气循环流化床脱硫工艺脱硫效率和可靠性的提高，完成活性焦干法烟气脱硫工艺的大机组示范应用；实现烟气脱硝工艺的成熟、可靠和有序发展以及多种污染物的协同控制。

2.1.2.5　燃煤机组节水技术

国际上严重缺水地区新上火电机组除了机组排气采用空冷系统外，辅机冷却水系统已开始采用间接空冷技术。

在北方缺水地区考虑综合节水技术是新上火电机组必须采取的措施。提高空冷机组的经济性是未来发展的重点任务，大容量间接空冷机组抵御外界环境风的能力强，具有运行背压低、煤耗低的优点，应在非严寒缺水地区，提高间接空冷机组的份额。辅机冷却水采用间接空冷系统在国内取得成功运行经验后，可以在严重缺水地区推广应用。

2.1.2.6　燃煤发电与太阳能复合发电技术

燃煤发电与太阳能复合发电技术的应用方式在技术上是可行的，并且燃煤发电与太阳能复合发电机组实际运行的调峰性能良好，运行可靠性较高，运行成本较低，所产生的经济效益显著。在我国西北部的 11 个大型煤炭基地，建设燃煤发电与太阳能复合发电机组具有实际的经济效益和广阔的应用前景。

2.1.2.7　CO_2 捕集技术

结合我国的现状，建议燃煤机组 CO_2 捕集技术朝如下所述方向发展。

捕集：密切关注富氧燃烧、化学链燃烧的进展，适当开展大容量燃烧后脱碳项目，建成约 90% 脱除率的 300MW 级常规燃煤电站的全容量碳捕集和封存（CCS）示范项目，依托项目建成 30～100MW 等级富氧燃烧示范装置。

积极推进各类技术路线的示范项目，掌握核心技术。

封存：对 CO_2 的矿石矿化、工业化利用、生物固碳进行研究，建设示范项目。考虑到经济效益的驱动可以以提高（原油）采收率（EOR）或废气再循环（EGR）为突破口，建成一定数量的项目，对 CO_2 封存的相关技术进行验证。以地质封存为重点，对国内适合的地质结构进行普查，进行大容量 CO_2 的项目示范，形成国家级的工程、环境、监测等标准。

综合近中远期目标，坚持以我为主、自主创新，引进消化吸收再创新和集成创新相结合，同时利用好各种合作平台，加强多边合作，突破关键核心技术，为有效应对全球气候变化的严峻挑战、实现能源产业的跨越式发展做好技术储备，为未来发展提供核心竞争力支撑。

2.2 超超临界煤粉锅炉汽轮机发电技术

2.2.1 技术应用现状

2.2.1.1 国内现状

为进一步降低能耗、减少污染物排放、改善环境，在材料工业发展的支持下，常规火电技术中的超超临界机组正朝着更高参数的超超临界技术方向发展。我国的 600℃ 超超临界机组的发展虽然起步较晚，但发展迅速。目前已投入运行的 600℃ 超超临界机组有：华能玉环 4×1000MW，邹县四期 2×1000MW、外高桥三期 2×1000MW、泰州 2×1000MW、北仑港 2×1000MW、宁海 2×1000MW、海门 2×1000MW 机组等。截止到目前，国内已投运 600℃/1000MW 超超临界机组 33 台，其发展速度、装机容量和机组数量均已跃居世界首位。

目前，我国超超临界机组按容量通常可分为 600MW 等级和 1000MW 等级，从初参数上可分为 25MPa、600℃/600℃，26.25MPa、600℃/600℃ 和 27MPa、600℃/600℃ 三大类。

国内的三大电力设备制造集团：上海电气集团股份有限公司（上海电气），哈尔滨电气集团公司（哈尔滨电气）和东方电气集团有限公司（东方电气）目前均能制造600MW 等级和 1000MW 等级的超超临界机组。

国内 1000MW 等级超超临界汽轮机技术采取引进国外公司核心技术，中外联合设计和合作制造的供货方式。1000MW 等级超超临界汽轮机技术来源分别是：上海汽轮机厂—西门子公司；哈尔滨汽轮机厂—东芝公司；东方汽轮机厂—日立公司。三种技术流派的 1000MW 等级超超临界汽轮机均为成熟可靠产品，并各具技术特点，目前在国内均有投运业绩。

1000MW 等级超超临界湿冷汽轮机通常为一次中间再热、四缸、四排汽、单轴、凝汽式。国内三大汽轮机厂 1000MW 等级超超临界汽轮机技术来源和技术特点见表 2-1。

表 2-1　国内三大汽轮机厂 1000MW 等级超超临界汽轮机技术来源和技术特点汇总表

项目	哈尔滨汽轮机厂	上海汽轮机厂	东方汽轮机厂
技术来源	东芝公司（TOSHIBA）	西门子公司（SIEMENS）	日立公司（HITACHI）
汽机入口蒸汽参数	25MPa/600℃/600℃	26.25MPa/600℃/600℃	25MPa/600℃/600℃
机型	冲动式	反动式	冲动式
汽缸结构	一个单流高压缸，为双层缸结构；一个双流中压缸，为双层缸结构；两个双流低压缸。高压气缸为水平中分	一个单流圆筒型 H30 高压缸，一个双流 M30 中压缸，两个 N30 双流低压缸。高压外缸为轴向对分筒形，高压内缸为垂直纵向中分面结构	一个单流高压缸，为双层缸结构；一个双流中压缸，为双层缸结构；两个双流低压缸。高压汽缸为水平中分
转子支承方式	双轴承转子支承	单轴承转子支承方式，轴承数量少，机组长度缩短	双轴承转子支承
进汽方式	喷嘴调节	全周进汽＋补汽阀调节，无调节级	复合配汽（喷嘴调节＋节流调节）调节
末级叶片及抗水蚀方式	采用 1219.2mm 末级叶片，叶身中部带阻尼凸台/套筒＋自带围带整圈连接，叶根型式为圆弧纵树形叶根 抗水蚀方式为：末级内环、外环、静叶片均采用空心设计，静叶片的吸力面及压力面均设有疏水缝隙；动叶片采用 15Cr 高硬度材料	采用 1146mm 自由叶片作为末级叶片，叶根型式为纵树型叶根 抗水蚀方式为：有抽汽槽的空心静叶、加大动静叶距离、动叶进汽边激光表面硬化	采用 1092.2mm 带整体围带和凸台阻尼拉筋的叶片，叶根型式为 8 叉叶根 抗水蚀方式为：采用空心导叶和去湿槽；叶片顶部进汽边采用高频淬硬
应用工程（已投运）	泰州、鲁阳等	玉环电厂、北仑三期等	邹县四期、海门等

2003 年年初，上海锅炉厂有限公司与 ALSTOM 公司签订了技术引进协议，包括 800MW 和 1000MW 等级直流炉，含超临界螺旋和垂直水冷壁设计锅炉的许可证、技术转让和技术支持，范围包括设计和制造技术以及未来的技术改进。

2004 年年初，哈尔滨锅炉厂有限责任公司与日本三菱重工签订了超超临界锅炉技术引进协议，全面引进了 600~1000MW 超超临界锅炉技术和制造技术。

1996 年东方锅炉厂有限公司通过合资办厂的形式从日本巴布科克日立株式会社引进了 300MW、600MW、1000MW 等级超超临界 Benson 直流锅炉许可证技术，包括锅炉性能设计、技术设计、结构设计及各种设计计算。

国内三大锅炉厂 1000MW 等级超超临界锅炉技术来源和技术特点见表 2-2。

表 2-2　国内三大锅炉厂 1000MW 等级超超临界锅炉技术来源和技术特点汇总表

项目	哈尔滨锅炉厂	上海锅炉厂		东方锅炉厂
技术来源	三菱重工（CE-MHI）	ALSTOM（CE）公司	ALSTOM（EVT）公司	巴布科克日立株式会社（BHK）
炉型	Ⅱ型炉	Ⅱ型炉	塔式炉	Ⅱ型炉
燃烧方式	单炉膛双火球八角切圆燃烧	单炉膛双火球八角切圆燃烧	单炉膛单火球四角切圆燃烧	单炉膛前后墙对冲燃烧

项目	哈尔滨锅炉厂	上海锅炉厂		东方锅炉厂
燃烧器形式	直流摆动燃烧器	直流摆动燃烧器	旋流燃烧器	直流摆动燃烧器
水冷壁形式	上下部水冷壁均采用内螺纹垂直管圈，上下部水冷壁间设有两级混合集箱，水冷壁入口装设截流孔板	下部水冷壁采用内螺纹螺旋管圈布置，上部水冷壁为垂直管圈，上下部水冷壁间采用混合集箱过渡		下部水冷壁采用内螺纹螺旋管圈布置，上部水冷壁为垂直管圈，上下部水冷壁间采用混合集箱过渡
启动系统	带启动循环泵	带启动循环泵		带启动循环泵
最小直流负荷/%	25	30		25～30
再热器调温方式	烟气挡板+摆动燃烧器	烟气挡板+摆动燃烧器	摆动燃烧器	烟气挡板
应用工程（已投运）	玉环、泰州等	汉沽	外高桥三期、彭城、宁海等	邹县四期、北仑三期等

通过 600℃ 超超临界机组的技术开发及工程实践，我国已基本形成 600℃ 超超临界机组整体设计、制造和运行的能力，建立完整的设计体系，并拥有相应的先进制造装备及工艺技术。

在 600℃ 超超临界机组高温材料应用方面，我国已初步掌握大口径 P92、T92、S30432 和 S31042 钢管的生产制造技术，并正在形成一定的供货能力，但尚未完全掌握汽轮机叶片、转子等高温材料的生产制造技术。直径小于 60mm 的小口径管用量占总需求的 54%，而直径大于 219mm 的大口径管用量占总需求的 26%，两部分合计占 80%。基本上可以实现 S30432、P92 和 S31042 钢管的国产化批量供货，在随后的一些年内必将逐步增加国内市场的份额。但是，必须认识到我国在 S30432、P92 和 S31042 钢管的技术成熟度方面（包括钢管本身的组织和性能、焊接性、可加工性等）与日本相比还有非常大的差距，而且我国在高端锅炉钢基础研究方面与日本相比存在更大的差距。为从根本上改变高端锅炉钢技术的落后局面，我国必须加强锅炉钢的基础理论问题研究。

我国在高温材料试验方面投入较少，基础薄弱；没有可供锅炉和汽轮机高温部件进行长期试验的机组。

2.2.1.2 国外现状

国际上近 10 年投运的部分超超临界机组主要参数、发电煤耗指标和厂用电率见表 2-3。

表 2-3 国外近 10 年投运的部分超超临界机组主要参数及技术经济指标

序号	项目	机组容量	机组参数	设计机组热效率/%	设计厂用电率/%
1	丹麦 Nordjyllandsvaerket 3#机组	1×385MW 超临界	29MPa/582℃/582℃/582℃	47	6.5
2	日本橘湾电厂 1#、2#机组	2×1050MW 超超临界	25MPa/600℃/610℃	44	4.9
3	日本矶子电厂 1#机组	600MW 超超临界	25MPa/600℃/600℃	44	5.4
4	日本 Hitachinaka（常陆那珂）电厂	1×1000MW 超超临界	24.5MPa/600℃/600℃	45.1	5
5	德国 Niederaussem 电厂	1×1027MW 超超临界	29MPa/580℃/600℃	43.2	4.7

目前，发达国家正在实施的再热蒸汽温度超过 600℃ 的机组见表 2-4。600℃ 超超临界发电技术领先的国家主要是日本和德国。

表 2-4　发达国家正在实施的再热蒸汽温度超过 600℃ 的机组

机组	锅炉	汽轮机	所属公司	投运时间	机组参数
日本新矶子 2#	石川岛	日立	J-Power	2009.7	25MPa/600℃/620℃
意大利 Torre Nord 2#、3#、4#	HITACHI；ANSALDO	MHI	ENEL	2009.3 2009.9 2010.1	不详/600℃/610℃
德国 Datteln 4	ALSTOM	ALSTOM	E.ON	2011	28.5MPa/600℃/620℃
德国 RDK8	ALSTOM	—	EnBW	2011	27.5MPa/600℃/620℃
德国 Westfalen	—	—	RWE	—	600℃/620℃
德国 Ensdorf	—	—	RWE	—	600℃/620℃
德国 Walsum 10	—	HITACHI	Steag	2010	29.0MPa/600℃/620℃
德国 Herne	—	—	Steag	—	600℃/620℃
德国 Boxberg R	—	HITACHI	Vattenfall	2010	31.5MPa/600℃/610℃
德国 GKM9	ALSTOM	—	Grosskraftwerk Mannheim	—	27.5MPa/600℃/620℃
德国 Moorburg A/B	—	—	Vattenfall	—	30.5MPa/600℃/610℃
德国 Staudinger 6#	—	—	—	—	27.5MPa/598℃/619℃
荷兰 Maasvlakle 3#	—	—	E.ON	—	27.5MPa/596℃/619℃
德国 Neurath F#、K#	ALSTOM	ALSTOM	RWE	2010	26MPa/600℃/605℃

1998 年，日本第 1 台 600℃ 超超临界机组投运，参数为 24.5MPa/600℃/600℃。随后日本不断发展 600℃ 超超临界机组发电技术，技术水平不断成熟。截至 2009 年年末，日本已投运 600℃ 超超临界机组 9 台。2009 年投运的日本新矶子电厂 2# 机组机组参数为 25MPa/600℃/620℃。目前日本投运的 600℃ 超超临界机组单机容量最高为 1050MW。

德国目前投运的 600℃ 超超临界机组不多，但它是目前世界上唯一将各种设计技术集成应用于燃褐煤 600℃ 超超临界机组的国家。

1996 年，德国提出燃煤电站"BOA 计划"，完成了火电设计技术的集成。"BOA 计划"全称为 lignite-based power generation with optimised plant engineering，即燃褐煤的超超临界机组设计技术集成，包括采用超超临界参数、冷端优化、褐煤干燥、锅炉系统优化、汽轮机系统优化、热力系统优化、区域供热等设计技术的工程集成应用。

"BOA 计划"发展路线分成三个步骤实施：

1）"BOA 计划"的 1/3 项目：燃褐煤超超临界机组示范电站为 1×1027MW 机组 Niederaussem 电厂，机组参数为 580℃/600℃，商业行动时间为 2004 年 1 月，该项目用 2200kcal/kg，燃煤水分为 53.3% 褐煤，最终达到了 43.2% 的热效率，机组年平均供电煤耗为 292gce/（kW·h）。与传统亚临界效率为 35.5% 即 346.5gce/（kW·h）相比，Niederaussem 电厂采取的各项设计集成措施取得的效率提高见表 2-5。

表 2-5　Niederaussem 电厂与传统燃褐煤亚临界机组比较

序号	燃褐煤机组设计高效、节能集成	主要措施	效率提高%
1	厂用电系统优化	所有用电系统优化	+1.3
2	热力系统优化	10 级给水加热，给水温度 295℃	+1.1
3	蒸汽参数变化	主汽蒸汽参数从 17.1MPa、525℃到 26MPa、580℃，再热蒸汽参数从 3.07MPa、525℃到 4.65MPa、600℃	+1.3
4	蒸汽轮机	叶片设计，排汽面积 6×12.5m²	+1.7
5	冷端优化	从 6.7kPa 到 2.8kPa～3.4kPa	+1.4
6	烟气余热回收技术	排烟温度从 160℃降到 100℃	+0.9
总计			+7.7%

注："BOA 计划" 1/3 项目仅对锅炉燃煤 25% 的褐煤进行干燥，作为褐煤干燥的示范装置。

2）"BOA 计划" 的 2/3 项目：燃褐煤超超临界机组，单机容量为 2×1100MW，29.5MPa/600℃/605℃，可适应预期燃用的褐煤特性。煤热值为 1818～2775kcal/kg（水分 42% 以上），该项目 2010 年投产。除采取 "BOA 计划" 的 1/3 项目全部措施外，还将对全部燃煤进行褐煤干燥，发展目标是燃褐煤机组经褐煤干燥后机组净效率达到 47%～49%。

3）"BOA 计划" 的 3/3 项目：将所有技术集成在 700℃ 蒸汽参数的大机组示范应用，发展目标是机组净效率达到 50% 以上。

2004 年投运的 Niederaussem 1×1027MW 超超临界机组，蒸汽参数为 29MPa/580℃/600℃，今年将投运 2×1100MW 超超临界燃褐煤机组，蒸汽参数为 29.5MPa/600℃/605℃。每个项目都按预先制订的 "BOA 计划" 执行。

2.2.2　超临界煤粉锅炉发电机组技术及经济特性分析

2.2.2.1　技术特性分析

（1）机组热效率及煤耗

各种蒸汽参数超（超）临界火电机组热效率的比较见表 1-1。

机组的蒸汽参数是决定机组热经济性的重要因素。目前超临界机组发电效率为 43% 左右，超超临界甚至可达 45% 以上，大容量超超临界发电技术的普遍采用，将为我国经济发展和环境保护带来巨大的收益，成为我国经济、社会和环境持续、健康、协调发展的重要保障之一。

（2）可靠性

2010 年纳入可靠性统计的超临界机组共 194 台，2010 年超临界机组运行可靠性主要综合指标见表 2-6。

表 2-6　2010 年超临界机组运行可靠性主要综合指标

机组容量分类/MW	统计台数/台	利用小时 [h/（台·a）]	非计划停运次数 [次/（台·a）]	非计划停运小时 [h/（台·a）]	等效可用系数/%
320	4	5899.41	0.51	5.16	96.49
350	5	4713.22	0.40	2.90	92.75
500	4	6148.78	0.25	2.45	95.68
600～680	160	5244.30	0.81	46.19	92.35
700	2	3960.76	0.50	35.83	88.08
800	2	4726.33	3.00	2386.28	63.58
900	2	4448.94	0.50	0.71	91.87
1000	15	5877.00	0.74	21.99	93.00
全部	194	5289.55	0.80	70.99	92.10

（3）等效可用系数

2010 年超临界燃煤火电机组平均等效可用系数为 92.10%。等效可用系数与制造厂商的产品质量有密切关系，说明我国的超临界机组、超超临界机组制造水平已经取得巨大进步。

（4）非计划停运次数和非计划停运小时

2010 年，1000MW 超超临界机组利用小时达到 5877h/（台·a），平均非计划停运 0.8 次/（台·a），平均非计划停运小时为 70.99h/（台·a），主要是由于俄罗斯制造的 800MW 机组非计划停运小时为 2386.28h/（台·a），提高了平均非计划停运时数。

2.2.2.2　调峰性能

大部分国产的超（超）临界机组都是按带基本负荷设计的，因此机组的调峰性能较差，主要依靠降负荷运行进行电网调峰，因而调峰经济性较差。外高桥第三发电厂 2×1000MW 超超临界机组在设计中对主设备、热力系统和热工控制方面等采取措施，设计上比较合理，实际运行中表现出较强的调峰能力和调峰经济性。中国电力投资集团公司（中电投）江苏阚山电厂 2×660MW 机组在设计中也采取了较多措施，使机组带有较好的调峰性能。

2.2.2.3　经济特性分析

根据火电工程限额设计参考造价指标（2010 年水平），目前 2×600MW 超临界机组投资及电价指标为 3665 元/kW 和 444.3 元/（MW·h）、2×1000MW 新建机组投资及电价指标为 3540 元/kW 和 428.11 元/（MW·h）。

由于我国超（超）临界机组制造水平的提升，已经替代了 20 世纪 90 年代从国外整体进口设备的情况，采用了烟气脱硫、脱硝等环保工艺，且环保标准不断提高，相应的超（超）临界机组工程造价基本稳定在 3540～3709 元/kW。

2.2.3　超临界发电机组设计及运行中存在的问题及改进措施

2.2.3.1　存在的主要问题

近年来，我国超临界机组得到了快速发展，对于降低我国火电机组煤耗、节能减排起到了关键作用，但在设计及运行过程中也出现了一些问题，主要表现在以下几个方面。

（1）尚未实现 100% 自主知识产权

到目前为止，我国已成为国际上投运超超临界燃煤机组最多的国家。但我国的 600MW、1000MW 级超超临界机组的锅炉、汽轮机制造均采用与国外公司技术合作的方式，引进技术受到限制，设计软件外商只提供目标程序，不提供源程序，因此引进程序只能使用，不能进行修改和改进。主机厂一方面需要向技术合作方支付使用费用，另一方面按照协议要求，未经国外公司许可，制造的该两种等级超超临界机组不能出口到第三方国家。因此极大限制了我国的燃煤火电技术的发展，而且无法实现国家机械制造设备走出去的发展战略。

（2）管道汽轮机叶片固体颗粒侵蚀严重

管道的蒸汽侧氧化及由此引起的汽轮机叶片及旁路阀密封面固体颗粒侵蚀（SPE）是超（超）临界机组特有的严重问题。我国部分超超临界火电机组氧化皮冲蚀汽轮机叶片导致在投产后高压缸内效率下降 2%～3%。因此，如何防治管道的蒸汽侧氧化及由此引起的汽轮机叶片及旁路阀密封面固体颗粒侵蚀问题，阻止机械效率下降，也是摆在超超临界机组运行方面的重要难题。

（3）锅炉爆管频发

超临界机组在运行过程出现的锅炉爆管问题主要是发生在锅炉高温过热器因氧化皮大量堆积导致的爆管，导致氧化皮大量产生的关键因素是金属材料的抗高温氧化性能和管壁温度，导致氧化皮大量脱落的主要原因是烟气侧和蒸汽侧的强制冷却所造成的金属基体和氧化层之间的较大热应力。

（4）系统及设备还需要全面优化

由于前段时间火电机组发展速度较快，在几年的时间里，机组初参数从超临界到超超临界、单机容量从 600MW 到 1000MW，在设计过程中没有来得及全面系统地总结经验，完成更多的优化。

我国 600℃ 等级超超临界发电机组主机设备研制起步太晚，科研投入不足，导致国内制造企业的技术创新瓶颈依然明显，主要表现为：技术对外依存度高，未能完全掌握超超临界机组设计核心技术；高温部件国产化研制和应用研究工作薄弱，大型铸锻件依赖进口等。

（5）高温部件材料尚未完全实现国产化

国内目前已基本上形成以科研院所和制造企业两大系列的电站材料研发基地，拥有一定的研究装备条件，取得了一些研究成果。现阶段我国开始了国产 P92、Super304H、TP347HFG、X12CrMoWVNbN10-1-1 转子锻件材料的长期力学性能研究，但国内电站高温部件材料总体研究水平与美国、欧洲和日本相比仍有较大差距，大管径、大锻件毛坯材料仍需要进口。国内电站高温部件材料在 600℃ 等级机组中已经出现一些技术问题，部分小管径高温部件长期抗蠕变性能有待提高，有些甚至已经严重影响机组正常运行。在 600℃ 超超临界机组高温材料应用方面，我国已初步掌握大口径 P92、T92、S30432 和 S31042 钢管的生产制造技术，并正在形成一定的供货能力，但尚未完全掌握汽轮机叶片、转子等高温材料生产制造技术。直径小于 60mm 的小口径管用量占总需求的 54%，而直径大于 219mm 的大口径管用量占总需求的 26%，两部分合计占 80%。P92、S30432 和 S31042 钢管（迄今基本上全部为进口管）已经实现 S30432、P92 和 S31042 钢管的国产化批量供货，在随后的一些年内必将逐步增加国内市场的份额。但是，必须认识到我国在 S30432、P92 和 S31042 钢管的技术成熟度方面（包括钢管本身的组织和性能、焊接性、可加工性等）与日本相比还有非常大的差距，而且我国在高端锅炉钢基础研究方面与日本相比存在差距的更大。产生这种现状主要有以下两方面原因。

1）在高温材料研发和性能研究方面，国外可借鉴的资料不多，国内仅有短时间、小部件的经验，缺乏大部件长期和在腐蚀性气氛等条件下的性能数据，因此需要进行大量和长时间的试验研究，同时还需要开发新材料。

2）我国在高温材料试验方面投入较少，基础薄弱；没有可供锅炉和汽轮机高温部件进行长期试验的机组。

2.2.3.2　改进建议

（1）开发具有自主知识产权的超超临界机组

鉴于我国的 600MW、1000MW 级超超临界机组的锅炉、汽轮机制造均采用与国外公司技术合作的方式，没有自主知识产权，未经国外公司许可，制造的该两种等级超超临界机组不能出口到第三方国家的现状，应通过研究开发大于 1200MW 级超超临界机组，掌握 1200MW 级超超临界机组相关系统、布置、设备、安装、运行的核心技术，培养并造就一批具有丰富实践经验的技术研究开发人员和工程技术人员，并形成具有我国自主知识产权的超超临界产品。

（2）采取措施避免汽轮机叶片固体颗粒侵蚀

管道的蒸汽侧氧化及由此引起的汽轮机叶片及旁路阀密封面 SPE 是超超临界机组特有的严重问题。德国首台 1000MW 级超超临界汽轮机，在投产一年后，因 SPE 问题，仅高压缸内效率就下降了 3.6%。国内运行的部分 1000MW 级超超临界汽轮机也出现了SPE 问题。

为避免汽轮机叶片产生 SPE 问题，建议通过对管道的蒸汽侧氧化引起的汽轮机叶片SPE 产生的机理进行深入研究，从系统设计、设备选型、施工及调试以及控制和启动、运行方式等方面进行综合研究，彻底解决这一困扰世界超超临界领域几十年的难题。

具体建议如下：

1）建议选择有利于减小传热偏差、有利于氧化皮输送及固体颗粒输送的降低蒸汽氧化速率的炉型，锅炉对于同一等级材料的蒸汽温度参数，尽可能选用抗氧化性能好的材料。

2）建议系统设计上采取必要的措施，使锅炉高温受热面在启动过程中脱落的氧化皮可以顺畅地排入凝汽器。

（3）提高超临界锅炉的安全性

超超临界机组因为蒸汽参数较高，因而容易产生锅炉高温受热面蒸汽氧化腐蚀问题，使机组的节能减排效果受到损失。因此，首先应从解决氧化皮问题入手，开展燃烧调整工作，降低高温受热面热偏差，避免管材超温，并对机组启停方式进行优化，避免管壁温度的快速、大幅波动；同时采取控制脱落、加强检查、及时清理等措施，并尽可能减少锅炉启停次数。

（4）借鉴国内外先进经验，对系统及设备全面优化

在超超临界机组系统及设备优化方面可以借鉴国内先进企业的经验。特别是外高桥第三发电厂在系统及设备全面优化方面做了很多努力，2011年实现全年供电煤耗276.02gce/（kW·h），供电效率达到44.5%，外高桥第三发电厂设计优化及改进可以归纳为以下几个方面：

1）机组系统设计参数和运行调节方式的优化；

2）再热器系统压降优化；

3）SPE综合治理；

4）直流锅炉节能启动；

5）蒸汽和给水管道系统优化技术；

6）回转式空气预热器全向柔性密封；

7）烟气余热回收。

上述节能创新技术总共提高的效率为2.078%。

外高桥第三发电厂与目前世界上最先进的超超临界电厂（日本和欧洲的电厂）的性能指标比较见表2-7。

表2-7　与国际上最先进的超超临界电厂性能指标比较

电厂名称	外高桥第三发电厂7#、8#机组			日本矶子电厂1#机组2009年	丹麦Nordjyllan-dsvaerket 3#机组2009年
	2009年	2010年	2011年		
机组容量/MW	2×1000			600	400
蒸汽参数	28MPa/605℃/603℃	25MPa/600℃/610℃	29MPa/580℃/580℃		
平均负荷率/%	75	74.4	80	95	89
冷凝器压力/kPa	4.9			4.9	2.3
供电效率/%	43.53	44.02	44.5	40.4	42.94
供电煤耗/[gce/(kW·h)]	282.16	279.39	276.02	304	286.08

（5）实现高温耐热合金国产化

针对我国高温耐热合金发展中出现的主要问题，提出我国实现高温耐热合金国产化建议如下：

1）在高温材料研发和性能研究方面，采取两步走的路线，一方面利用国外已经开展 10 余年研究的成果，从国外进口部分材料，重点放在材料的性能研究、加工工艺研究上，以加快研究的进度；另一方面积极组织关键材料和部件的国产化，以在机组示范建设时尽可能减少对国外产品的依赖。

2）建立电厂主机高温部件验证试验平台，为锅炉和汽轮机高温部件进行长期验证试验提供保障。

2.2.4　技术发展趋势及建议

超临界发电机组设计技术的发展趋势是实现在现有材料技术的基础上创新。利用现有技术，通过设计技术集成及开发实现具有自主知识产权的技术，主要建议如下所述。

2.2.4.1　在使用目前材料基础上，提高机组初参数

在我国 600℃级超超临界机组已经得到大量发展的情况下，如何考虑下一步的超超临界火力发电技术发展是电力行业面临的一个抉择。在现有成熟材料技术的基础上，充分发挥材料的潜能，进一步提高机组的参数，同时进一步提高机组的容量，研发建设 600℃/620℃超超临界机组，可以进一步提高热效率，降低煤耗和温室气体和污染物排放。这一发展方向总体上建立在较为扎实和相对成熟的技术基础上，又可有效提升一次能源转化效率，进一步减少排放的阶段性解决途径。这是在 700℃超超临界机组示范成功之前的相当长一段时期内火力发电技术的发展方向之一，也是较为现实并可以大规模推广的选择。

一些重要高温部件的使用温度更接近材料的使用温度极限，即材料使用安全温度裕度被减小，为了保证机组具有足够可靠性，对这些部件的选材和设计需要更加精细，制造安装的工艺需要进一步优化并严格执行，运行中和检修中应严格控制部件的超温，同时加强金属监督和并行的材料试验考验。这些技术措施都需要材料应用基础研究作为支撑。

大规模采用大容量、高参数发电技术必将是未来我国火力发电厂的主要发展方向，对节约能源、减少污染具有重要意义；可以提高我国发电设备制造业的研发、设计和制造能力，全面拉升我国冶金、机械和电力企业的核心竞争力，使我国快速融入国际电力科技和工程最前沿，为不久将来实现技术超越奠定基础。由于我国具有广阔的能源需求市场，只有我国的制造企业拥有自主知识产权，并处于技术领先地位，国外企业无法与之竞争，才能从根本上保障我国的能源安全。

2.2.4.2　积极开发二次再热机组

采用二次再热可使机组热效率在现有参数的基础上再提高 2%，结合二次再热系统、紧凑型布置等技术，掌握超超临界二次再热机组相关系统、布置、设备、安装、运

行的核心技术，形成我国自主开发、设计和制造超超临界二次再热机组的能力，可为未来700℃超超临界燃煤发电机组示范工程的开发建设打下坚实的基础。二次再热虽不是新的技术，但我国尚无经验，并且由于二次再热机组在汽轮机、锅炉和热力系统的配置上比一次再热机组复杂，造成了锅炉调温方式、受热面布置等的复杂性，汽轮机结构变化较大，汽水管道系统复杂等不利条件，因此完成二次再热研究还是有一定的难度。

采用一次再热、二次再热600℃超超临界机组效率如图2-1所示。

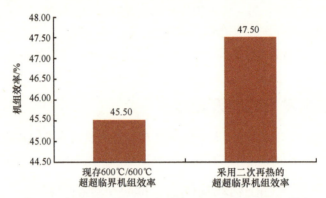

图2-1　采用一次再热、二次再热600℃超超临界机组效率

2.2.4.3　研究和开发700℃超超临界机组

欧盟从1998年开始实施"700℃先进超超临界燃煤电厂技术"开发计划（以下简称"AD700计划"），美国从2001年开始实施760℃先进的超超临界燃煤机组计划，日本从2008年开始实施"A-USC计划"。这些计划的实施，预示着700℃超超临界发电技术是未来火力发电技术的重要途径。

700℃超超临界燃煤汽轮机组参数一般为35MPa/700℃/720℃，机组效率将提高至50%以上，与目前600℃超超临界发电机组相比，每千瓦时煤耗可降低近36gce，CO_2减少近13%。掌握和应用700℃等级超超临界发电技术，可大幅度提升发电效率，大幅度降低温室气体与污染物排放，是实现我国火力发电行业可持续发展的不可缺少的途径；开发自主创新的700℃先进超超临界发电技术，可提高我国火力发电装备的研发、设计、制造和运行的技术水平，提高我国在该技术领域上的竞争力；开发自主创新的700℃先进超超临界发电技术，可带动电力装备制造行业、原材料生产行业的协同发展，实现超超临界发电装备和材料的自主化，摆脱国外知识产权的束缚，扩大我国机电设备在国际市场上的份额，增强我国的经济实力。

2.2.5　700℃超超临界发电技术分析

2.2.5.1　发达国家技术开发现状

（1）AD700计划

1998年，欧洲一些电力公司和设备供应商启动"AD700计划"，目标是使汽轮机的蒸汽参数提高到 35 MPa/700℃/720℃，发电净效率提高到 50% 以上（低位发热值）。

A. "AD700 计划"的主要内容

1）整个 "AD700 计划" 为 17 年（1998~2014 年）（表 2-8）。"AD700 计划" 执行分四个阶段。第一阶段：可行性研究和材料性能示范；第二阶段：部件示范准备和材料性能示范阶段；第三阶段：部件示范阶段；第四阶段：全尺寸示范电厂建设阶段。每一阶段都有 2~3 年的交叉时间，这样可以对每一阶段进行充分的评估和总结。

2）材料研究、材料性能示范、部件性能试验达 12 年（1998~2009 年）甚至更长时间（据介绍，目前有多种因素影响了计划进度，其中就有镍基合金大型材的焊接方法不合适导致断裂等的影响）。

3）在国际上第一个准备建设 700℃ 超超临界机组示范电厂项目简称为 "50plus"，由德国 E. ON 电力公司负责承建。"50plus" 示范电厂比传统燃煤电站 CO_2 减排 30% 以上，SO_x 不超过 $70mg/Nm^3$，NO_x 平均排放浓度不超过 $80mg/Nm^3$，烟尘平均排放浓度不超过 $10mg/Nm^3$；预计总投资超过 10 亿欧元（相当于人民币 19 682 元/kW）。

表 2-8　欧盟的 "AD700 计划" 进度表

阶段	内容	1998	1999	2000	2001	2002	2003	2004	2005	2006	2007	2008	2009	2010	2011	2012	2013	2014	2015
1A	可行性研究	■	■	■															
1B	材料性能示范	■	■	■	■	■	■	■											
2A	部件示范准备				■	■	■	■											
2B	材料性能示范				■	■	■	■	■										
3	部件示范						■	■	■	■	■	■	■						
4	全尺寸示范电厂										■	■	■	■	■	■	■	■	
5、6	运行与经验反馈																		■

B. "AD700 计划" 进展情况

2005 年夏季开始，第三阶段——部件示范计划阶段的工作在德国 E. ON 公司 Scholven 电厂的 F 机组上进行。截至 2009 年 8 月，已累计运行 22 400h，其中，运行温度超过 680℃ 的运行时间约为 12 850h。

测试工作原来预计在 2009 年年底结束，实际在 2010 年 8 月结束。

部件测试试验中，一根由镍基合金材料 A617 制成的大管道出现了裂缝，裂缝出现在管道环形焊缝上，并向焊缝的周边区域扩展。裂缝产生的主要原因是焊缝的附加应力和剩余应力没有消除，焊缝质量没有达到最佳。

到 2011 年年底，"AD700 计划" 完成了前三个阶段的全部工作。由于多种原因，第四阶段的工作——示范电厂的建设暂时停止了，估计全部计划完成至少要推迟到 2019 年。

（2）日本的 "A-USC 计划"

2008 年，日本开始确定开发 "A-USC 计划"，即开发 700℃ 燃煤发电系统，发电净效率在 2015 年左右达到约 48% （低位发热量，LHV），2020 年左右达到约 50% （LHV）。总的参数目标：到 2015 年，达到 700℃/720℃，采用二次再热方案；2020 年达到 700℃/750℃。

日本"A-USC 计划"进度时间和技术路线见表 2-9。

1）整个计划分为两个阶段：系统设计、材料开发及锅炉部件与小型汽轮机试验阶段，计划完成时间为 9 年（2008~2016 年）。由于起步比欧盟晚了 10 年，因此系统设计、锅炉技术开发、汽轮机技术开发、阀门技术研发同步进行。在 5~6 年内（2008~2013 年）完成系统设计，大型蒸汽管道，锅炉耐高温管道焊接，管道弯曲技术研究，汽轮机转子、气缸、螺栓等部件研制工作后，在计划全部时间内完成锅炉材料和汽轮机材料的长期测试工作（>30 000h）。

表 2-9 先进超超临界发电技术进度发展时间表

年份		2008	2009	2010	2011	2012	2013	2014	2015	2016
系统设计		系统设计、经济性分析								
锅炉技术研发	材料开发	大型蒸汽管道，耐高温管								
	材料测试		长期测试(>30 000h)							
	部件制造	焊接、管道弯曲技术研究								
汽轮机技术研发	材料开发	转子、气缸、螺栓材料等								
			长期测试(>30 000h)							
阀门技术研发		材料、测试、试验加工								
锅炉部件与小型汽轮机试验				计划、设计			制造		测试	

2）示范项目为锅炉部件与小型汽轮机试验。在锅炉技术开发、汽轮机技术开发完成的同时完成锅炉部件与小型汽轮机的计划和设计。锅炉部件和汽轮机部件的长期测试与完成制造、测试的示范项目锅炉部件与小型汽轮机试验同步进行。

3）日本的 A-USC 计划没有样机，其技术路线是在完成所有部件试验后，直接推广到具体产品。

目前日本 A-USC 计划进展情况：至目前为止，生产了一些锅炉材料，正在开展锅炉材料的基础研究，如拉伸试验、蠕变强度试验、焊接试验、管道弯制试验等。另外，制造了一些汽轮机转子和缸体的锻件和铸件，对这些试件的试验工作正在进行中。

日本住友株式会社完成了 Φ457mm HR6W 材料管道试制及 HR6W、合金 617、HR35 材料制成的试验管道，并提出了 HR6W 材料的持久寿命曲线。日本巴布科克日立株式会社 HITACHI K. K 公司开展了 HR6W 材料焊接试验和 HR6W 材料侧向弯曲试验及合金 617、合金 263 等材料蒸汽腐蚀试验。三菱重工开展了合金 617、合金 740、HR6W、NF709R、HR3C 等材料热腐蚀试验并完成 A740 汽轮机缸体材料铸件试制。日立公司完成了汽轮机转子材料 FENIX-700 铸锭，提出 FENIX-700 材料的持久寿命曲线。东芝公司完成了重 7t 的汽轮机转子材料 TOS1X 锻件，并提出 TOS1X 材料的持久寿命曲线。富士电力系统公司完成了阀门材料摩擦试验等工作。

（3）美国的760℃先进超超临界燃煤机组计划

2001 年，美国能源部（DOE）提出开发蒸汽参数为 37.9MPa/736℃/760℃ 的先进超超临界燃煤机组，发电净效率为 48%~50%（LHV）。随后，美国能源部启动了"超超临界燃煤电厂锅炉材料"研究计划。2005 年，又启动"超超临界燃煤电厂汽轮机材料"研究计划。

美国的先进超超临界燃煤机组开发进度（图 2-2）和技术路线分析：

1）整个计划时间进度为 15 年（2001~2016 年）。技术发展路线为材料研发、材料标准化、材料部件制造，然后是示范电厂建设，中间进行降低 760℃ 材料成本和制造成本工作。

2）确定的起步参数更高，蒸汽参数为 37.9MPa/732℃/760℃。

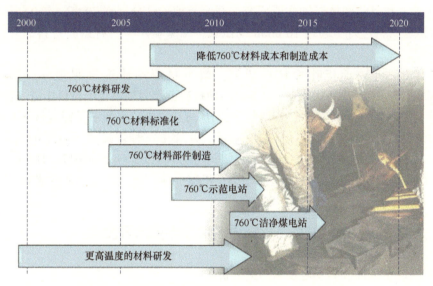

图 2-2　美国 760℃ 先进超超临界技术开发时间进度表

目前美国的 760℃ 先进超超临界燃煤机组进展情况如下所述。

A. 锅炉方面

1）完成了锅炉材料用量估算工作。

2）开展概念设计与经济性重新评估。在已完成的概念设计与经济性分析的基础上，下一步将根据已取得的锅炉和汽轮机材料研究成果对概念设计的经济性重新进行评估，并评估采用富氧燃烧技术的可行性。

3）锅炉材料机械性能研究。在锅炉材料的选择方面，最重要的是主管道、过热器/再热器管道材料的选择。根据概念设计，对主管道、过热器/再热器管道选择了七种材料作为研究对象，经过 30 000h（3.4 年）的蠕变强度试验，只有 Haynes282、Inconel740 两种经过析出强化的镍基合金钢能在 760℃/35MPa 的条件下达到符合要求的蠕变强度，其中 Haynes282 的强度高于 Inconel740。

4）锅炉材料汽侧氧化性能研究。铁素体材料 VM12、奥氏体、镍基合金材料的氧化程度均较小。

5）开展了锅炉材料烟气侧腐蚀研究。对燃用美国东部、中西部和西部三种煤的烟气条件下，含铁元素的镍基材料比不含铁元素的镍基材料具有更好的抗烟气腐蚀性能。

6）锅炉材料焊接性能研究。所有合金材料的小壁厚管均能成功焊接，但一些大壁厚镍基材料的焊接工艺则具有局限性。经过5年多的研究，现在已能焊接3in（76mm）厚的Inconel740管道。

7）锅炉材料制造性能研究。完成了六种合金材料的制造性能研究，结果表明，传统锅炉中的制造工艺可以用于先进超超临界的材料的加工制造上。

B. 汽轮机方面

汽轮机材料研发只关注汽轮机内承受高温的部件材料，即高/低压缸转子和轮盘、高/低压缸叶片，以及汽轮机部件的铸造。研究内容包括四个方面，即叶片的抗氧化和抗腐蚀性能、整锻转子材料、焊接转子材料和部件铸造。

1）叶片抗氧化和抗腐蚀性能研究。截至目前，已分别在700℃、760℃和800℃温度下对试验材料进行了超过16 000h的试验，结果显示，所有试验材料的氧化程度均较小。

2）汽轮机转子和叶片材料研究。截至目前的研究结果显示，Nimonic105、Haynes282、Udimet 720Li和Inconel 740四种材料被选为整锻转子材料作进一步评估。

对于焊接转子，除了研究镍基材料之间的焊接以外，还研究了镍基材料与铁素体材料之间的焊接，以减少镍基材料的使用量。开展了三种焊接转子方案的研究，即Inconel617+抗蠕变强度强化的铁素体材料、Nimonic263 + Inconel617、Haynes282 + Udimet720Li。目前，正在对焊接的金相结构、机械性能、硬度、抗拉伸性能和冲击强度等进行评估。

2.2.5.2　我国700℃超超临界燃煤发电技术开发

（1）700℃超超临界发电技术前景分析

A. 国内的基础条件

目前，我国已经具备自行研发、建设超超临界机组的能力，已有大量国内自主开发的600～1000MW的超超临界机组建成，并且运行良好。我国在600℃超超临界机组开发和工程应用过程中，积累了丰富的经验，机组的设计、制造、安装和运行水平得到大幅度提高，建立了完整的设计体系，拥有相应的先进制造装备和工艺技术，并已建立起一支完整的人才队伍。

我国一些研究机构一直对国外700℃机组开发计划进行长期跟踪，部分单位还对一些高温合金进行了初步的基础试验研究，包括微观组织、力学性能、高温时效、组织稳定性等，对700℃超超临界发电技术开发中的关键技术和风险的识别有一定的基础。

我国有一批长期为航空航天、舰艇等行业用高温合金研制和生产的科研院所、材料生产企业，具有一定的高温合金研究和生产经验。近几年国内材料生产装备和能力有了显著进步，包括12t高温合金真空自耗炉、3.6万t挤压机、3000t热挤压锅炉管生产线等，通过努力可研制提供部分镍基合金锅炉管材料。这些科研和生产软硬件的改善为我国开展700℃等级先进超超临界技术研发提供了条件。

B. 技术分析

a. 技术特征

提高机组参数是改善机组效率的重要途径。一台 600MW 的 700℃ 先进超超临界机组效率可达 50% 左右。按年利用 5500h 计算，供电煤耗约为 246gce/（kW·h），每年可比 600℃ 超超临界机组［供电煤耗约 288gce/（kW·h）］节约标准煤 13.86 万 t，可以直接减排 CO_2 约 30 万 t。因此建设 700℃ 先进超超临界火力发电机组，对降低一次能源的消耗，减少 CO_2 等排放，保证我国国民经济持续、稳定、健康发展具有极其重要的意义。随着温室效应的加剧，CO_2 等温室气体排放越来越成为人们关注的问题。700℃ 先进超超临界机组衔接 CO_2 捕集和封存技术将被作为零排放电厂发展战略中的重要技术路线之一。实现 700℃ 等级先进超超临界发电技术的关键是开发和应用所需的高温材料，为了满足蠕变断裂强度要求，温度最高区域的许多部件都要采用镍基高温合金。镍基合金在航空、石化等行业有数十年的应用经验，这为 700℃ 机组的研制提供了有利的条件，但是 700℃ 超超临界发电技术并不是一个简单技术的转移问题，由于电厂的高温部件运行条件与航空发动机、工业燃气轮机有很大的不同，特别是火电厂部件的设计寿命要比航空发动机至少长一个数量级，因此需要对材料在新的使役条件下的性能进行研究和验证。另外，火力发电机组的部件特别是转子尺寸要比航空发动机部件大得多，这些镍基合金的可加工性能需要重新评估和改善。并且，由于镍基合金价格昂贵，因此需要提高铁素体耐热钢和奥氏体耐热钢的使用温度，尽可能减少高温合金的使用量。同时还要完成并运行 700℃ 超超临界燃煤发电关键部件验证试验平台，进行高温材料的挂片、筛选，彻底掌握具有自主知识产权的 700℃ 等级先进超超临界镍基合金制造方法。

b. 技术开发的难点

我国在 700℃ 超超临界机组技术发展方面的主要差距：镍基合金研制总体水平落后，原材料特别是大型铸锻件一段时期内无法生产需要进口，对镍基合金的性能和工艺研究基础薄弱，机组的创新性设计水平有待提高，国内没有部件现场验证平台及运行经验。我国需要对以下难点开展工作：

1）高温材料的研发及长期使用性能。

2）大口径高温材料管道的制造及加工工艺。

3）高温材料大型铸、锻件的制造工艺。

4）锅炉、汽轮机设计、制造技术。

5）高温部件焊接材料研发及焊接工艺。

6）高温材料的检验技术。

7）机组初参数选择、系统集成设计及减少高温管道用量的紧凑型布置设计。

C. 造价分析

国内 700℃ 超超临界发电技术尚处于前期研发阶段，设备制造和系统布置方案尚未确定。现阶段国内 700℃ 技术研发以 600MW 规模为基础开展研究工作，故本次造价分析仅对 600MW 级机组进行测算，并参照 600℃ 超超临界机组的系统和布置。

本次造价测算采用成本估算法，即分别计算 700℃ 超超临界与 600℃ 超超临界设备、材料不同而引起的成本差异，涉及项目主要有汽水循环系统中的锅炉、汽轮机、给水泵、高压加热器、主蒸汽管道、再热蒸汽管道和主给水管道，造价测算详见 700℃ 超超临界机组与600℃超超临界机组造价差异表（表2-10）。

表2-10　700℃超超临界机组与600℃超超临界机组造价差异表（2×600MW）

序号	项目名称	造价变化原因	费用额/万元			变化率/%	差值占合计比例/%
			700℃	600℃	差值		
			(1)	(2)	(3)=(1)-(2)	(4)=(3)/(2)	
1	锅炉	锅炉水冷壁、过热器系统和再热器系统材质提高，共涉及约1万t材料，部分材料等级需提高至镍基合金	189 891	82 000	107 891	131.57	39.78
2	汽轮机	汽轮机部分材料改用镍基合金材料，质量约为390t	117 800	32 000	85 800	268.13	31.64
3	给水泵	给水温度和压力变化对给水泵价格产生影响	7 356	6 130	1 226	20.00	0.45
4	高压加热器	给水温度和压力变化对高压加热器价格产生影响	4 740	2 370	2 370	100.00	0.87
5	主蒸汽管道	管道重量按目前600℃超超临界机组主蒸汽管道质量考虑，暂未考虑系统布置对管道长度的影响	37 053	5 621	31 432	559.29	11.59
6	再热蒸热管道	管道重量按目前600℃超超临界机组主蒸汽管道质量考虑，暂未考虑系统布置对管道长度的影响	50 264	8 638	41 626	481.89	15.35
7	主给水管道	给水温度和压力变化，管道壁厚增加	5 214	4 345	869	20.00	0.32
	合计		412 318	141 104	271 214	192.21	100.00

注：①700℃机组的研发费用未在成本价格中计列。②费用测算表中包括安装费用的差异。③由于材料的用途、加工工艺及技术要求不同，镍基合金材料价格按65万~130万元/t计列。

火电工程限额设计参考造价指标中600℃超超临界2×600MW机组造价为455 779万元，即单位造价为3798元/kW。从表2-10可以看出，700℃超超临界机组较600℃超超临界机组造价高约271 214万元，即700℃超超临界机组全厂静态总投资约为726 993万元，单位千瓦造价约为6 058元。

D. 经济性分析

a. 影响经济性的主要因素

经济性分析的基础是收入和成本的确定，对于700℃超超临界机组与600℃超超临界机组而言，前者和后者的收入相同，差异仅在成本费用，成本差异分析详见表2-11。

表 2-11　成本变化表

成本增加项目	成本减少项目
1. 初始投资增加，引起折旧费用增加 2. 初始投资增加，引起财务费用增加 3. 锅炉水冷壁等材质提高，引起年修理费用增加	1. 发电煤耗减少，引起燃料成本减少 2. SO_2 排放量减少，引起缴纳的排污费减少 3. CO_2 排放量减少，远期会减少排污费用 4. 煤炭燃用量减少，从国民经济评价角度上看，减少了煤炭运输等社会成本

b. 成本增加数额

年折旧费用增加值＝（费用差值静态投资＋建设期贷款利息－设备费中增值税）÷15 年＝16 381 万元；

年贷款利息增加值＝贷款余额×贷款利率（期初为 15 683 万元，期末为 1046 万元）；

年修理费用增加值＝固定资产原值×修理费系数＝813 万元

c. 成本减少数额

年燃煤费用减少＝标准煤耗减少值×标准煤价×发电利用小时数×机组容量＝23 760 万元（标准煤耗减少值按 36gce/（kW·h）计列；标准煤价按当期秦皇岛码头平仓煤折合的标准煤价计列，为 1050 元/t；发电利用小时数按 5500h 计列）

d. 经济评价结论

1）经过测算，700℃超超临界机组静态投资回收期为 15.3 年，财务内部收益率为 7.54%。

略高于当期长期贷款利率，在经济性上具有可行性。

2）按照目前的测算，700℃超超临界机组的抗风险能力较弱，应进一步降低工程造价，提高其经济性。

（2）我国 700℃超超临界发电技术开发计划

A. 国家 700℃超超临界燃煤发电技术创新联盟

2010 年 4 月，国家能源局提出开展我国 700℃超超临界发电技术开发工作并组建国家 700℃超超临界燃煤发电技术创新联盟的设想。目标是通过有效整合各方资源，共同攻克技术难题，提高我国超超临界机组的技术水平，实现 700℃超超临界燃煤发电技术自主化，带动国内相关产业的发展，为电力行业的节能减排开辟新的途径。

2010 年 7 月 23 日，国家能源局对外宣布，国家 700℃超超临界燃煤发电技术创新联盟正式成立。该联盟由国家能源局牵头，联盟成员包括电力规划设计总院西安热工研究院、上海发电设备成套研究院、中国科学院金属研究所、中国钢研科技集团有限公司、中国电力工程顾问集团公司、上海电气集团股份有限公司、中国东方电气集团有限公司、哈尔滨动力设备股份有限公司、中国第一重型机械股份公司、中国第二重型机械集团公司、宝山钢铁股份有限公司、东北特殊钢集团有限责任公司、中国华能集团公司、中国大唐集团公司、中国华电集团公司、中国国电集团公司、中国电力投资集团公司 18 个单位。

2011年6月24日，国家700℃超超临界燃煤发电技术创新联盟召开了第一次理事会。会议通过了联盟理事会、秘书处和技术委员会等联盟机构的组成人员，通过了《国家700℃超超临界燃煤发电技术创新联盟章程》和《国家700℃超超临界燃煤发电技术创新联盟技术委员会工作规则》等文件。自此，国家700℃超超临界燃煤发电技术创新联盟工作全面启动。

国家700℃超超临界燃煤发电技术创新联盟技术委员会已经开展了研究制定开发计划草案和研究课题划分及立项申报等工作，召开了高温部件材料筛选研讨会、机组初参数研讨会、高温部件验证试验平台初步方案评审会等会议。

B. 开发计划（草案）

根据700℃超超临界发电技术的难点，国家700℃超超临界燃煤发电技术创新联盟初步形成了我国700℃超超临界发电技术研究开发计划草案，简要内容见表2-12。研究开发计划草案分总体方案研究、耐热材料关键技术研究、锅炉关键技术研究、大口径高温管道关键技术研究、汽轮机关键技术研究、关键部件验证试验平台建设及运行、关键辅助设备开发、运行技术研究和示范工程建设九个部分进行。计划从2011年开始，到2021年示范工程投运。

C. 开发资金筹措

700℃超超临界发电技术开发需要大量资金投入，除国家科研专项资金投入外，参与技术开发的单位也要投入大量技术力量和经费。700℃超超临界发电技术开发已经列入国家科技发展规划和国家能源科技发展规划，按照目前我国科研专项资金的管理方式，国家科技部和国家能源局两个专项资金申请渠道均可以立项，最终由国家财政部拨付。

表2-12　国家700℃超超临界燃煤发电技术研究开发总体计划

序号	研究内容	2011年		2012年		2013年		2014年		2015年		2016年		2017年		2018年		2019年		2020年		2021年	
		上	下	上	下	上	下	上	下	上	下	上	下	上	下	上	下	上	下	上	下	上	下
1	总体方案设计研究	■	■	■	■	■	■																
2	耐热合金筛选、开发、优化及性能评定研究	■	■	■	■	■	■	■	■	■	■	■	■	■	■								
3	主机关键部件及高温管道研制				■	■	■	■	■	■	■	■	■										
4	主机关键部件验证平台建设和试验	■	■	■	■	■	■	■	■	■	■	■	■	■	■								
5	示范工程								■	■	■	■	■	■	■	■	■	■	■	■	■	■	■

（3）建议

为了保证我国700℃超超临界发电技术开发工作顺利开展，达到预期的目标，提出如下建议。

1）700℃超超临界机组的造价大幅度提高，主要原因是大量使用价格昂贵的镍基合金材料，镍基合金材料的价格和使用数量决定 700℃ 超超临界机组能否具有市场竞争力。目前，国际上用于 700℃ 超超临界发电机组上的镍基合金材料也尚未实现商业化，国内与国际上的差距并不大。因此，我国 700℃ 超超临界发电技术开发要以国产镍基合金材料开发为基础，在开发超超临界发电设备的同时，实现高温部件材料自主化。700℃ 超超临界发电技术开发中的锅炉高温部件、汽轮机高温部件、大口径高温管道和管件、高温阀门等研制项目，因为必须使用价格昂贵的镍基合金材料，研制成本费用高，国家要加大专项资金的投入。

2) 700℃ 超超临界发电技术开发工作时间周期需要 10 年之久，课题涉及面广、参与单位众多，课题之间内容交叉、相互影响，这是我国电力工业技术开发史上前所未有的。因此，必须精心组织、协调运作才能够达到预期的目标。国家 700℃ 超超临界燃煤发电技术创新联盟的作用和成效已经显现，建议在国家科研专项资金的申报、立项、评审等环节上，统一由 700℃ 超超临界燃煤发电技术创新联盟协助政府主管部门开展相应的工作。

3) 高温部件验证试验平台是验证高温部件材料的长期性能和高温部件加工质量的重要手段，它要依附建立在一台现役的商业电站机组上，验证试验要持续运行约 3 年，平台的建立和试验期间，对商业电站机组的运行影响较大，建议给予验证试验平台机组调度政策和税务政策的支持。

2.2.6 超超临界发电技术发展战略

根据我国的实际情况，超超临界技术发展的战略目标是：在目前高温材料的基础上，自主开发和应用初参数为 600℃/620℃、单机容量为 1000 ~ 1200MW 的超超临界机组，开发和应用初参数为 600℃/610 ~ 620℃/610 ~ 620℃、单机容量为 1000MW 级的二次再热超超临界机组；开发 700℃ 机组耐热合金材料，对 700℃ 机组的关键部件进行试验验证，开发 700℃ 机组的主要设备和辅助设备，建设 700℃ 超超临界机组示范工程，全面掌握 700℃ 超超临界机组技术。

从目前阶段开始计算的时间表和各阶段完成的战略目标见表 2-13。

表 2-13 发展阶段时间表

至 2015 年	2016 ~ 2020 年	2021 ~ 2030 年
1. 开发和应用初参数为 600℃/620℃、单机容量为 1000 ~ 1200MW 的超超临界机组； 2. 开发和示范初参数为 600℃/610℃/610℃、单机容量为 1000MW 级的二次再热超超临界机组； 3. 完成 700℃ 机组总体方案设计研究，耐热合金筛选、开发、优化，主机关键部件及高温管道和关键研制，主机关键部件验证平台建设； 4. 开展燃煤电厂综合系统节能提效技术示范工作	1. 推广应用 600℃/610℃/610℃、单机容量为 1000MW 级的二次再热超超临界机组； 2. 完成 700℃ 机组耐热合金性能评定研究工作； 3. 完成 700℃ 主机关键部件试验验证工作； 4. 开始建设 700℃ 超超临界机组示范工程； 5. 推广燃煤电厂综合系统节能提效技术	1. 完成 700℃ 超超临界机组示范工程建设； 2. 全面掌握 700℃ 超超临界机组技术并推广应用

2.3　热电（冷）联产技术

2.3.1　技术应用现状

2.3.1.1　基本情况

热电联产技术具有显著的节能减排效益，区域热电联产工程是国家确定的十大重点节能工程之一。近年来，我国热电联产进入了快速发展应用时期，取得了显著的成果。据中国电力企业联合会（中电联）统计，2010年，全国供热机组总容量达16 655万kW，比2009年增加15.15%，占同期全国火电装机容量（70 967万kW）的23.5%，占同期全国发电装机容量（96 641万kW）的17.2%，热电装机位居世界前列；全国热电联产的年供热量达280 760万GJ，比2009年增加8.74%；全国供热厂用电率为7.6（kW·h）/GJ，比2009年下降0.1（kW·h）/GJ；全国供热标准煤耗率为39.8kg/GJ，比2009年下降0.2kg/GJ。

截至2009年年底，在全国各省份中，山东、江苏的电厂热电装机容量的仍然排在前两位，占全国热电装机容量的的比例分别达到20.1%和11.2%；北京热电装机容量占火电装机容量的比例为75.5%，依然为全国最高。热电装机容量占火电装机容量比例排在第二位的是吉林省，为73.6%，东北三省热电装机容量占本省火电装机容量比例远高于全国其他省（自治区、直辖市）。全国热电装机容量情况统计表见表2-14。

表2-14　2006～2009年全国供热设备容量情况

地区	2006年/万 kW	2007年/万 kW	2008年/万 kW	2009年 装机/万 kW	2009年 占火电装机比例/%
全国	8 311	10 091	11 583	14 478	22.4
北京	304	319	386	386	75.5
天津	182	264	261	396	39.6
河北	616	721	838	192	34.0
山西	354	401	374	489	12.5
内蒙古	405	62	957	296	26.9
辽宁	563	707	817	1 096	48.7
吉林	404	476	476	777	73.6
黑龙江	536	594	660	786	47.2
上海	366	327	334	355	21.5
江苏	4 270	1 419	1 685	1 625	31.2
浙江	458	520	557	548	13.9
安徽	132	140	205	264	9.9
福建	59	64	63	63	3.4
山东	1 467	1 873	2 075	2 907	49.5

续表

地区	2006 年/万 kW	2007 年/万 kW	2008 年/万 kW	2009 年 装机/万 kW	2009 年 占火电装机比例/%
河南	401	614	751	826	19.2
湖北	113	111	111	173	11.1
湖南	45	43	43	51	3.2
广东	175	180	276	329	6.8
重庆	16	19	17	14	2.1
四川	31	57	51	45	3.7
陕西	72	61	123	186	9.4
甘肃	122	157	247	332	30.3
宁夏	47	66	83	90	10.2
新疆	173	199	195	252	26.7

目前，我国热电联产机组除供应当地电力负荷外，主要承担城市采暖、工业用汽的任务。

"十一五"期间，我国加快了建设单机容量 300MW 及以上大型抽汽发电两用机组及"上大压小"的步伐，热电联产装机容量、台数、供热量、平均单机容量及大中型供热机组所占比例呈逐年上升趋势。与 2005 年年末相比，至 2010 年年底，我国 6000kW 及以上供热机组装机总容量净增 9674 万 kW，供热量净增 88 210 万 GJ，平均单机容量由 2.84 万 kW 提高至 5.95 万 kW；供热机组装机容量占同期全国发电机组装机总容量的比例由 13.5% 提高至 17.3%，占同期全国火电机组装机容量的比例由 20.83% 提高至 23.57%。

"十一五"期间热电装机净增近 1 亿 kW，为改善城市环境、减少污染物排放作出了重大贡献。但发展的同时，仍然存在供热管理机制不畅、机组选型不合理、厂外配套热网建设滞后等诸多问题，一定程度上阻碍了热电联产的发展，致使热电联产集中供热普及率不高。以我国三北地区主要省会城市为例，2008 年集中供热面积为 138 105 万 m^2，热电联产集中供热面积仅达 42 932 万 m^2，热电联产集中供热普及率仅为 30% 左右，依然很低，我国发展热电联产仍然具有广阔的市场空间。表 2-15 所示为建设部统计的目前我国三北地区代表城市集中供热普及率。

表 2-15　我国三北地区代表城市集中供热普及率（2008 年）

区域划分	代表城市	建筑面积/万 m^2	集中供热面积/万 m^2	集中供热普及率/%	集中供热面积中 热电联产面积/万 m^2	集中供热面积中 热电联产普及率/%
严寒地区	哈尔滨	14 400	8 488	58.94	3 917	46.15
	长春	10 828	9 505	87.78	2 934	30.87
	沈阳	21 650	19 680	90.9	4 500	22.87
	呼和浩特	6 381	5 438	85.22	1 070	19.68
	乌鲁木齐	9 000	6 990	77.7	1 200	17.17

续表

区域划分	代表城市	建筑面积/万 m²	集中供热面积/万 m²	集中供热普及率/%	集中供热面积中	
					热电联产面积/万 m²	热电联产普及率/%
寒冷地区	北京	57 309	37 203	64.92	13 100	35.21
	天津	27 750	18 560	66.88	3 029	16.32
	济南	12 000	5 000	41.67	3 500	70
	石家庄	7 625	6 100	80	4 200	68.85
	太原	7 720	7 566	98.00	3 040	40.18
	兰州	9 500	3 456	36.4	935	27
	西安	9 964	2 810	28.2	1 100	39.15
	银川	4 256	4 196	98.6	407	9.7
	西宁	4 667	3 113	66.7	0	0
统计		203 050	138 105	68.02	42 932	31.1

2.3.1.2　热电联产机组形式

热电联产既生产电能同时又生产热能，它将高品位的热能用于发电，低品位的热能用于供热，实现了能源梯级利用，理论上是一种高效率的能源利用形式，具有节约能源、改善环境的综合效益。目前我国运行的热电联产机组按蒸汽轮机的形式划分为背压供热机组、抽汽供热机组和抽凝供热两用机组。

（1）背压供热机组

背压供热机组不设置凝汽器，发电后的全部蒸汽热能用于供热。该机型只有对外供热时方可发电，不供热时无法发电，热效率最高、煤耗最低，是热电联产技术中"以热定电"方式的最好体现，也是我国热电联产项目鼓励发展的方向之一。目前国内最大单机为 5 万 kW，机组参数为高压及以下。

（2）抽汽供热机组

抽汽供热机组是为供热设计的专用机型，换言之汽轮机内效率最高点按抽汽工况设计，配置的锅炉容量要大于同级凝汽发电机组的容量，热效率在抽汽工况时较背压型略低，但在凝汽工况时热效率很低、煤耗极大，因此这种形式的机组不鼓励发展，目前也基本不选用。目前我国自主设计制造的抽汽机组的单机容量在 10 万 kW 及以下，机组参数为高压及以下。这种机组最大的特点是抽汽量最大时，发电量也达最大，不抽汽时（纯凝）由于受到低压缸通流能力的限制，发电量将变小。

（3）抽凝供热两用机组

抽凝两用机组是将原设计用于发电的纯凝机组经"打孔抽汽"改造后，通过从汽轮机抽汽实现对外供热，配置的锅炉和汽机与同级凝汽机组相同，在凝汽工况运行时效率高，在抽汽工况时凝汽发电部分效率下降，但运行灵活，多采用从中、低压缸连通管上装蝶阀接三通方式对外供热,国内投运的机组中单机容量在 12.5 万 kW 及以上,机组参数为超高压及以上。近几年国内设计、投运的机组多以 30 万 kW 亚临界及 35 万 kW 超临界为主,其最大特点是多抽汽少发电,非采暖期与凝汽机组效率基本相同,在采暖期有明显的节能效益,在我国热电联产集中供热中发挥了巨大作用,也是今后一定时期热电技术发展方向之一。但抽汽压力受原凝汽机组中低压分缸压力的制约,抽汽压力偏高(30 万 kW 及以上机组一般都在 0.4MPa 及以上)。

2.3.2 技术及经济特性分析

2.3.2.1 技术特性分析

热电联产技术作为火电的一种形式,由于其同时生产电、热两种产品,更多的需承担供热的社会责任,因此除要具备凝汽发电技术的基本特征外,还有以下特性。

(1) 设备可靠性

热电厂与纯凝发电厂的主要不同点在于热电厂由于生产电的同时又生产热,而热又关系到民生、稳定等社会影响问题,因此热电厂对供热设备的可靠性要求更高。

鉴于热电厂的首要任务是满足供热,因此设备可靠性主要体现在蒸汽轮机和热网加热器。根据有关规定,热电联产项目应满足当一台最大锅炉故障时,与供热系统其他热源联网运行,满足现行设计规范对热负荷的供应要求,对于工业用汽应能满足 100% 热负荷供应;对于采暖应能满足 65%~75% 热负荷供应。虽然在热电项目的机组选择及系统配置上充分考虑了热电厂最不利运行工况,但机组运行时不希望发生任何故障点。如果运行发生故障点,会对节能减排、供热质量造成不利影响,因此应提高供热设备的可靠性,尽可能避免故障点的发生。

国内主要汽轮机厂家设计制造的 300MW 等级采暖汽轮机,其抽汽口位置都设在中低压缸分缸处,通过在中低压连通管上加装抽汽蝶阀实现抽汽的调节,这种方案成熟、可靠。而 30MW 等级双抽汽轮机,实现工业用汽的调节需在中压缸设置旋转隔板,目前运行的电厂,旋转隔板曾出现卡塞的现象,对供热可靠性有影响,而且旋转隔板的设置,对下游蒸汽有节流作用,汽轮机内效率将降低。针对此种情况,国内曾专门召开过专家研讨会,认为 30MW 等级的汽轮机不适宜采用中压缸设置旋转隔板的方式对外供应工业蒸汽,如果有少量的工业蒸汽,可通过汽轮机不调整抽汽对外提供,以提高汽轮机运行的可靠性,如果通过不调整抽汽还不能满足要求,需要研究设置背压机的方案解决。

供热系统中影响供热可靠性的是热网加热器,由于热网加热器是通过汽轮机的抽汽加热热网循环水,为节能,提高热网加热器换热效率被重视起来,这样板式热网加热器被一些工程采用,但由于热网循环水的水质很难保证,有些项目板式热网加热器运行不久常常发生堵塞,造成供热质量下降,甚至有的项目又更换成管式热网加热器,因此为不影响供热质量,热网加热器宜采用管式加热器。

(2) 机组调峰性

从机组设备的性能上考虑,热电机组的调峰性能与凝汽机组没有区别,而且背压机组在 50% 额定负荷以上调节都没有问题。但是正因为热电机组主要承担的是供热，因此对供热的保障至关重要，不适宜大范围调峰，只是在"以热定电"的原则和满足热负荷供应的条件下酌情进行机组调峰。

2.3.2.2 经济特性分析

（1）热经济指标

热电厂的热经济指标比凝汽式电厂和供热锅炉房要复杂得多。前者同时生产形式不同、质量不等的两种产品——热能和电能；而后者分别只生产单一产品。所以反映热电厂的经济特性的前提是热电厂的热经济指标，热电厂除了用总的热经济指标以外，还必须有生产热、电两种产品的分项指标，而这些指标在热电联产有关规定中都有明确要求，主要指标如下。

1）全厂热效率：即热电厂的能量输出和输入的比值。它反映热电厂中燃料有效利用程度在数量上的关系，因而是一个数量指标。按照有关规定，常规燃煤热电机组，年均总热效率大于 45%；燃气-蒸汽联合循环热电机组年均总热效率大于 55%。此项指标是根据热电比的规定计算得出的最低要求，也就是在满足下述热电比要求下，全厂热效率都能满足上述规定指标。

2）热电比：即供热机组发电量与供热量的比值。它反映热电联产的质量指标。按有关规定，单机容量在 5 万 kW 以下的热电机组，其热电比年平均应大于 100%；单机容量在 5 万~20 万 kW 的热电机组，其热电比年平均应大于 50%；单机容量 20 万 kW 及以上的抽凝供热两用机组，采暖期热电比应大于 50%；燃气-蒸汽联合循环热电联产的热电比年平均应大于 30%。

3）发电标煤耗率：热电厂发电分担总热耗分额与发电量的比值，它还可以表示为发电热效率、发电热耗率。热电厂特别是采暖热电厂，鉴于供热属季节性，因此发电标煤耗率采用年均值，也就是发电标煤耗按采暖期和非采暖期分别计算后加权平均得到。此项指标因工程而异，受到采暖期长短、气象条件、抽汽量、抽汽参数、锅炉效率等因素影响，具体工程不同将会得出不同的计算数据。

4）供热标煤耗率：热电厂供热分担总热耗分额与供热量的比值，它还可以表示为供热热效率。此项指标主要受到锅炉效率的影响，通常热电厂的锅炉效率都在 90% 以上，而供热锅炉房的锅炉效率都在 80% 以下，因此采用热电联产供热部分的节煤主要体现在锅炉效率上。

目前国内主要热电联产机组的煤耗及热效率比较见表 2-16。

表 2-16　热电联产机组的煤耗及热效率比较

项目　机组容量	50MW 高压背压供热机组	50MW 高压抽汽供热机组	300MW 亚临界抽凝供热机组	350MW 超临界抽凝供热机组
额定抽汽量/（t/h）	260	160	400	450
额定抽汽压力/MPa	0.245	0.245	0.4	0.4
采暖期发电标煤耗/[gce/（kW·h）]	182	234	250	241

续表

机组容量 项目	50MW 高压背压供热机组	50MW 高压抽汽供热机组	300MW 亚临界抽凝供热机组	350MW 超临界抽凝供热机组
非采暖期发电标煤耗/［gce/（kW·h）］	—	419	319	298
采暖期热效率/%	82.3	75.9	63.89	67.16
年均发电标煤耗/［gce/（kW·h）］	182	353	284	271
年均全厂热效率/%	82.3	47.07	51.72	53.80
年均供电标煤耗/［gce/（kW·h）］	217	384	302	288

供热机组煤耗与采暖期长短、当地气象条件、抽汽压力、锅炉效率、管道效率、综合厂用电率等因素密切相关，虽然具体工程将会得出不同的计算数据，但从表 2-16 可明显看出，背压机组的煤耗最低，具有显著的节能效果，其次是 350MW 超临界机组，因此，这两种供热机组是目前首选机型。

（2）经济特性分析

根据《火电工程限额设计参考造价指标》（2010 年水平），2×300MW 亚临界供热机组和 2×350MW 超临界供热机组的参考造价指标和参考电价见表 2-17。

表 2-17　参考造价指标和参考电价

机组容量	造价指标/（元/kW）	热价/（元/GJ）	标煤价/（元/t）	参考电价/［元/（MW·h）］
2×300MW 亚临界供热机组	4443	35	900	461.1
2×350MW 超临界供热机组	4168	35	900	450.2

热电厂由于有供热因素存在，而且还受到机组形式的影响，因此经济特性分析较常规凝汽机组复杂得多。

凝汽机组的经济性分析是在考虑投资成本和运行成本（煤耗、水耗、厂用电等）后，给定燃料价格和发电利用小时数，在锁定投资资本金收益率为 8% 和 10% 的前提下，测算上网电价是否在当地标杆电价之内，如小于当地标杆电价，说明项目有盈利能力。

热电机组增加了供热系统，投资成本要相应考虑由于供热而带来的系统和设备投资的增加，运行成本也要考虑增加的水耗、厂用电等，因此同容量的热电机组较凝汽机组投资成本高，运行成本也高。测算热电厂经济性是否可行，热价是关键因素，定性分析热电机组与同容量凝汽机组具有同样的上网电价下，热价应补偿由于供热而增加的投资和运行成本。目前，我国电价由国家制定，执行各地标杆电价，而热价由各地方政府价格主管部门制定（物价局），因此，建议各地方政府在热价的制定上能够充分体现热电机组的特殊性、公益性和经济性，给予热电厂合理的热价。

2.3.3　存在的问题及改进建议

2.3.3.1　存在的问题

(1) 供热管理机制不健全

目前，我国城市供热中，热电联产供热的比重较低，分析其原因主要是管理机制不健全。由于热电企业主要生产电和热两种产品，决定了它由不同的政府主管部门管理。采暖供热规划和建设等通常由城市建设、规划部门负责，而热电联产项目规划和建设通常由政府投资主管部门管理。这样的多重管理机制会造成热电企业管理复杂，协调工作量大甚至出现不协调，造成热电企业定位不明确、热电企业无所适从等问题，进而无法合理、及时、有效地解决热电企业所面临的经营实际困难、经济效益低下等问题。

(2) 机组选型不尽合理

目前，我国热电联产项目中主要以燃煤为主，而且这种格局在相当长时间内不会改变，因此优化发展燃煤热电联产技术将是必然的选择。因为热电机组距离城市较近，在环境空间有限、资源短缺条件下，必须控制燃煤机组的装机规模，应突出"以热定电"，争取做到以最小的装机规模满足热负荷的需要。由于背压机组的供热能力大、节能效果好、污染物排放小、占地少，能以最小的装机规模满足热负荷要求，应鼓励工业园区和北方采暖地区积极发展。但在仅有采暖热负荷的地区建设背压机组，受到采暖期运行、非采暖期停机的影响，将对其发展有所阻碍，国家需研究给予一定的优惠政策鼓励发展采暖型背压机组的建设。

(3) 厂外配套热网建设进度滞后

厂外配套热网建设进度滞后，是目前我国城市热电联产发展应用中较为突出和普遍的现象之一。2010 年供热机组容量较 2009 年增加 15.15%，而供热量仅增加 8.74%，说明很多热电机组的供热能力尚未发挥出来，这其中就有厂外配套热网建设滞后因素的影响。产生这个问题的原因非常复杂，有城市规划建设方面的原因，也有城市供热体制改革不完善、热网建设资金不落实等综合复杂的原因。通常热电厂（热源）由电力集团投资建设，资金较好落实，而厂外配套热网由城市规划部门负责，多为地方政府负责建设或地方热力公司筹资，资金较难落实。这一问题已成为制约热电联产工程真正发挥其节能环保优势、影响供热机组达到设计运行水平的重要因素。

(4) 热价偏低

我国现行热电联产的有关规定明确热电联产集中供热热价的定价原则，即"热电联产项目的热力出厂价格，由省级价格主管部门或经授权的市、县人民政府根据合理补偿成本、合理确定收益、促进节约用热、坚持公平负担的原则，按照价格主管部门经成本监审核定的当地供热定价成本及规定的成本利润率或净资产收益率统一核定，并按照国家有关规定实行煤热联动。对热电联产供热和采用其他方式供热的销售价格逐步实行同热同价"。

但是，各地在具体执行过程中存在热电联产集中供热热价定价不合理、普遍偏低等问题。有些地区还存在厂外热网由热电厂出资建设的情况，这时热电厂供热热价偏低的问题将更加突出；有些地区还存在与分散锅炉供热"同热不同价"，热费收取困难，向热电企业额外收取供热税（而分散供热小锅炉却无此项费用）等问题。

此外，由于我国尚未形成合理的热电联产煤、电、热价格定价和调整机制，对于热电企业来讲，遇到煤炭价格上涨的情况，其运营成本将增加，如不实行煤热、煤电联动，热电企业的经济性将会受到显著影响，其供热的积极性也会受到影响，应引起国家高度重视。

(5) 城市周边现役纯凝机组供热改造力度不够

城市周边现役纯凝机组供热改造是合理利用现有电源资源发展热电联产，实现城市集中供热统筹规划，解决我国城市供热问题的有效途径和良好选择。这项工作已被列为"十一五"期间电力发展规划的重点工作，但是，纯凝机组供热改造工作主动性不够，至"十一五"末期仅有少数现役电厂开展纯凝机组供热改造工作。这主要是因为部分地方政府和企业热衷于新建大型热电项目，对现役电厂纯凝机组供热改造缺乏积极性，重视程度和执行力度不够。

(6) 大型专用高效供热机组的研发进展缓慢

与凝汽式火电机组通用的包括锅炉、发电机、辅机、电气、控制等设备。虽然我国装备工业发展迅速，已达到世界先进水平，但对供热专用设备，特别是供热汽轮机的研发，则明显迟缓。目前，300MW 等级的供热汽轮机的采暖供热一般是从中低压分缸处抽汽，通过中低压联通管上加装蝶阀实现抽汽调节，其母型机是凝汽机组，这种结构以不改变原来母型机中的低压缸为基础，对于采暖抽汽而言，抽汽压力偏高，从而降低了热电联产的经济性。

大型专用高效供热机组可以通过两种措施实现，一种是为尽可能降低抽汽压力，在低压缸上设置一级或二级旋转隔板，这种方案需要研制直径更大的旋转隔板；另一种是在中低压缸之间加装离合器，采暖期低压缸脱离，实现背压供热，非采暖期中低压缸复位，进行凝汽发电，这种方案汽轮机需重新设计，中低压分缸压力需按采暖抽汽压力进行优化。这两种方案都能做到能源充分利用，可显著提高热电联产的经济性。

2.3.3.2　改进建议

为使我国热电联产事业健康发展，针对 2.3.3.1 小节提出主要问题给出如下改进建议。

(1) 完善政府管理体制

为及时解决热电企业经营困难、促进热电事业健康发展，国家应研究对热电产业进行统一管理和调控，把分散在各政府主管部门的宏观调控、政策制定、价格管制等功能，尽量集中到一个部门，便于政策的制定和热电联产项目与城市热网建设的协调。

（2）统筹规划建设热源与热网

各地方政府主管部门应加强热电联产配套热网工程规划和建设工作，热网规划应与城市总体发展规划同步进行，热网工程须与热电联产工程同步建设、同步投运。地方政府应积极探索供热管理体制改革，着力整合供热资源，采取切实措施支持配套热网工程建设。

（3）建立完善合理的热价定价体系

各级政府应支持热电联产机组项目的建设，尽快制定完善热电联产电热成本分摊实施细则，合理确定热电联产的热价；建立完善合理的热价定价体系，并按照国家有关规定实行煤热价格联动，合理测算供热成本并制定分类供热热价。

（4）加强城市周边现役纯凝机组供热改造力度

各地方在热电联产规划中应把城市周边现役纯凝机组的情况分析清楚，论述是否具备改造条件，国家在核准地方热电联产项目时，也应把其列为核准的必备条件，具备改造条件而不改造的，国家将不予核准相应的热电联产项目。

（5）加大热电联产装备研发投入

在热电联产装备制造领域，要加大扶持高效节能设备的研发和制造，特别是要加大投入，深入开展高效供热汽轮机的研发工作。国家应适时组织工程示范，尽快推进高效供热汽轮机在热电联产领域的广泛应用。

2.3.4　技术发展趋势

发展热电联产，满足不断增加的热力需求，是节能减排的有效措施。尽管我国正在努力地调整一次能源结构，天然气等清洁能源的开发和利用将会有很大的发展，但在以后相当长一段时期内，燃煤热电机组仍是发展主流。对未来的热电联产技术发展趋势分析如下。

（1）大型发电机组兼顾供热

随着火力发电技术的进步，火电机组的初参数越来越高，单机容量越来越大。热电联产与热电分产相比具有显著的节能、环保效益，因此，热电联产机组的大型化是国际发展趋势。在规划建设大型发电机组的同时，如果具备对外供热的条件，应尽可能发电与供热兼顾，其目的是充分利用电源资源，实现热电联产，以最大限度地提高能源综合利用效率。

（2）现役纯凝机组供热改造

随着节能减排力度的加大，单机容量在 200MW 以下的纯凝机组都将要被关停，将其改造为供热机组是解决我国部分城市和工业园区热力需求的一种简捷途径，对节能减排也有显著效果。根据《东北、华北、西北电网区域现役电厂供热改造可行性研究调研评估报告总报告》（中国电力工程顾问集团公司编制），三北电网区域符合供热改造条件的共有 50 个现役电厂、177 台纯凝机组、装机总容量为 52 169MW。上述 177 台纯凝机组全部实施供热改造后，可供采暖供热抽汽量约 75 400t/h，预计可具备建筑面积约 7.54×10^{8}m^2 的采暖供热能力；从电厂发电和替代现有燃煤小锅炉实现城市集中采暖供热角度，测算每年可节约标煤量约 1250 万 t，可减少 SO$_2$ 排放量约 34.5 万 t，减少 NO$_x$ 排放量约 12.8 万 t，减少粉尘和灰渣排放量约 304.8 万 t，具有显著的节能减排效益。

(3) 利用热电厂供热介质实现区域制冷

目前，我国绝大部分抽凝供热机组承担的热负荷为采暖热负荷，在采暖期间，因为热电联产，使机组的热效率很高。而在非采暖期间，城市采暖热网是停运的，供热机组采用纯凝方式运行，机组的热效率明显下降。另外，在我国冬冷夏热地区，城市的建筑物空调系统几乎全部采用电空调，全产业链的能源利用效率低；同时，大量使用空调系统的地区，夏季电力负荷为全年电力负荷的高峰期，为了满足空调系统的用电需求，电力系统的容量必须提高，社会资本投入加大，但由于空调系统用电时间周期较短，造成电力系统设备利用率降低。利用热电厂的供热介质在夏季驱动吸收式制冷机进行热制冷替代电空调制冷，可提高燃煤电厂的热效率，降低机组的发电煤耗，减少污染物排放和温室气体排放；同时，还可消减电网的夏季尖峰电负荷，减少电网投资，具有能源利用效率高、节约一次能源、节约社会投资等突出优点。

根据热电厂外供热介质的不同和制冷机安装位置的不同，燃煤电厂热电联产区域集中供冷有下列三种主要的形式。

A. 热媒介质为蒸汽的热电联产集中供冷系统

热电厂热媒介质为蒸汽时，在热电厂范围内设置分汽联箱及一次管网，通过供热管网将蒸汽供至区域的分散式制冷换热站。在制冷换热站内，利用蒸汽吸收式制冷机制冷水供给空调用户，也可利用换热器向大型高档宾馆、饭店供应生活热水。外送蒸汽的送出距离受允许压降的影响一般限定在 5km 范围内，凝结水不易回收利用，蒸汽管网与热水管网不可兼用。

B. 热媒介质为高温水的热电联产集中供冷系统

在热电厂范围内设置热网首站和一级管网，再通过城市管网将高温热水供至区域内各制冷换热站。在制冷换热站内，利用热水吸收式制冷机制冷水供给空调用户，也可利用换热器向大型高档宾馆、饭店供应生活热水。热电厂向外部送出高温水的距离为 20km 左右（如采用中继泵站，可大于 30km），适用于大、中型热电厂的热电冷联产系统。

C. 冷热电联产集中布置在热电厂的系统

制冷换热站集中设置在热电厂内，通过公用管网直接将冷媒输送至各空调用户。由于冷水供回水温差小（一般在 10℃ 以内），输送距离一般不应大于 1.5km，只适用于小范围区域供冷，目前在工业园区具有很大推广价值。

2.3.5　热电联产技术发展战略

2.3.5.1　战略目标

根据我国的实际情况，热电联产技术发展的战略目标应该是：在保证热电稳定供应的基础上，使热电产业保持略快于国民经济增长的速度，具体到 2015 年，热电装机规模将达到 2.4 亿 kW，占同期全国发电机组装机总容量的 17%，"十二五"期间净增7000 万 kW；到 2020 年，热电装机规模将达到 3.4 亿 kW，占同期全国发电机组装机总容量的 18%，"十三五"期间净增 1 亿 kW。

要实现热电联产技术发展的战略目标，应坚持"适当超前、节能优化、市场驱动"的可持续发展战略，未来我国的热电技术发展必须充分体现节能减排，走低消耗、低排放、高产出的发展道路。

2.3.5.2　发展阶段时间表

从目前阶段开始计算的时间表和各阶段完成的战略目标见表 2-18。

表 2-18　发展阶段时间表

2011~2015 年	2016~2020 年	2020~2030 年
1. 继续推广应用大型抽凝供热机组； 2. 在采暖期较长的城市及工业园区，鼓励应用背压供热机组； 3. 进行城市周边纯凝机组供热改造工作； 4. 利用热电厂供热介质实现区域集中制冷的示范工程建设； 5. 开展大型供热机组的研制工作，并进行示范工程建设； 6. 开展可再生能源和化石燃料等多能源供热试点	1. 推广应用大型供热机组； 2. 采暖期较长的城市及工业园区，推广应用背压机组； 3. 完成城市周边纯凝机组供热改造工作； 4. 扩大利用热电厂供热介质实现区域集中制冷项目的应用范围； 5. 推广开展可再生能源和化石燃料等多能源供热	推广利用热电厂供热介质实现区域集中制冷

2.4　燃煤发电节水技术

2.4.1　燃煤发电机组空冷技术

2.4.1.1　应用现状

火力发电厂汽轮机排汽空冷技术已在我国北方缺水地区得到广泛应用。截至 2010 年年底，我国火电机组装机容量已达到 7.1 亿 kW，其中空冷机组装机容量已超过 1 亿 kW，达到火电总装机容量的 14%，与常规的二次循环湿冷机组相比，每年可节约水资源约 12 亿 t，如图 2-3 所示。

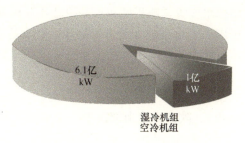

图 2-3 2010 年我国火电机组构成图

目前采用的空冷系统主要有两种：①机械通风直接空冷系统；②自然通风间接空冷系统。间接空冷系统根据所采用的凝汽器类型不同，又分为表面式凝汽器的间接空冷系统和混合式凝汽器的间接空冷系统（海勒系统）。两种系统在技术上都是成熟的，也都得到了广泛的应用。

直接空冷系统的优点是设备少，系统简单，防冻性能好，占地少，基建投资低于间接空冷系统；不足之处是对环境风比较敏感，运行背压高，风机群有噪声，厂用电略高。国内 600MW 等级已经投入商业运行的空冷机组大多数采用这种系统。目前，国内机械通风直接空冷系统已达到单机 1000MW 容量，华电灵武电厂二期 2×1000MW 空冷机组配置机械通风直接空冷系统，3#机组在 2010 年 12 月 28 日通过 168h 运行，4#机组在 2011 年 4 月 25 日通过 168h 运行，目前两台机组均已投入商业运行。

间接空冷系统的优点是抵御环境风的能力强，运行背压低，机组煤耗低。表面式凝汽器间冷系统循环水与汽水系统分开，两者水质可按各自要求控制，所有配套设备均可以国产，其缺点是防冻能力稍差，空冷塔占地稍大，投资略高。我国 2008 年已投入运行的阳城发电厂二期工程 600MW 机组采用表面式凝汽器间接空冷系统，宁夏水洞沟 2×660MW 空冷机组也采用表面式凝汽器间冷系统，1#、2#机组分别在 2011 年 3 月 28 日和 2011 年 6 月 28 日通过 168h 考核并投入商业运行。华能左权电厂一期 2×660MW 空冷机组、华能秦岭 2×600MW 空冷机组、北方电力和林 2×600MW 空冷机组、北方电力魏家峁 2×600MW 空冷机组等也采用散热器垂直布置表凝式间冷系统，目前正在建设之中。

海勒系统的优点是传热端差小，缺点是需配置大型负压循环水泵和水轮机，凝结水精处理系统复杂。海勒式间接空冷系统的主要配套设备大型负压循环水泵和水轮机目前还依赖于进口。我国 2000 年投运的大同第二发电厂 200MW 机组及丰镇发电厂 200MW 机组采用海勒系统，国际上采用海勒系统的大容量机组为 325MW。国电宝鸡第二发电厂 2×600MW 空冷机组采用混合式间接空冷系统，其中 5#机组在 2011 年 1 月 6 日通过 168h 试运行。

目前，我国已投产和在建的空冷机组主要分布在北方缺水地区。自 2008 年以来，我国河北、山西、内蒙古、陕西（陕南除外）、甘肃、宁夏、青海和新疆等北方缺水地区，新建的火电机组基本上都采用空冷技术。判断一个地区水资源短缺状况，需要综合考虑当地降水量水资源总量、人均占有水资源量、径流量时空分布不均性、水资源开发利用条件、自然生态环境等诸多因素，要建立严格的区域水资源可持续利用的评价体系和衡量标准是一个非常复杂的系统工程。中国电力工程顾问集团公司通过专题研究，提出以干旱指数为指标，结合水资源紧缺程度和水资源已开发利用率，综合分析我国空冷机组建设的适宜范围；提出在干旱指数大于 1.5 的地区，宜建设空冷式汽轮发电机组。干旱指数是某一地区年蒸发能力和年降雨量的比值，可以基本反映该地区的水资源短缺现状。

我国干旱指数大于 1.5 的地区主要包括新疆、青海、甘肃、宁夏、内蒙古、山西、河北等省（自治区、直辖市），陕西省除南部汉中、安康以外的其他地区，河南省北部地区，山东省北部地区，以及吉林省和辽宁省部分地区。

2.4.1.2　技术和经济特性分析

(1) 技术特性分析

A. 机械通风直接空冷系统

机械通风直接空冷系统采用外界空气对汽轮机的排汽进行冷却并凝结为凝结水，空气与蒸汽间通过冷却器直接进行热交换，其工艺流程为汽轮机排汽通过粗大的排汽管道输送至室外的空冷凝汽器内，轴流冷却风机使外界空气流过冷却器外表面，将排汽冷凝成水，凝结水再经凝结水泵输送回锅炉。机械通风直接空冷系统的特点有：

1）占地面积小。空冷器布置在汽机房前的高架平台上，平台下布置有变压器及配电间，从而减小了电厂的占地面积，比间接空冷系统节省用地。

2）系统调节灵活。直接空冷系统可通过改变风机转速或停运部分风机来调节进风量，防止空冷器结冰，调节相对灵活，冬季运行防冻调节灵活可靠。

3）运行费用稍高。直接空冷全年风机耗电与循环水泵耗电基本相当，但直接空冷优化方案的背压高于间冷优化方案的背压，因此煤耗较高。

4）受环境风影响大，夏季高温、风速、风向及强对流气候影响机组运行经济性。

5）空冷系统轴流风机运行时噪声较高。

6）真空系统庞大。汽轮机排汽需由大直径管道引出，冷凝排汽需要较大的冷却面积，从而导致真空系统的庞大，系统含氧量较高。

B. 表面式凝汽器间接空冷系统

表面式凝汽器间接空冷系统是指汽轮机排汽以循环冷却水为中间介质，蒸汽与循环冷却水之间在表面式凝汽器中换热，被加热后的循环冷却水与空气在空冷塔的空冷散热器中换热、冷却，再回至表面式凝汽器吸收汽轮机排汽热量。汽轮机排汽被循环冷却水冷却凝结成凝结水，经凝结水泵送到凝结水精处理装置，再经凝结水升压泵送到汽轮机热力系统。表面式凝汽器间接空冷系统的特点有：

1）循环冷却水和凝结水分为两个独立系统，其水质可按各自水质标准和要求进行处理，系统便于操作。

2）对环境气象条件的敏感程度相对较低，抵御外界环境风的能力较强。

3）空冷系统运行背压较低，供电煤耗低。

4）自然通风间接空冷系统基本没有噪声问题。

5）厂区用地面积较大。

6）初投资较高。

C. 混合式凝汽器间接空冷系统

混合式凝汽器间接空冷系统采用具有凝结水水质的循环水，在喷射混合式凝汽器中喷成水膜与汽轮机排汽直接接触将其凝结。循环水吸热升温后大部分经循环水泵送到空冷塔的空冷散热器冷却，通过水轮机调压并回收部分能量后进入凝汽器。少量循环水量的凝结水经凝结水泵送到凝结水精处理装置，在经凝结水升压泵送到汽轮机回热系统。带喷射式混合凝汽器的空冷系统是由匈牙利 EGI 的海勒所创建，故又称海勒系统。典型的海勒系统采用喷射式凝汽器，配福哥散热器。散热器竖直布置在塔外进风口处。

混合式凝汽器间接空冷系统的主要特点是运行背压低，对环境条件敏感程度较直接空冷系统低，风筒式冷却塔占地面积大、水质要求高、系统设备较多、控制较复杂，防冻控制较繁琐。

直接空冷系统和间接空冷系统从技术特性上看各有优缺点，空冷系统的选型应从工程的实际状况出发，通过对两种系统的安全性和经济性做出科学的比较，才能选择出适合厂址条件的空冷系统。

（2）经济特性分析

汽轮发电机组主机排汽采用空冷系统后，与循环供水的湿冷机组相比全厂节水达到 80% 左右，耗水指标可降低约 0.60m³/（s·GW），达到 0.12m³/（s·GW）。同时，主机采用空冷技术后，汽轮机冷端参数升高，运行背压升高，供电煤耗比湿冷机组明显增高。由于空冷机组机的额定背压一般都在 11kPa 以上，与湿冷机组的 4.9kPa 相比，高出 6kPa 以上；在夏季空冷机组机的背压要高达 32kPa 以上，与湿冷机组的 11.8kPa 相比，高出 20kPa 以上。因此，空冷机组的年平均煤耗要比湿冷机组高出约 20gce/（kW·h）。有些电网要求空冷机组在夏季满发，会使空冷机组的年平均煤耗进一步提高。湿冷机组、空冷机组耗水指标见图 2-4。

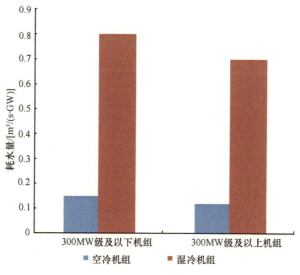

图 2-4　湿冷机组、空冷机组耗水指标柱状图

根据《火电工程限额设计参考造价指标》（2010 年水平），2×600MW 机组直接空冷系

统总投资为 47 430 万元, 2×600MW 机组间接空冷系统总投资为 56 336 万元, 2×600MW 机组二次循环湿冷系统总投资 24 013 万元。据此计算, 2×600MW 机组直接空冷系统投资比二次循环湿冷机组增加 23 417 万元, 单位投资增加 195 元/kW; 2×600MW 机组间接空冷系统投资比二次循环湿冷机组增加 32 323 万元, 单位投资增加 269 元/kW。2×600MW 机组冷却系统投资对比见图 2-5。

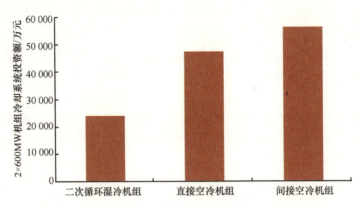

图 2-5　2×600MW 机组冷却系统投资对比柱状图

2.4.1.3　存在的问题及改进建议

（1）存在问题

A. 空冷机组煤耗较高

空冷机组在节水方面可发挥重要作用, 但目前已经投运的空冷机组供电煤耗偏高, 600MW 级褐煤亚临界空冷机组年平均供电煤耗约 350gce/（kW·h）, 600MW 级烟煤亚临界空冷机组年平均供电煤耗约 340gce/（kW·h）, 600MW 级烟煤超临界空冷机组年平均供电煤耗约 330gce/（kW·h）。

B. 空冷系统真空严密性差

空冷机组的真空严密性多数都在 200 Pa/min 以上, 更有甚者在 500 Pa/min 以上。当空冷机组真空严密性较差时, 汽轮机排汽在空冷凝汽器内部的分压减小, 并且系统的整体换热性能下降, 凝结水过冷度增大, 凝结水溶氧量也随之增加, 并且空冷系统整体防冻能力下降, 限制低温时段空冷机组在经济背压下的安全运行。

C. 空冷凝汽器外表面污垢严重

我国部分地区风沙较大, 且空气灰尘大, 空冷散热片容易脏污。通过观察, 空冷凝汽器翅片之间除尘土外, 还有树木上飞扬的絮状物, 坑口电厂的灰尘更大。空冷凝汽器冲洗设备设计多为半自动装置, 只能纵向（上下）自动而不能横向（左右）自动, 冲洗中人力投入大。空冷系统配置的冲洗泵的压力一般为 8～13MPa, 但是当电厂所在地环境空气质量很差时, 13MPa 的冲洗压力也不能达到理想的冲洗效果。个别电厂存在频繁冲洗的现象, 空冷凝汽器外表面污垢严重影响机组的运行经济性。

D. 空冷系统凝结水溶氧高

产生凝结水溶氧高的原因有多种, 如真空系统漏空气、凝泵密封不严等, 空冷机组凝结水溶气溶氧高的一个重要的原因就是凝结水过冷度大，尤其在冬季由于环境温度较低，换热端差大，有时即使空冷风机不运行，凝结水过冷度都能达到 5 度以上，凝结水溶氧超过了 3030 $\mu g/L$。另外，在个别电厂的设计中，空冷凝结水回水在排汽装置液位以上 1m 左右的位置，在汽轮机排汽管道下面，经喷头喷出，不能利用汽轮机排汽余热对回水进行充分的二次加热除氧，导致凝结水溶氧超标。

（2）改进建议

针对空冷机组存在的问题，主要可以通过以下四种措施加以改进。

1）提高空冷机组的初参数，采用超临界和超超临界空冷机组提高空冷机组效率，降低机组的供电煤耗。

2）因地制宜选择空冷系统的类型，在风环境较差（风向紊乱、风速高）的厂址，拟建设大容量高参数的间接空冷机组，可以有效降低机组的供电煤耗 3gce/（kW·h）左右。

3）在空冷机组的设计中，做好各项优化措施，进一步研究空冷凝汽器污垢影响与防治措施，改进空冷系统的冲洗装置并调整运行方式。进一步研究环境空气动力场的人工干预方法及导流措施。

4）进一步提高空冷机组的运营管理水平。为提高空冷机组经济性，节能降耗，需要优化空冷机组运行方式。根据空冷机组的特点进行安全、经济调度，夏季高气温时，汽机背压较高，不应要求机组满发，在其他气温较低季节，应充分利用空冷系统的冷却能力，提高机组出力，增加年发电量，提高空冷机组运行的经济性。

2.4.1.4　技术发展趋势

1）提高空冷机组的经济性是今后一段时期的重点任务，空冷机组势必要向着高参数发展，600～1000MW 超临界和超超临界空冷机组会得到更加广泛的应用。

2）大容量间接空冷机组抵御外界环境风的能力强，具有运行背压低煤耗低的优点，因此，随着间接空冷技术优化升级研究工作的不断深入，在间接空冷系统防冻技术方面有望获得突破，间接空冷机组的应用也会得到重视。

3）混合式凝汽器间接空冷机组具有端差小的优点，在配置相同的空冷散热器规模时，热力循环效率提高约 0.5%，机组煤耗降低约 1%。随着大容量负压型循环水泵及配套水轮机设备国产化研究的进展，混合式凝汽器间接空冷机组会得到更好的发展。

2.4.2　辅机冷却水空冷技术

2.4.2.1　应用现状

为了进一步节约电站的耗水量，间接空冷技术在辅机冷却水系统也得到进一步的应用。因整个系统规模与主机相比较小，一般采用机械通风形式。土耳其的 Bursa 电站和 Gebze/Adapazari 电站、伊朗 Sahand 电站的 2×325MW 机组都采用辅机空冷技术。国内大型空冷电站辅机冷却水系统目前采用常规湿式冷却系统，已投入运行的仅有在忻州 135MW 机组的辅机冷却水系统采用干湿联合冷却系统，华能左权电厂空冷机组辅机冷却水系统采用翅片管散热器的间接空冷系统。

2.4.2.2 技术和经济特性分析

（1）技术特性分析

辅机冷却水主要包括汽轮机、发电机、真空泵等的冷却水，主厂房内转动机械轴承冷却水，给水泵、风机、磨煤机等的润滑油冷却器等的冷却水。辅机冷却水闭式循环系统中，通过辅机循环水泵将冷却水送到辅机设备，经热交换后的热水直接送到翅片管空冷散热器内，经过冷却降温后再回到辅机循环水泵房，通过辅机循环水泵进行循环使用。为了防止水在空冷冷却器内结垢，冷却水的水质为除盐水。辅机间接空冷系统的设施包括辅机循环水泵房、辅机循环水泵、间接空冷塔、控制阀门及辅机循环水管道等。

辅机间接空冷系统可以采用翅片管散热器和板式蒸发换热器，布置方式可以采用水平布置，也可以采用垂直布置。以两台 600MW 机组为例，辅机空冷系统各方案技术比较见表 2-19。

表 2-19 辅机空冷系统各方案技术比较

序号	项目	翅片管散热器垂直布置方案	翅片管散热器水平布置方案	板式蒸发换热器垂直布置	板式蒸发换热器水平布置
1	冷却元件形式	铝管套铝翅片散热器	铝管套铝翅片散热器	波纹板式换热器，不带翅片	波纹板式换热器，不带翅片
2	强化传热方式	采用翅片管散热器和极端高温喷雾两种方式	采用翅片管散热器和极端高温喷雾两种方式	在高温时段，采用喷水蒸发冷却强化传热	在高温时段，采用喷水蒸发冷却强化传热
3	布置方式	散热器垂直布置	散热器水平布置	散热器垂直布置	散热器水平布置
4	通风形式	引风式空冷器	引风式/鼓风式空冷器	引风式空冷器	引风式/鼓风式空冷器
5	空冷系统配置	64 组 12m 高冷却三角，16 台 D9140 轴流风机，$N=132kW$	128 组 6m 长冷却三角，64 台 D5000 轴流风机，$N=45kW$	48 组 9m 高板式换热器，8 台 D9750 轴流风机，$N=160kW$	48 组 9m 长板式换热器，16 台 D7925 轴流风机，$N=75kW$
6	占地面积/m²	90×30	100×32	80×20	80×28
7	干、湿工况起喷点温度/℃	30	30	20	20
8	全年耗水量/t	约 10 000	约 10 000	约 175 000	约 175 000

翅片管空冷散热器起喷温度高，全年喷水时间约 100h，节水效果达到 98% 以上。板式蒸发冷却器起喷温度低，全年喷水时间较长，约 2000h，该系统节水效果为 60% 以上。

辅机冷却水系统采用机械通风间接空冷系统，既可以通过改变风机转速、停运风机或使风机反转来调节空冷散热器的进风量直至吸热风来防止空冷散热器的冻结，又可以通过设置在空冷散热器外侧的百叶窗来调节或隔绝进入散热器的冷空气流量，调节手段灵活可靠，防冻效果好。机械通风间接空冷系统每个冷却段应设置独立的充放水管，冬季运行时，可退出某些段运行。机械通风间接空冷系统，可根据冷却水温设置多级防冻保护控制模式。机械通风间接空冷系统，布置在室外的冷却水管道应采取保温措施，必要时设置电伴热装置。在严寒地区建设的辅机冷却水空冷系统，对于垂直布置的空冷散热器，可以在散热器的两侧（即进风侧和出风侧）同时设置百叶窗，即设置双层百叶窗。

（2）经济特性分析

辅机冷却水系统采用机械通风间接空冷系统后，空冷机组的耗水指标可以进一步降低约 $0.02m^3/$（$s \cdot GW$），达到 $0.08m^3/$（$s \cdot GW$）。需要说明的是，各类辅机设备对冷却水温的要求较高，一般进水温度控制在 $38℃$ 以下，因此夏季高温季节（$>30℃$），空冷散热器外表面需要采取喷雾降温措施，消耗少量的除盐水，全年节水效果显著。

辅机冷却水空冷系统在国内应用较少，目前 $2×600MW$ 机组辅机冷却水采用翅片管散热器的间接空冷系统需投资约 1800 万元，是常规带机械通风湿冷塔循环供水系统的 $3~4$ 倍。

2.4.2.3　应用建议

1）辅机冷却水系统采用蒸发冷却器的干湿联合冷却系统在国内已有运行经验，湿工况运行时间较长，夏季工况节水效果不明显，全年有一定的节水效果。

2）采用翅片管散热器的辅机间接空冷系统在国外有成功运行经验，国内正在建设之中。辅机间接空冷系统节水效果显著，在国内取得成功运行经验后，可以在严重缺水地区推广应用。

2.4.3　煤粉发电机组干式除渣技术

2.4.3.1　应用现状

锅炉干式除渣技术是在 20 世纪 80 年代中期，由意大利 Magaldi 公司最先研制开发的利用空气冷却、钢带输送来处理炽热炉渣的一种除渣技术。由于该技术具有节水、节能、无污水排放、有利于综合利用等突出优点，在国外一些国家已经得到较为广泛的应用。据资料介绍，目前这项技术已在智利、西班牙、希腊、美国等国家电厂使用，意大利已有 80% 的电厂除渣采用该项技术。国内最早应用干式除渣系统的电厂是河北三河电厂一期工程 $2×350MW$ 机组，全套引进意大利 Magaldi 公司的进口设备，已成功运行多年。

近年来，随着国内几家大公司对干式除渣系统的成功研发，以及在 300MW、600MW 容量大型机组上的应用，干式除渣技术已形成具有自主知识产权的系列产品，为国内干式排渣系统的推广应用开创了良好的条件。

天津大港发电厂 $2×328.5MW$ 机组油改煤工程、内蒙古丰镇电厂 3#、4# 炉 $2×200MW$ 机组除渣系统改造工程以及辽宁抚顺石油二厂自备电厂二期扩建工程 $1×410t/h$ 煤粉炉的除渣系统均采用的是国产干式除渣系统，自投运以来均运行良好。有了国内数个电厂的设计和实际运行经验，国产干除渣系统正在被越来越多的电厂所采用，现在大部分空冷机组都采用了干式除渣系统。

2.4.3.2 技术和经济特性分析

（1）技术特性分析

干式除渣系统通常每台炉设一台干式风冷排渣机，干式排渣机的关键部件是传送带，它由不锈钢丝编成的椭圆形网和不锈钢板组成。炉底渣经过锅炉储渣斗落到缓慢移动的传送钢带上，使用受控的少量环境空气来冷却炉渣和输送带。送出过程中的热渣到钢带机头部已经逐渐被冷却到 100～200℃；冷却用的空气，是在锅炉炉膛负压的作用下，由输渣机壳体上开设的可调进风口进入设备内部，冷空气与热渣进行逆向热交换；冷空气吸收热量升温到 300～400℃直接进入炉膛，将炉渣的热量回收，从而减少锅炉的热量损失。冷却用空气靠炉膛负压吸入，吸入总量不超过锅炉总进风量的 1%，并且可根据排渣量进行调整。炉渣经输渣机完成输送、冷却后进入碎渣机破碎，然后由负压（正压、机械）输送系统送至渣仓储存。在渣仓下设有加湿搅拌机，渣经加湿后用汽车或带式输送机外运。干式除渣系统工艺流程如图 2-6 所示。

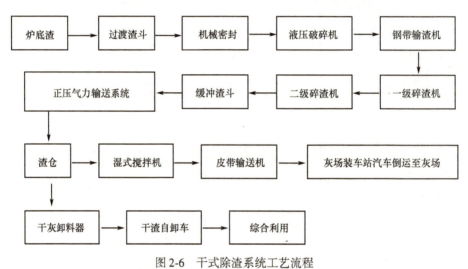

图 2-6 干式除渣系统工艺流程

干式除渣系统是利用空气作为冷却介质将锅炉底渣进行冷却、完成输送的一种系统。其工艺流程不消耗水、吸收了底渣热量的空气又被吸入炉膛，充分吸收底渣的热量、提高锅炉效率、保持渣的活性，有利于综合利用，空气靠炉膛负压吸入炉膛减少了厂用电量。

（2）经济特性分析

锅炉的排渣量主要根据锅炉的形式和煤质情况确定，以单台 600MW 机组的渣量 10 t/h 左右为例，2×600MW 机组采用不同除渣系统的耗水量对比见表 2-20。

表 2-20　2×600MW 机组采用不同除渣系统的耗水量对比

序号	项目	湿式除渣系统	干式除渣系统
1	渣冷却形式	水冷	风冷
2	厂内主要输送设备	大倾角刮板捞渣机或脱水仓	钢带输渣机及加湿搅拌机
3	厂外主要输送设备	汽车或皮带机	汽车或皮带机
4	厂内系统闭式循环水量/（m^3/h）	300	0
5	锅炉排渣口蒸发水量/（m^3/h）	34	0
6	渣带走的水量/（m^3/h）	6	4
7	合计/（m^3/h）	40	4

对于 2×600MW 机组，采用干式除渣系统，耗水量约减少 $36.0m^3/h$，耗水指标可降低约 $0.01m^3/（s \cdot GW）$。

根据《火电工程限额设计参考造价指标》（2010 年水平），2×600MW 机组除渣采用湿式刮板捞渣机输送至渣仓方案需投资 1383 万元，2×600MW 机组除渣采用干式除渣系统需投资 1847 万元，即采用干式除渣方案增加投资 464 万元，如图 2-7 所示。

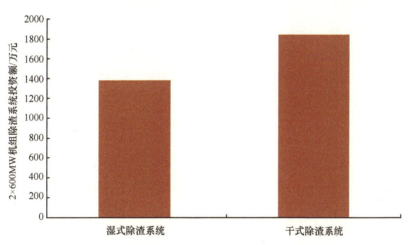

图 2-7　2×600MW 机组除渣系统投资对比柱状图

2.4.3.3　应用建议

鉴于干式除渣技术已经完全成熟，设备可以国产化。因此，在缺水地区建设的空冷机组都应采用干式除渣系统。

2.4.4　煤粉锅炉发电机组干法脱硫技术

2.4.4.1　应用现状

国外活性焦脱硫技术研究始于 20 世纪 60 年代，于 80 年代开始投入商业应用。活性焦烟气脱硫工艺属于干法烟气脱硫工艺。该工艺是一种以物理-化学吸附原理为基础的硫资源可回收的干法烟气脱硫工艺。它利用以煤为原料制造的为脱除烟气中 SO_2、粉尘等的可复原再生的吸附剂，干法烟气脱硫工艺常用的吸附剂是活性焦。目前该工艺在国外已由火电厂扩展到石油化工、硫酸和化肥工业等领域。国外已建成活性焦烟气净化工业装置接近 20 套，用于处理燃煤烟气、燃油烟气、重油分解废气和垃圾焚烧烟气等。世界上单机容量最大的活性焦脱硫装置建成于 2002 年，安装在日本新矶子电厂 1#600MW 超临界燃煤机组，处理烟气量为 200×10^4 m³/h。目前，国外已投运 2 台 600MW 机组容量的活性焦烟气脱硫装置。

我国活性焦脱硫技术研究始于 20 世纪 80 年代，首台工业化示范装置建成于 2005 年，安装在贵州宏福实业开发有限总公司自备热电厂 2 台 75 t/h 循环流化床燃煤锅炉，配 1 套活性焦脱硫装置，处理烟气量为 20×10^4 m³/h。目前，国内大中型火电机组尚无活性焦脱硫装置应用业绩，大容量机组的活性焦脱硫技术尚未完全掌握，工程设计需要国外公司提供技术支持，关键设备需要进口，而国际上主要由日本和德国提供技术支持和关键设备，造价较高。

2.4.4.2 技术和经济特性分析

（1）技术特性分析

活性焦脱硫技术是一种利用活性焦的吸附、催化性能脱除烟气中硫氧化物的干法脱硫技术，与目前普遍应用的常规石灰石-石膏湿法脱硫技术相比，具有基本不耗水、烟气中硫分可回收、活性焦可再生等优点，是一种高效、无废水排放的烟气脱硫新技术。对于淡水资源和硫资源相对缺乏的我国，发展活性焦烟气干法脱硫技术是十分必要和迫切的。

活性焦烟气脱硫工艺原理如图 2-8 所示。

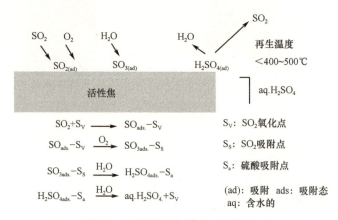

图 2-8 活性焦烟气脱硫工艺原理

SO_2 在活性焦表面的吸附和催化作用下，在 120～160℃ 的温度下与烟气中的 O_2、水蒸气发生如下反应：

$$SO_2 + 1/2\ O_2 + H_2O \longrightarrow H_2SO_4$$

SO_2 转化为硫酸吸附在活性焦孔隙内，同时活性焦吸附层相当于高效颗粒层过滤器，在惯性碰撞和拦截效应作用下，烟气中的大部分粉尘颗粒在床层内部不同部位被捕集，完成烟气脱硫除尘净化。活性焦循环使用，通过加温使活性焦解吸释放出高浓度 SO_2（浓度 20%~30%）而再生，采用成熟的化工工艺，可生产出多种含硫元素的商品级产品，如硫酸、硫黄、亚硫酸铵等，对环境不造成二次污染。

吸附 SO_2 后的活性焦被加热至 400℃ 左右时，释放出 SO_2，化学反应如下：

$$H_2SO_4 \longrightarrow SO_3 + H_2O$$
$$SO_3 + 1/2\ C \longrightarrow SO_2 + 1/2CO_2$$

活性焦的解吸反应相当于对活性焦进行再次活化，因此，活性焦循环使用过程中，吸附活性和催化活性不但不会降低，还会有一定程度的提高。经过解吸再生后的活性焦，被冷却至 120℃ 以下，由物料输送机械送至吸附脱硫塔循环使用。活性焦干法烟气脱硫工艺流程如图 2-9 所示。

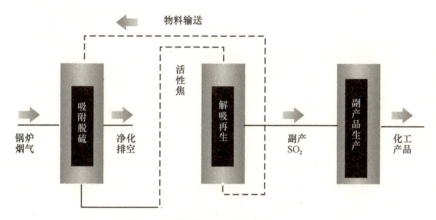

图 2-9　活性焦干法烟气脱硫工艺流程

活性焦干法烟气脱硫系统主要包括 SO_2 吸附系统、SO_2 解析系统、副产物回收系统、活性焦储存及输送系统等。

A. SO_2 吸附系统

SO_2 吸附系统的吸附塔由前床、中床、后床三部分组成，每床带有辊式给料机控制出口活性焦流量。从主烟道出来的烟气进入吸附塔，烟气温度控制在 140℃ 左右。烟气中的 SO_2 在活性焦表面的吸附和催化作用下，与烟气中的 O_2、水蒸气发生反应生成硫酸，吸附在活性焦孔隙内。活性焦在反应器内从上到下依靠重力缓慢移动，吸附 SO_2 后从底部排出，由物料输送机械送入解析塔进行再生。

B. SO_2 解析系统

SO_2 解析系统的解析塔与吸附塔对应设置，解析塔主要由加热器和冷却器组成。活性焦在加热区被加热至 400℃ 左右，释放出 SO_2 气体而再生。经过解析再生后的活性焦，在冷却区被冷却至 120℃ 以下排出解析塔，经振动筛筛分后，合格的活性焦颗粒由斗式提升机提升回吸附塔循环使用。由于机械磨损被筛分掉的活性焦可以作为燃料使用，或者进一步加工后进行再利用。

C. 副产物回收系统

活性焦脱硫工艺中通过解析再生工艺获得高浓富度 SO_2 气体，干基体积比达 20%~30%，以其为原料，采用现有的成熟工艺可生产出多种含硫元素的商品级产品，如图

2-10 所示，其转化的产品的运用范围涉及国民经济各个领域。

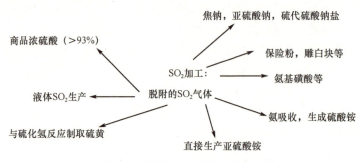

图 2-10 活性焦干法脱硫副产品

综上所述，活性焦干法脱硫工艺与传统的石灰石-石膏湿法脱硫工艺相比，具有以下特点：

1）节水效果显著，脱硫工艺过程中基本不用水。

2）脱硫效率高达 95% 以上，可以脱硫脱硝一体完成，脱硝效率达到 30% 以上，在脱硫的同时能够脱除汞等重金属。

3）能够脱除 SO_3，不产生废水、废物，没有二次污染。

4）脱硫副产品为亚硫酸铵酸、硫或硫黄，SO_2 资源化。

我国煤炭资源丰富，有充足的活性焦生产原料，特别在水资源相对缺乏，具备应用活性焦脱硫装置的有利条件下，通过建设活性焦脱硫装置，可以实现脱硫工艺的多元化发展，促进脱硫环保产业优化升级，拉动相关产业发展。同时，每年还可带来亚硫酸铵副产品收益，实现水资源的节约和废物的综合利用。

（2）经济特性分析

火力发电厂主机和辅机采用空冷技术后，设计耗水指标可以控制在 $0.08m^3/$（s·GW），如果采用活性焦干法脱硫工艺，与常规的石灰石-石膏湿法脱硫工艺相比，2×600MW 机组可节水约 $180m^3/h$，耗水指标可降低约 $0.04m^3/$（s·GW），节水幅度达 30%，年节水量为 80 万 ~ 100 万，同时可带来亚硫酸铵副产品收益。

目前，我国尚未完全掌握大容量机组的活性焦脱硫技术，工程设计需要国外公司提供技术支持，关键设备需要进口，国际上主要由日本、德国提供技术支持和关键设备，造价较高。经询价，2×600MW 机组活性焦脱硫装置完全进口造价约 900 ~ 1000 元/kW，是常规石灰石——石膏湿法脱硫装置造价的 3 ~ 4 倍。

国内自主建造投运的第一套 20 万 m^3/h 活性焦脱硫装置为继续研发提供了宝贵经验，中电工程已与日本住友重工业株式会社签订框架协议，计划通过联合设计、自主研发和必要技术引进，逐步掌握大型机组活性焦脱硫技术。经估算，2×600MW 机组活性焦脱硫装置国产化后，造价在 600 ~ 650 元/kW，运行费用为 0.04 ~ 0.05 元/（kW·h）。随着经验积累和技术进步，造价还会不断下降。通过建设活性焦脱硫装置，可以实现脱硫工艺的多元化发展，提升脱硫环保产业优化升级，带动相关产业发展。

2.4.4.3 应用建议

1）建议尽快确定大容量火电机组活性焦脱硫技术的示范项目，通过建立示范工程，带动、促进和提高活性焦脱硫技术自主化水平。

2）建议优先规划大型煤炭基地严重缺水矿区的大型空冷机组，配套采用活性焦脱硫装置，实现脱硫工艺的多元化发展，提升脱硫环保产业优化升级，带动相关产业发展。

3）鉴于活性焦脱硫技术初期的运行费用较高，建议在示范工程电价和税收政策方面考虑激励政策。

2.4.5 技术发展战略

2.4.5.1 战略目标

根据节水技术本身的成熟程度、国产化程度以及适应性，在空冷电厂应用干除灰、干除渣技术、辅机空冷技术及活性焦干法脱硫技术，使耗水指标降至 $0.04m^3/(s \cdot GW)$。采用各种节水技术后火力发电厂耗水指标见表2-21。采用各种节水技术后火力发电厂耗水指标如图2-11所示。

表2-21 采用各种节水技术后耗水指标

序号	节水技术和措施	单位	耗水指标
1	主机空冷、湿法脱硫 电动给水泵或汽动给水泵排汽空冷 干式除灰、渣 辅机冷却水湿冷	$m^3/(s \cdot GW)$	0.12
2	主机空冷、湿法脱硫 电动给水泵或汽动给水泵排汽空冷 干式除灰、干式除渣、真空清扫 辅机冷却水湿冷	$m^3/(s \cdot GW)$	0.10
3	主机空冷、湿法脱硫 电动给水泵或汽动给水泵排汽空冷 干式除灰、干式除渣、真空清扫 辅机冷却水空冷	$m^3/(s \cdot GW)$	0.08
4	主机空冷、活性焦干法脱硫 电动给水泵或汽动给水泵排汽空冷 干式除灰、干式除渣、真空清扫 辅机冷却水空冷	$m^3/(s \cdot GW)$	0.04

2.4.5.2 节水技术发展路线图

空冷机组节水技术从目前阶段开始计算的时间表和各阶段完成的战略目标见表2-22。

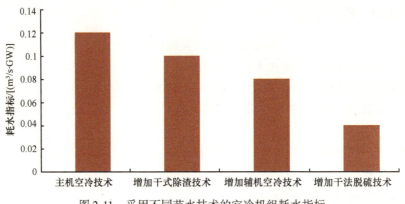

图 2-11　采用不同节水技术的空冷机组耗水指标

表 2-22　节水技术发展路线图

2011～2015 年	2016～2020 年	2020～2030 年
1. 对干旱指数大于 1.5 的缺水地区，积极推广采用空冷式汽轮机组； 2. 对干旱指数大于 3 的缺水地区，有条件时空冷机组的辅机冷却水系统推荐采用间接空冷技术； 3. 对于空冷机组，积极推广应用干式除渣技术； 4. 建设 600MW 机组活性焦干法脱硫示范工程	1. 对干旱指数大于 1.5 的缺水地区，采用空冷式汽轮机组； 2. 空冷机组的辅机冷却水系统积极推广应用间接空冷技术； 3. 空冷机组全部采用干式除渣技术； 4. 对干旱指数大于 7 的缺水地区，积极推广应用活性焦等干法脱硫技术	1. 对干旱指数大于 1.5 的缺水地区，全部采用空冷式汽轮机组； 2. 空冷机组的辅机冷却水系统全部采用间接空冷技术； 3. 空冷机组全部采用干式除渣技术； 4. 积极推广应用活性焦等干法脱硫技术

2.5　燃煤发电与太阳能复合发电技术

2.5.1　中国煤炭和太阳能资源分布及技术发展趋势

2.5.1.1　中国煤炭资源分布

国家发展改革委员会正式发布的中国第一部《煤炭产业政策》明确提出，我国将建设神东、晋北、晋中、晋东、陕北、黄陇（华亭）、鲁西、两淮、河南、云贵、蒙东（东北）、冀中、宁东 13 个大型煤炭基地。我国煤炭基地中，还包括准东和哈密基地，共计 15 个大型煤炭基地。

2.5.1.2　中国太阳能资源分布

我国具有极其丰富的太阳能资源。根据年太阳总辐照量空间分布，我国的太阳能资源可以划分为四个区域。

2.5.1.3　中国煤炭及太阳能资源分布的重合度

在我国太阳能资源Ⅱ类地区，集中了神东、晋北、晋中、陕北、黄陇（华亭）、云贵、蒙东、冀中、宁东、准东、哈密 11 个大型煤炭基地，我国主要的煤炭资源分布与太阳能资源分布有相当大的重合度。根据《煤炭产业政策》，国家鼓励建设坑口电站，优先发展煤、电一体化项目，优先发展循环经济和资源综合利用项目。所以，在重叠区域建设太阳能与燃煤复合发电机组具有广阔的发展前景。

2.5.1.4   燃煤发电与太阳能复合发电技术发展趋势

（1）技术应用方向

热力发电厂均以某热力循环为基础，现代大容量燃煤机组无一例外地采用具有多级回热抽汽的再热循环，即利用汽轮机抽汽加热凝结水和给水以提高机组循环热效率，提高给水温度以降低给水和锅炉管壁之间的金属温差及减少热冲击，在除氧器内通过加热除去给水中的氧气和其他不凝结气体，还为锅炉给水泵汽轮机提供驱动汽源以及其他厂用蒸汽。

以常规给水回热加热系统作为研究对象，在白天太阳能辐照量较好的时段内，利用太阳能光热转换系统产生过热蒸汽，替代第一、第二或第三级高压加热器，或者同时替代多级加热器抽汽以及替代锅炉给水泵汽轮机驱动汽源，而被替换的汽轮机回热抽汽可以在汽轮发电机组中继续做功，此时汽轮机主蒸汽流量下降，汽耗率降低。在运行时段内如果经常性地出现足够数量的云遮，将显著地影响太阳能光→热转换系统的产热量，直接导致替代加热器抽汽的蒸汽参数波动，可以考虑设置缓冲器式储热装置以便在瞬间云遮天气中平滑热量输出和蒸汽参数。

（2）技术应用现状

在太阳能热发电技术的基础上，国外已开展太阳能与化石燃料联合发电技术的研究，主要针对太阳能与天然气联合循环发电技术（ISCC）、太阳能与化石燃料锅炉以及与火电机组热力系统结合的系统进行研究。

世界上第一座太阳能光热与燃煤联合发电项目 Colorado Integrated Solar Project 位于美国科罗拉多州帕利塞德，机组装机容量为 49MW，太阳能部分设计产生 1MW 的电力。太阳能集热场通过与常规电厂给水系统相连的热交换器接入，向锅炉提供预热水。联合发电项目利用常规电厂已有的主要设备和设施。太阳能集热场部分由西班牙 Abengoa 公司设计建设，该项目投资预算为 450 万美元。

该项目的预期目标是建设太阳能光热与常规火电机组联合发电的示范工程，并达到理想的更经济的新能源利用方式。2010 年 6 月改造后的电站正式成功并网，验证了太阳能光热与常规火电机组联合发电的可行性。拥有该电站运营权的电力公司计划将 1MW 的太阳能集热场扩建到 10 ~ 20MW，并将太阳能光热与常规火电机组联合发电的运行模式推广到旗下几个资源条件适宜的电站。

燃煤发电与太阳能复合发电技术在国外已有成功运行的实例，而且多家国际太阳能公司也将关注的目光投向燃煤发电与太阳能复合发电技术，呼吁此项技术将为太阳能热发电打开新的应用领域。

(3) 燃煤发电与太阳能复合发电技术在我国的发展趋势

燃煤引发的大气污染是我国社会经济可持续和谐发展的主要障碍之一。提高发电效率，降低燃煤污染是电力行业的中心任务。在清洁高效地使用化石能源的同时，引入可再生能源元素，将为常规火电机组开辟一条节能减排的新的途径。

建设大容量燃煤发电与太阳能复合发电机组既可以高效利用太阳能光热转换系统提供的热量，解决在西北部荒芜地带建设单纯太阳能热发电厂所面临的电网长距离传输问题，又可充分发挥燃煤电厂大容量、高蒸汽参数和高效率技术优势可同时利用现有电站成熟可靠的系统和设施，从而使火电厂具有很高的发电效率，同时可达到降低燃料消耗和减少污染物排放的目的。

无论从技术发展的迫切性，还是技术应用前景的广阔性而言，燃煤发电与太阳能复合发电技术的开发与应用都是必要的。

2.5.2 燃煤发电与太阳能复合发电的几种方式

2.5.2.1 复合发电的几种方式

太阳能热发电有塔式、槽式及碟式等多种形式。本书基于我国太阳能资源Ⅱ类地区情况，采用国际上太阳能热发电厂投运业绩最多、技术相对较为成熟、关键技术和设备国产化率较高，并且使用温度最为适宜的槽式太阳能抛物面集热器产生热量，替代600MW 燃煤机组的汽轮机或锅炉热力系统回热循环中的部分热量。

槽式太阳能热发电是将众多的槽型抛物面聚光集热器，经过串并联的排列收集较高温度的热能，加热工作介质产生蒸汽，驱动汽轮发电机组发电。本书采用典型的双回路系统，即传热介质回路和工作介质回路是分开的。传热介质通常采用合成导热油，在真空管集热器中被加热后将热量传递给热交换设备，工作介质为给水或凝结水，在热交换设备中吸收热量产生过热蒸汽或者直接被加热。

燃煤发电与太阳能复合发电有以下几种方式。

(1) 利用太阳能光热转换系统产生蒸汽替代一级或多级加热器抽汽

利用太阳能光热转换系统产生过热蒸汽，替代第一、第二或第三级高压加热器抽汽、第五及第六级低压加热器抽汽，或者同时替代三级高压加热器抽汽及二级低压加热器抽汽。

众多的槽形抛物面集热器经过串并联的排列，将太阳光聚集在中心的真空管集热器上。真空管集热器内的导热油被加热至380℃，在表面式换热器内与工作介质进行热量交换后，导热油温度下降至240℃左右，经过循环油泵再进入槽型抛物面真空管集热器被加热，如此完成导热油的循环；工作介质为给水，来自于除氧水箱出口的低压给水管道，通过单独设置的升压泵进入表面式换热器，在换热器内吸收热量后产生过热蒸汽，蒸汽温度约为350℃。蒸汽通过连接管道直接进入相应给水加热器的汽侧空间。

图 2-12、图 2-13 分别为利用太阳能光热转换系统产生过热蒸汽，替代第一级高压加热器抽汽或同时替代三级高压加热器抽汽的原则性系统图。

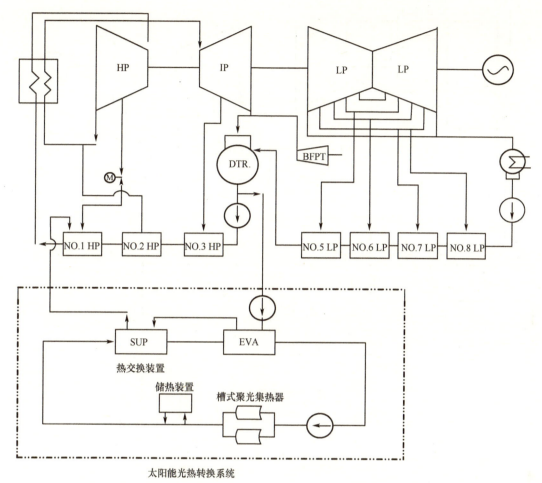

图 2-12　太阳能光热转换系统产生蒸汽替代第一级高压加热器抽汽原则性系统图

（2）利用太阳能光热转换系统加热主给水

针对 600MW 超临界和亚临界燃煤锅炉，这里进行利用太阳能光热转换系统加热主给水代替燃煤锅炉部分热量的技术方案研究。

A. 600MW 超临界燃煤锅炉

针对超临界燃煤锅炉而言，由于超临界参数的特性决定锅炉水冷系统只能采用直流方式，这样的特性决定直流锅炉各级受热面的吸热份额分配。如果利用太阳能光热转换系统直接加热主给水，无论是与省煤器串联或者并联，均会造成省煤器参数的变化，锅炉难以适应此种工况的要求；如果利用太阳能光热转换系统加热主给水产生过热蒸汽直接进入锅炉的过热蒸汽系统，势必减少流经水冷壁和省煤器的工作介质流量，极可能对水动力的安全性带来不良影响。

根据以上分析，对 600MW 超临界燃煤锅炉不推荐采用太阳能光热转换系统加热主给水代替燃煤锅炉部分热量的技术方案，仅以汽轮机组利用太阳能光热转换系统产生的过热蒸汽替代部分回热抽汽为设计条件，配合进行锅炉热力性能分析及校核计算。初步

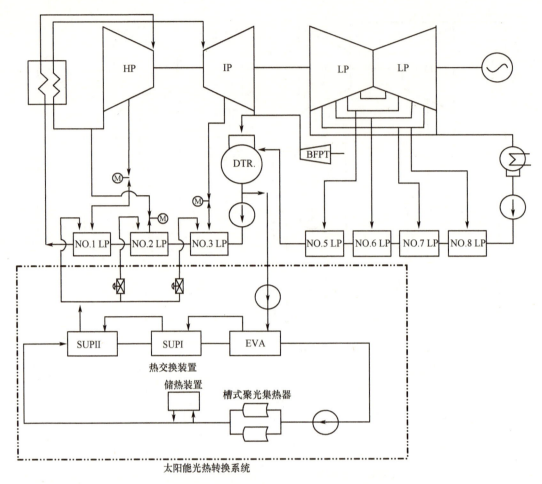

图 2-13　太阳能光热转换系统产生蒸汽同时替代多级加热器抽汽原则性系统图

分析结果是锅炉通过热力工况调整及设计优化，基本可以适应利用太阳能光热转换系统产生过热蒸汽替代汽轮机部分回热抽汽的运行工况。

B. 600MW 亚临界燃煤锅炉

针对亚临界燃煤锅炉而言，锅炉水冷系统通常采用自然循环方式。初步分析结果为：利用太阳能光热转换系统加热部分主给水的技术方案，采用预热省煤器与锅炉原设计省煤器并联后进入汽包的方式，或者采用预热省煤器先加热部分主给水与未加热的主给水混合后再进入锅炉原设计省煤器的方式，技术上均是可行的。但是，进入预热省煤器的主给水流量受到水动力安全性的制约，而且锅炉的调温方式需要与太阳能光热转换系统的运行相适应。利用太阳能光热转换系统加热部分主给水实际上提高了锅炉省煤器的进口或出口水温，锅炉的排烟温度有所上升，锅炉效率略有变化。图 2-14 所示为利用太阳能光热转换系统加热主给水的原则性系统图。

（3）利用太阳能光热转换系统产生蒸汽替代锅炉给水泵汽轮机驱动汽源

利用太阳能光热转换系统产生的过热蒸汽，可作为锅炉给水泵汽轮机（BFPT）驱

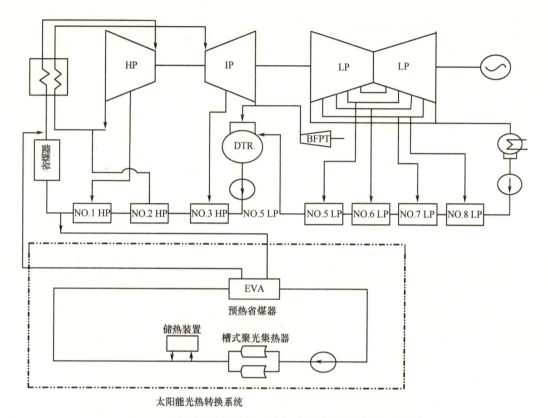

图 2-14　太阳能光热转换系统加热主给水的原则性系统图

动汽源。

　　众多的槽形抛物面集热器经过串并联的排列，将太阳光聚集在中心的真空管集热器上。真空管集热器内的导热油被加热至380℃左右，在表面式换热器内与工作介质进行热量交换后，导热油温度下降至240℃左右，经过循环油泵再进入槽形抛物面真空管集热器被加热，如此完成导热油的循环。工作介质为凝结水，来自于凝汽器热井出口的凝结水管道，通过单独设置的升压泵进入表面式换热器，在换热器内吸收热量后产生过热蒸汽，蒸汽温度约为350℃，蒸汽通过连接管道与锅炉给水泵汽轮机四段抽汽的汽源相连接，在一天太阳能辐照量较好的时段内，可以替代锅炉给水泵汽轮机启动、低负荷及正常驱动汽源。图 2-15 所示为利用太阳能光热转换系统产生蒸汽替代锅炉给水泵汽轮机驱动汽源的原则性系统图。

（4）几种方式的优化组合

　　以上几种利用太阳能光热转换系统产生蒸汽替代一级或多级汽轮机回热抽汽，以及加热主给水替代燃煤锅炉一部分热量的方式，可以合成为方式（1）与方式（2）的组合方式、方式（1）与方式（3）的组合方式以及方式（1）、（2）、（3）共同组合的方式。

　　图 2-16 所示为利用太阳能光热转换系统产生蒸汽同时替代高压加热器抽汽、锅炉给水泵汽轮机驱动汽源和低压加热器抽汽的原则性系统图。

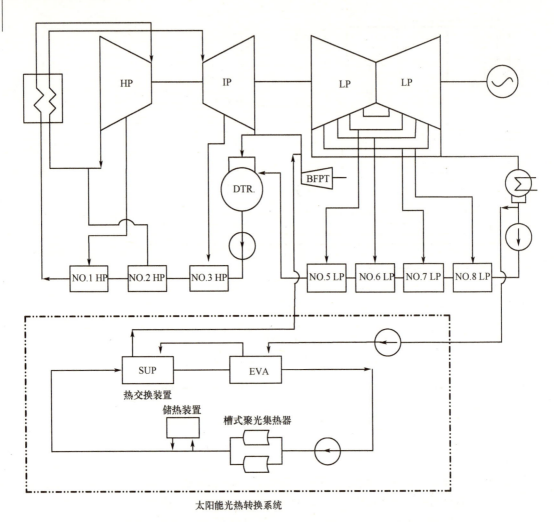

图 2-15　太阳能光热转换系统替代锅炉给水泵汽轮机驱动汽源的原则性系统图

2.5.2.2　燃煤发电与太阳能复合发电的运行方式

燃煤发电与太阳能复合发电的运行方式同单纯的太阳能热发电相比,对于汽轮发电机组的运行特性的要求相对简单,汽轮发电机组可以采用传统运行方式,与常规燃煤发电运行方式不同的是保证汽轮机回热系统给水加热器所需热量在不同热源之间的切换或者不同热源并联运行。

(1) 模式1

汽轮机回热系统给水加热器所需热量全部来自太阳能光热转换系统。

"太阳能光热转换系统产热量满足汽轮机回热系统给水加热器所需热量的要求"的运行方式,实现的前提条件是太阳辐照度足够强且相对稳定。由于燃煤发电与太阳能复合发电是在白天太阳能辐照量较好的时段内运行,这种运行模式相对容易实现。但是云层的遮挡会迅速影响太阳能光热转换系统产热量的变化,从而影响换热设备出口蒸汽参

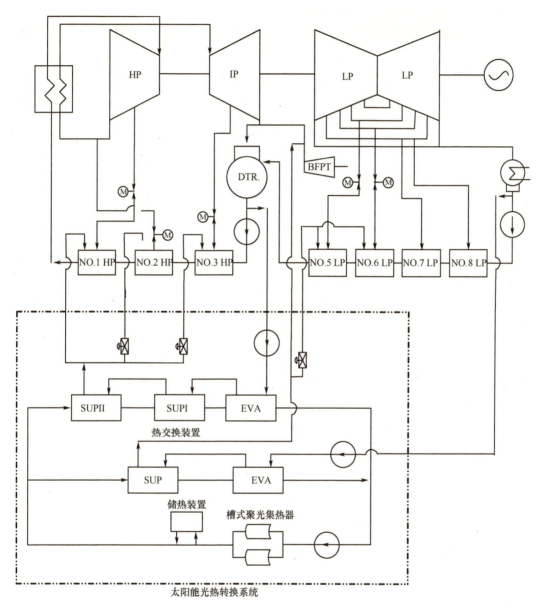

图 2-16　太阳能光热转换系统产生蒸汽同时替代高压加热器抽汽、锅炉给水泵汽轮机驱动汽源和低压加热器抽汽的原则性系统图

数的变化。建议燃煤发电与太阳能复合发电尽量选择在少云地区，并且设置储热装置的时间为系统满负荷运行 $0.5 \sim 1h$。汽轮机组正常运行的回热抽汽随时可以作为太阳能光热转换系统的补充和备用。

(2) 模式 2

太阳能光热转换系统产生蒸汽与汽轮机回热系统抽汽并联运行作为给水加热器加热汽源。

太阳能光热转换系统产生蒸汽与汽轮机回热系统抽汽并联运行作为给水加热器汽源

的运行方式,是由于太阳直射辐照度相对较弱或者在长时期内(如0.5h以上的时间跨度)变化引起替代的过热蒸汽参数或太阳能光热转换系统产热量不足。该运行模式是一种较为常见的运行方式,汽轮机组正常运行的回热系统抽汽必须作为太阳能光热转换系统的补充,与太阳能光热转换系统产生蒸汽并联运行作为给水加热器加热汽源,而且汽轮机组正常运行的回热系统抽汽流量随着太阳能光→热转换系统的产热量的变化随时自动调整。

(3) 模式3

太阳能光热转换系统产热量用于导热油循环预热及储热装置蓄热。

因为导热油的凝结点为12℃,在夜间和阴雨天气时,需要油系统持续打循环,或在膨胀油箱内设置蒸汽加热设施以维持导热油温在30℃以上,防止导热油低温凝结。每日清晨需启动太阳能光热转换系统的导热油循环预热模式。当测试太阳辐射较弱时,太阳能光热转换系统产热量较低,此时通过循环油泵持续打循环,将太阳能光热转换系统产热量加热导热油,使油温缓慢上升。储存在热油罐内导热油的能量,在后续的运行过程中,遇到太阳能光热转换系统的产热量不能满足汽轮机回热系统给水加热器所需热量的要求时,由储热装置补充部分热量来提高太阳能光热转换系统的适应性。

2.5.2.3 燃煤发电与太阳能复合发电机组的运行优势

(1) 调峰性能

我国六大区域电网的负荷特性基本为从上午开始直到傍晚的白天时段均为较高用电负荷,在中午和傍晚时段达到用电负荷高峰,而夜间是用电负荷的低谷。所以要求发电负荷与之适应,燃煤发电机组基本为在白天整个时段高负荷运行,甚至在个别时段接近满负荷运行,而在夜间多为降负荷或接近半负荷运行。这恰好同燃煤发电与太阳能复合发电机组的运行方式相适应,在白天太阳能辐照量较好的时段,最大限度地利用太阳能光热转换系统的产热量。

其次,除东北电网和西北电网的最高用电负荷出现在冬季外,其他电网的最高用电负荷多在5~8月的夏季,因此燃煤发电机组夏季多为高负荷运行,满负荷运行累计时间远高于其他季节,也与太阳能辐照度在夏季最为强烈的特性相吻合。

所以,燃煤发电与太阳能复合发电机组具有良好的调峰性能。

(2) 运行可靠性

由于燃煤发电与太阳能复合发电机组是在白天太阳能辐照量较好的时段内运行,而在太阳能辐照量较弱的早晚和夜间仍采用火电厂燃煤发电方式,这样燃煤发电与太阳能复合发电的运行时段避开了太阳辐照周期性的影响,即使在白天受到阴、晴、云、雨等随机因素的影响,常规燃煤发电运行方式仍然随时可以作为太阳能光热转换系统的补充和备用。

所以,燃煤发电与太阳能复合发电机组运行可靠性较高。

（3）运行成本

燃煤发电与太阳能复合发电设置的太阳能光热转换系统，其运行成本主要为循环油泵和水泵的电耗。由于导热油在循环过程中产生的损耗所需补充油量很少，可以忽略不计。

所以，燃煤发电与太阳能复合发电机组运行成本较低。

2.5.3 燃煤发电与太阳能复合发电技术经济特性

2.5.3.1 燃煤发电与太阳能复合发电机组运行的热经济性

机组运行的热经济性主要体现在汽轮机组热耗率、机组热效率和发电标准煤耗率等技术指标。提高燃煤机组的热经济性是节能的重要方面。

假定燃煤发电与太阳能复合发电的汽轮发电机组负荷分配模式与传统燃煤发电机组相同：机组年运行小时数为7500h，年利用小时为5500h。其中：

100%额定工况出力1500h（因夏季高背压工况运行小时数较少，考虑与100%额定工况运行小时数合并）；

75%额定工况出力4000h；

50%额定工况出力2000h。

对于传统燃煤发电机组，考虑汽轮发电机组负荷分配模式的汽轮机组热耗率（HR）加权计算公式如下：

$$HR = \frac{1500}{5500} + \left(HR_{额定}\right) + \frac{4000}{5000}\left(HR_{75\%\ 额定}\right) \times 0.75 + \frac{2000}{5500}\left(HR_{50\%\ 额定}\right) \times 0.5$$

对于燃煤发电与太阳能复合发电机组而言，理论上每天白昼开始到结束，地球都在自转；除了绕地轴自转外，地球还在椭圆形轨道上绕太阳公转，处于不同位置的地球接收到的太阳光线方向不同，从而形成地球四季的变化。所以不同季节投射到镜面上的太阳辐射强度必定出现较明显的变化，势必会引起太阳能光热转换系统的换热设备出口蒸汽参数或产热量发生较明显的变化。根据我国太阳能资源II类地区的法向直射太阳辐照度在全年的分布情况，可估算出由于春、夏、秋、冬四季投射到镜面上的太阳辐照强度变化而引起的太阳能光热转换系统产热量的变化量，确定在不同季节采用燃煤发电与太阳能复合发电不同的组合方式以及在一天的运行时间。汽轮发电机组除去燃煤发电与太阳能复合发电的运行时间及对应的负荷率，在其他时段仍然按传统燃煤发电机组运行。

针对600MW超临界湿冷机组和空冷机组，考虑汽轮发电机组负荷分配模式后，仍采用与传统燃煤发电机组相同的加权计算公式，得到燃煤发电与太阳能复合发电机组的热耗率，以及机组热效率、发电标准煤耗率和年燃煤量，并与传统燃煤发电机组的技术指标作比较。计算结果见表2-23。

表 2-23　复合发电机组与传统燃煤发电机组的运行技术指标比较

项目	600MW 超临界湿冷机组燃煤发电与太阳能复合发电	600MW 超临界湿冷机组	600MW 超临界空冷机组燃煤发电与太阳能复合发电	600MW 超临界空冷机组
汽轮机组热耗/[kJ/(kW·h)]	7337	7665	7636	7943
汽轮机组热耗比/[kJ/(kW·h)]	−328	基准	−305	基准
机组热效率/%	49.07	46.97	47.13	45.32
机组热效率比较/%	+2.1	基准	+1.81	基准
发电标准煤耗/[gce/(kW·h)]	272.3	284.4	283.5	294.8
发电标准煤耗比较/[gce/(kW·h)]	−12.1	基准	−11.3	基准
年发电标准煤耗差值/(万 t/机组)	−4.0	基准	−3.7	基准

结论为：600MW 超临界湿冷机组和空冷机组按年利用小时为 5500h 计算，一台复合发电机组年节约标准煤量分别为 4 万 t 和 3.7 万 t。

2.5.3.2　燃煤发电与太阳能复合发电机组初投资预测

燃煤发电与太阳能复合发电机组与传统的燃煤发电机组相比较，需增加设置太阳能光热转换系统，包括槽式聚光集热器、热交换装置、储热装置、导热油泵、油罐及管道附件等工艺系统设备，并计入电控设备、土建结构、太阳能镜场占用土地费用及工程建设其他费用的投资成本。

由于受发电机组所属地区太阳能资源、系统配置的规模、关键系统和设备国产化程度，以及技术进步产生的经济效益的影响，复合发电系统的投资成本可能在较大的范围内变化。以传统燃煤发电机组作为基准，一台燃煤发电与太阳能复合发电系统增加的初投资估算为 10 亿~13 亿元。

2.5.3.3　燃煤发电与太阳能复合发电机组综合电价预测

平均发电成本 LCOE 的定义为电站全生命周期内运行的总成本与预计的发电量的比值。LCOE 包括电站生命周期内的所有成本：初始投资成本、运行和维护成本、燃料成本和资金成本。

太阳能复合发电系统的初投资分别按 10 亿元和 13.0 亿元测算电价。其中，占用土地费用参照关于《宁夏回族自治区风电和太阳能光伏发电项目建设用地管理办法》（宁政发〔2011〕103 号文）的通知规定，太阳能镜场用地按照槽形抛物面聚光集热器设备基础的实际占地面积确定，电厂周边土地按 20 000 元/亩[①]计入土地成本，投资各方财务内部收益率按照 8%，贷款利率按照现行中长期贷款利率 7.05% 考虑，单独测算太阳能复合发电的含税上网电价为 0.8~1.0 元/(kW·h)。

2.5.3.4　燃煤与太阳能复合发电机组的经济与环境效益

燃煤发电与太阳能复合发电机组年节约标准煤量直接产生的经济效益，按全国平均

①1 亩 = 666.7m²。

标煤价按 800 元/t 计算，一台机组年节省燃料成本：湿冷机组为 3200 万元；空冷机组为 2960 万元。

再计入燃煤发电与太阳能复合发电机组由于年标准煤消耗量的减少带来的污染物排放量的减少，由此产生的环境效益：湿冷机组约为 150 万元；空冷机组约为 130 万元，其中未计入温室气体减排带来的环境效益。

2.5.4　燃煤发电与太阳能复合发电技术发展战略

2.5.4.1　战略目标

首先考虑对现有燃煤电厂改造，在太阳能资源较丰富的区域已建成的燃煤机组上进行热力系统改造，再设定其中 50% 的比例改造为燃煤发电与太阳能复合发电机组。按照《全国发电机组手册》（2011 年电力可靠性管理中心），截至 2010 年年底已建成投产的 300MW 等级及以上燃煤机组，并且建在太阳能资源丰富地区的装机容量为 36 905MW，则拟改造机组的装机容量约为 18 450MW。

其次对于新建机组，在太阳能资源较丰富的区域宜新建燃煤发电与太阳能复合发电机组。按 2.1 节的分析，我国太阳能资源 II 类地区集中了 11 个大型煤炭基地。可设定按 2015 年及 2020 年电力预测的新增装机容量的 50% 比例新建燃煤发电与太阳能复合发电机组。

复合发电机组比传统燃煤发电机组年平均发电标准煤耗率降低 12.1 g/（kW·h）（湿冷机组）及 11.3 g/（kW·h）（空冷机组）。考虑到太阳能资源较为丰富的区域集中在我国的西北部缺水地区，按空冷机组估算复合发电机组所产生的经济效益和环境效益见表 2-24。

表 2-24　燃煤发电与太阳能复合发电经济效益和环境效益估算

项目	拟改造的太阳能复合发电机组	将新建的太阳能复合发电机组		备注
		2015 年新增装机（按 50% 比例）	2020 年新增装机（按 50% 比例）	—
装机容量/MW	18 450	117 370	192 940	—
年发电量/（10^8kW·h）	1 015	6 455	10 612	年利用小时数按 5 500h 计算
节省的发电煤耗量/（万 tce/a）	115	730	1 200	
节煤的经济效益/（亿元/a）	9.2	58.4	96	平均标煤价按 800 元/t 计算
减排 SO_2/（万 t/a）	1.6	10	17	—
减排 NO_x/（万 t/a）	1.6	10	17	—
减排烟尘/（万 t/a）	0.5	3.1	5	—
减排 CO_2/（万 t/a）	315	2 000	3 288	—

按以上规划目标和建设规模，燃煤发电与太阳能复合发电机组能够大量节省化石燃料，明显减少污染物排放，特别是有效控制温室气体减排。在全球气候变暖、发展低碳经济的国际形势下，太阳能复合发电技术的工程应用具有战略意义。

2.5.4.2　燃煤发电与太阳能复合发电技术路线图

从目前阶段开始计算的燃煤发电与太阳能复合发电技术时间表和各阶段完成的战略目标见表2-25。

表 2-25　燃煤发电与太阳能复合发电技术路线图

时间段	2011~2012 年	2013~2015 年	2016~2020 年
阶段性战略目标	证明复合发电技术可行性	复合发电机组示范工程建设与商业运行	复合发电机组工程大规模商业化应用
实施计划	1. 技术方案的论证与优化； 2. 技术方案的经济性分析	1. 选择太阳能资源较丰富的现有机组进行改造； 2. 复合发电机组示范工程建设与运行	1. 现有机组的改造； 2. 新建机组的建设

2.6　结论与建议

2.6.1　结论

预计到 2020 年，全国发电装机容量将超过 19 亿 kW，其中火电约占总容量的 64%，火电机组将从目前的 7.1 亿 kW 增长到 13 亿 kW，火电机组平均供电煤耗预计将在 2010 年的 333gce/（kW·h）基础上有显著的下降，而粉尘、SO_2、NO_x 排放总量要控制在 1990 年以前的水平。采用成熟的超临界煤粉锅炉发电技术、开发更先进的超临界煤粉锅炉发电技术、热电联产技术、燃煤发电与太阳能等复合发电技术，对实现上述目标至关重要。同时，我国大部分富煤地区严重缺水，燃煤电厂必须考虑各种技术节约水资源，将耗水指标降低到最低限度，以利于实现缺水地区的经济可持续发展。

煤粉锅炉未来发展目标具体可分为以下四个方面。

2.6.1.1　超临界煤粉锅炉汽轮机发电技术

超超临界技术发展的战略目标是：在目前高温材料的基础上，自主开发和应用初参数为 600℃/620℃、单机容量为 1000~1200MW 的超超临界机组，开发和应用初参数为 600℃/610~620℃/610~620℃、单机容量为 1000MW 级的二次再热超超临界机组；开发 700℃机组耐热合金材料，对 700℃机组的关键部件进行试验验证，开发 700℃机组的主要设备和辅助设备，建设 700℃超超临界机组示范工程，全面掌握 700℃超超临界机组技术。

2.6.1.2　热电联产技术

在保证热电稳定供应的基础上，使热电产业保持略快于国民经济增长的速度，具体到 2015 年，热电装机规模将达到 2.4 亿 kW，占同期全国发电机组装机总容量的 17%，"十二五"期间净增 7000 万 kW；到 2020 年，热电装机规模将达到 3.4 亿 kW，占同期全国发电机组装机总容量的 18%，"十三五"期间净增 1 亿 kW；2020 年后，热电的发展除要服从于全国电力发展规划外，还要根据我国能源结构的调整作出相应规划，届时随着我国可再生能源的发展、天然气资源（含页岩气）的不断开发利用，热电将会朝更清洁、更环保的方向发展。

2.6.1.3　燃煤发电节水技术

根据节水技术本身的成熟程度、国产化程度以及适应性，在空冷电厂应用干除灰、干除渣技术、辅机空冷技术、活性焦干法脱硫技术，使耗水指标降至 $0.04m^3/（s \cdot GW）$。

2.6.1.4　燃煤发电与太阳能复合发电技术

燃煤发电与太阳能复合发电技术的应用方式在技术上是可行的，并且燃煤发电与太阳能复合发电机组实际运行的调峰性能良好，运行可靠性较高，运行成本较低，所产生的经济效益显著。在我国西北部的 11 个大型煤炭基地，建设燃煤发电与太阳能复合发电机组具有实际的经济效益和广阔的应用前景。

就目前的技术开发水平而言，太阳能集热和光热转换系统设备的初投资相对较高，但是伴随着关键设备的国产化，以及应用市场的扩大和规模大型化，太阳能热发电系统的造价仍具有降低的空间。

2.6.2　建议

提高我国煤粉锅炉发电技术水平的关键是建立适于技术创新体制和机制，营造激励自主创新的环境，建立举国创新体系，推动企业成为技术创新的主体，继续坚持对外开放与合作，加强科技团队建设，发挥社会资源在科技创新中的作用，把提高自主创新能力作为调整经济结构、转变增长方式、提高国家竞争力的中心环节，服务于经济建设和产业发展。

2.6.2.1　发挥政府主导作用

（1）制定煤粉锅炉发电技术发展计划及政策

在政府组织下提出和主持发展计划，并经政府和相关领域专家评估，以保障项目的市场潜力和技术前景。开展煤粉锅炉发电技术创新，从而优化电源结构，促进技术的改进和更替。

在政府组织下由用户与设计、制造企业共同制定相对稳定的重点领域技术发展技术政策，明确国家提倡发展、推广应用的煤粉锅炉发电技术，并由政府推动各方面一体遵照执行。通过技术政策，为我国煤粉锅炉发电技术自主创新指明方向。

（2）通过国家科技发展计划，完成具有自主知识产权的700℃超超临界发电技术的发展

700℃超超临界发电技术等是我国目前火电先进技术的最高发展目标，需要国家的大量投入才能实现。应该列入国家科技发展计划，如"863"计划、"973"计划，并有相应的配套政策，同时在贷款、税收等政策上给予支持。除国家投入外，发电企业和制造企业也要投入大量技术力量和资金，形成多元化的扶持渠道，以使得企业和研究单位

之间能够在联合中发挥各自优势，实现产学研的相互助长。

（3）制定、完善符合我国国情的法律法规和标准

要在全面总结我国火电技术装备发展的成功经验，借鉴国外通行做法的基础上，研究制定煤粉锅炉发电技术的有关法律法规，为煤粉锅炉发电技术发展提供必要的法律保障。要充分发挥标准化在煤粉锅炉发电技术发展中的作用，提高国家标准、行业标准和企业标准的等级，完善我国煤粉锅炉发电技术标准体系，为我国煤粉锅炉发电技术参与国际竞争创造条件。

（4）保护知识产权、增强创新动力

保护知识产权和创新利益，以增强企业内部创新的动力。保护知识产权和创新利益，加快专利的审批，对侵权行为加大执法力度，以增强企业内部创新的动力。

（5）实行支持创新的财政政策

加大对煤粉锅炉发电技术的资金支持力度。国家在年度投资安排中设立专项资金，通过增加财政资金投入、完善税收等激励机制、引入竞争机制等措施保证火电技术创新有足够的动力，从资金上保证火电技术的创新的顺利开展。

引导商业金融支持自主创新。政府利用基金、贴息、担保等方式，引导各类商业金融机构支持自主创新与产业化。

（6）制定科学合理的燃煤发电污染物排放标准和控制目标，建立法律推进的长效机制

逐步淡化或改变以行政要求为主的强制性节能减排的推进方式，建立法律推进的长效机制。根据现有污染控制技术的成熟度、发电企业的承受力、污染控制的执行力以及燃煤发电污染排放对大气总污染状况的贡献度，建立和完善环境目标制定的科学决策系统及科学的目标评估系统，实现电力与环境的协调发展。

（7）完善节能发电调度管理办法，合理配置调峰机组

在保障电力可靠供应的前提下，按照节能、经济、环保的原则，并根据可再生能源的发展，建立完善节能发电调度的管理办法，提出具有可操作性的执行方案。针对化石燃料电厂，逐步打破原有的平均调度方案，尽量提高效率高的大机组的负荷。在发电装机总量增加的基础上，需要加大电源结构调整，规划并建设合理的调峰机组，以确保大机组能高效运行。

2.6.2.2 具体实施建议

（1）超临界煤粉锅炉发电技术

在目前600℃超超临界机组的基础上，将再热蒸汽温度提高到620℃，发挥高温材料的潜力，进一步提高超超临界机组效率。

建设单机容量为1200MW级的600℃等级超超临界机组示范工程，实现超超临界机

组 100% 的自主知识产权。

建设初参数为 600℃/610~620℃/610~620℃、单机容量为 1000MW 级的二次再热超超临界机组示范工程，全面掌握超超临界二次再热机组系统、设备的核心技术，形成我国自主开发、设计和制造超超临界二次再热机组的能力。

加快 600℃ 等级超超临界机组高温部件材料的研发和验证试验工作，加大应用自主化高温部件材料的政策支持力度，以实现超超临界机组高温部件材料的自主化，为未来在 700℃ 超超临界机组上实现高温部件材料的自主化打下坚实的基础。

为了保证我国 700℃ 超超临界发电技术开发工作顺利开展，达到预期的目标，建议如下：

1）我国 700℃ 超超临界发电技术开发要以国产镍基合金材料开发为基础，在开发超超临界发电设备的同时，实现高温部件材料自主化。镍基合金材料，研制成本费用高，国家要加大专项资金的投入。

2）国家 700℃ 超超临界燃煤发电技术创新联盟的作用和成效已经显现，建议在国家科研专项资金的申报、立项、评审等环节上，统一由 700℃ 超超临界燃煤发电技术创新联盟协助政府主管部门开展相应的工作。

3）高温部件验证试验平台是验证高温部件材料的长期性能和高温部件加工质量的重要手段，它要依附建立在一台现役的商业电站机组上，验证试验要持续运行约 3 年，平台的建立和试验期间，对商业电站机组的运行影响较大。建议给予验证试验平台机组调度政策和税务政策的支持。

（2）热电联产技术

在热负荷连续、稳定的工业企业、工业园区或采暖期较长的小城镇，建设背压式热电联产机组；在热负荷比较集中，或热负荷发展潜力较大的大中型城市，建设单机容量 300MW 等级大型热电联产机组。

在具有供热管网的城市，利用热电厂的供热介质在夏季驱动吸收式制冷机进行热制冷替代电空调制冷，可提高燃煤电厂的热效率，降低机组的发电煤耗，减少污染物排放和温室气体排放；同时，可消减电网的夏季尖峰电负荷，减少电网投资，建议积极开展示范工作。

要综合考虑当地的能源资源状况、环保状况、能源利用技术进步、城市供热安全等因素，打破燃煤锅炉单一的供热方式，因地制宜，积极开发应用多元化供热方式作为实现节能减排的重要手段之一。有条件地区，积极推行太阳能、生物质能、地热能等可再生能源、水源热泵等多方式供热，以确保城市供热的安全。

（3）燃煤发电节水技术

推广燃煤发电机组空冷技术、辅机冷却水空冷技术、干式除灰渣等节水技术；积极开展活性焦干法脱硫技术的研发、工程试点和推广。

（4）燃煤发电与太阳能复合发电技术

建议国家和能源管理部门给予积极引导和支持。

1）在太阳能资源较为丰富的新疆、青海、甘肃、内蒙古、宁夏等地区，对在运燃煤发电机组，鼓励进行机组热力系统改造，成为燃煤发电与太阳能复合发电机组。

2）在太阳能资源较为丰富的地区新建燃煤机组时，引导投资方建设太阳能复合发电机组，太阳能部分产生电力占燃煤机组发电的比例不低于10%。

3）无论改造还是新建燃煤发电与太阳能复合发电机组，其中太阳能部分产生的电量建议享受与"金太阳工程"类似的电价优惠政策。

4）建议国家对于太阳能镜场占用土地费用给予优惠政策，其中太阳能镜场占用土地的面积宜按照聚光集热器设备土建结构基础的实际占地面积确定。

第3章 | 循环流化床锅炉发电技术

  循环流化床（CFB）锅炉发电技术具有清洁高效、污染排放量低、燃料适应性广、负荷调节范围大以及灰渣易于处理等优点，近20年该技术迅猛发展，投入发电运行的循环流化床锅炉容量从35 t/h到1024 t/h，是我国煤清洁燃烧发电的重要技术之一。

  目前，国内外锅炉厂家和科研机构相继进行了600MW和800MW循环流化床锅炉发电机组的概念和工程设计。波兰 Lagisza 电厂已投入目前世界最大商业运行460MW超临界循环流化床锅炉（FW技术），我国600MW超临界循环流化床发电锅炉也由东方锅炉股份有限公司设计制造，在四川白马电厂运行。

  我国煤炭种类复杂，劣质低热值煤、高硫煤等储量较多，循环流化床锅炉发电技术燃料适应性广、清洁高效燃烧的特点正好适合中国煤炭资源清洁燃烧利用特点。今后，技术成熟、可用率高、发电效率高、大型化、高参数化、燃料多样化、机组多功能化是循环流化床发电技术的发展发向。

3.1 循环流化床锅炉发电技术的现状

3.1.1 国外循环流化床燃烧发电技术现状

3.1.1.1 国外循环流化床发电技术现状

  国际循环流化床发电技术正朝超临界、大型化、多种燃料混烧和富氧燃烧方向发展。

  循环流化床锅炉真正达到电站级容量，是1985年9月在德国杜伊斯堡（Duisburg）第一热电厂投运的95.8MW（270 t/h，535℃/535℃，14.5 MPa）再热型循环流化床发电锅炉，其炉型为带有外置换热器的鲁奇型循环流化床锅炉。

  目前，世界上100MW~300MW的循环流化床电站锅炉已有百余台投入运行，其中由美国 Foster Wheeler 公司设计制造、安装在美国 JEA 电厂的2×300MW循环流化床锅炉（906t/h/806t/h，17.2/3.8MPa，540℃/540℃）是世界上首台300MW循环流化床锅炉，于2002年5月投入运行。国外大型循环流化床锅炉的典型实例是波兰 Turow 电厂的6台循环流化床锅炉机组，总容量为1491MW，是目前国际上最大的循环流化床电厂。

  20世纪末，国际循环流化床锅炉厂商不断兼并，形成了美国 Foster Wheeler（FW）公司和法国 Alstom 公司两大循环流化床发电锅炉技术集团，各种循环流化床锅炉技术互相渗透融合发展。

目前国外大型循环床锅炉生产商主要有两个：①FW 公司，其主要业绩包括超临界 400MW、600MW、800MW 方案，目前世界最大投入商业运行的波兰 Lagisza 电厂超临界 460MW 循环流化床锅炉，安装建设中的俄罗斯 Novocherkasskaya 330MW 循环流化床锅炉和 2011 年签订的韩国 Korea Southern Power Co., Ltd.（KOSPO）的三木切克绿色能源项目（Samcheok Green Power Project）4 台 550MW 设计与供货合同；中国无锡锅炉厂引进该公司 300MW 亚临界循环流化床锅炉技术。②Alstom 公司，该公司已完成 600MW 超临界循环流化床锅炉设计，中国三大锅炉厂引进 300MW 亚临界循环流化床锅炉技术即来自该公司。

现已投入运行的最大超临界循环流化床锅炉为波兰 Lagisza 电厂超临界 460MW 循环流化床锅炉，该锅炉过热蒸汽参数为 27.5MPa/560℃，过热蒸汽流量为 2856t/h，再热蒸汽参数为 5.46MPa/580℃，再热蒸汽流量为 2436t/h，锅炉功率（Gross/Net）：为 460MW/439MW，锅炉效率为 92.0%。炉膛温度为 889℃，排烟温度为 88℃，烟气含氧量为 3.4%。锅炉为 FW 公司经典紧凑型循环流化床锅炉，采用汽冷分离器、一体式返料换热器技术 INTREX™、Siemens 公司 Benson 管和紧凑式布置，8 只汽冷分离器对称布置。炉膛截面尺寸为 27.5m×10.6m。设计煤种为烟煤，兼顾其他燃料混烧，包括混烧 30% 热量份额的水煤浆，混烧 50% 热量份额的煤泥，混烧 10% 热量份额的生物质燃料（锅炉预留了生物质给料装置安装空间）。该项目于 2008 年 11 月工程完工，2009 年 3 月 10 日达到满负荷运行，2009 年 4 月进行性能试验，2009 年 6 月投入商业运行。锅炉性能试验中使用的煤来源于 Ziemovit 煤矿，干燥基低位发热量为 22.92 MJ/kg，挥发分为 28.6%，灰分为 26.4%，硫为 1.16%。锅炉负荷从 25 到 100% MCR 均能稳定运行，各工况的飞灰含碳量均小于 5%。钙硫比采用 2.0~2.4，脱硫效率达到 94%，各项污染物排放均达到设计的标准。电厂效率为 43.3%。

FW 公司在兼并芬兰 Ahlstrom 公司之前，提出了气冷式分离器和 INTREXTM 技术，形成了 FW 第一代循环流化床技术，并首先在美国 JEA 电厂应用，此锅炉带有外置式换热器，在炉内采用石灰石脱硫，并且在尾部安装喷水活化石灰的反应塔，两种方法结合脱硫，运行中锅炉本体脱硫效率达 98.85%，尾部烟气洗涤塔出口脱硫效率达 99.15%。

FW 公司收购 Ahlstrom 公司之后，将两大公司技术相互融合，将汽冷分离器加 INTREXTM 技术与紧凑式布置等技术结合，形成了 FW 的第二代紧凑型循环流化床锅炉技术。2009 年，波兰 Lagisza 电厂采用 FW 技术建成紧凑式 460MW 超临界循环流化床直流锅炉并投入商业运行。这是目前世界上投产的第一台超临界循环流化床锅炉，也是迄今为止容量最大的循环流化床锅炉。

FW 公司气冷式分离器与方形截面的旋风分离器结合的技术，解决了传统圆筒绝热旋风分离器因热惯性大、体积庞大、容易超温等现象而难以适应循环流化床锅炉大型化的问题。其 INTREX 技术，更适应大型循环流化床锅炉紧凑布置的要求，相比传统外置式换热器（EHE）和 INTREX，一体式不仅结构紧凑，而且循环灰流量调节范围更大，因此其受热面布置也更加灵活。但是由于其结构更加复杂，对于制造、安装和检修的要求也更高。

此外，FW 公司还致力于超（超）临界循环流化床直流发电锅炉的研发。美国 DOE 和美国 FW 公司合作制定了参数分别为 400MW/31.1MPa/593℃/593MW、800MW/

31.1MPa/593℃/593℃、800MW/37.5MPa/700℃/720℃超超临界循环流化床锅炉的研发计划。西班牙 Endesa Generación 电力公司、FW 公司等开展了 800MW 循环流化床锅炉（800MW，30 MPa/600℃/620℃）的研究，研究内容包括蒸汽循环的优化、800MW 循环流化床锅炉的详细设计、超超临界直流蒸发受热面的详细设计、锅炉排放性能的优化、超超临界循环流化床电厂动力学特性的研究、经济可行性分析等。

FW 公司 800MW 超超临界循环流化床直流锅炉技术包括两个方案，见表 3-1。

表 3-1　FW 公司 800MW 超超临界循环流化床锅炉设计参数

项目	第一方案	第二方案
过量空气 20% 时循环流化床炉膛出口温度/℃	853	851
煤流率/（t/h）	238	236
石灰石流率/（t/h）	48	47
空气流率/（t/h）	2478	2452
烟气流率/（t/h）	2697	2668
总灰量/（t/h）	68	67
烟气流率/（t/h）	2697	2668
总灰量/（t/h）	68	67
蒸汽参数/（MPa/℃/℃）	30/600/620	35/700/720
主蒸汽流率/（t/h）	2054	1972
再热蒸汽流率/（t/h）	1760	1596
电厂总功率/MW	778	805

注：钙硫比为 2.4，脱硫效率为 96%。

FW 公司的 800MW 循环流化床将最先进的循环流化床技术和最先进的超临界直流锅炉技术（Benson 垂直管直流锅炉技术）进行较好结合，基于高位发热量（HHV）电厂效率可以达到 43.3%。采用 8 个紧凑式分离器和 8 个叠加的整体式换热器，上一级整体式换热器单元中布置末级过热器 SH-Ⅳ，下一级整体式换热器单元中布置中间过热器 SH-Ⅲ 和末级再热器 RH-Ⅱ，从分离器分离下来的固体床料先进入上一级整体式换热器单元，然后再下行进入串联的下一级整体式换热器单元。在上一级和下一级之间的下炉墙上有狭缝形开口，可使下炉膛内的热床料从炉内进入下一级整体式换热器单元，以增强下一级换热器单元的传热；同时，上一级和下一级整体式换热器单元均布置有溢流旁路，以控制整体式换热器单元的床料高度。

此外，FW 公司正在研发 600MW/800MW 超临界燃煤循环流化床锅炉的富氧燃烧（oxy-fuel）碳捕获和埋存技术，其目的是实现燃煤循环流化床锅炉 CO_2 近零排放。

Alstom 公司循环流化床技术的一大特点是外置式换热器，它解决了循环流化床锅炉大型化过程中的受热面布置问题，这一技术在一定程度上解决了锅炉受热面布置、炉膛温度以及锅炉负荷控制、再热气温调节等方面的问题。

Alstom 公司循环流化床锅炉技术的另一大特点是"裤衩腿炉膛结构"，这种结构在解决均匀布风和抑制炉膛上部贫氧区等问题上具有优势。但是，在运行过程中，对称"裤衩腿"两侧炉膛中的流动结构对称控制相对困难，容易出现一侧吹空、一侧积压的翻床事故。为解决这个问题，Alstom 公司在风烟系统中加入了自动控制系统实时调节两侧进风量。

Alstom 公司率先完成了大型化循环流化床锅炉的开发应用，致力于外置式流化床换热器（FBHE）的研究，通过将 EHE 与炉膛布置成一个整体（FLEXTECHTM），解决了外置式换热器占地面积大、布置困难的问题，简化了锅炉的整体布置。法国 Gardanne 电站的世界上第一座 250MW 的循环流化床锅炉是其代表作，1995 年投产标志着大型循环流化床发电技术开始成熟。中国三大锅炉厂引进 300MW 循环流化床锅炉技术即来自该公司。Gardanne 锅炉主要设计参数见表 3-2。

表 3-2　Gardanne 电厂锅炉设计参数

名称	单位	数值
机组热功率	MW_{th}	557
机组电功率	MW	250
主蒸汽流量	t/h	700
主蒸汽压力	MPa	16.9
主蒸汽温度	℃	567
再热蒸汽流量	t/h	651
再热蒸汽压力	MPa	3.43
再热蒸汽温度	℃	566
排烟温度	℃	140

Gardanne 锅炉的设计煤种为当地的高硫煤和其他煤，也可掺烧 50%（热值）的油渣。其燃料分析见表 3-3。

表 3-3　Gardanne 电厂燃料分析

成分	单位	Gardanne 煤	其他煤	掺烧油渣
M_{ar}	%	11 ~ 14	<12	0.4
A_{ar}	%	35	7 ~ 14	0.17
S_{ar}	%	3.65 ~ 4.14	>3	>4.5
$Q_{net,ar}$	MJ/kg	15.05	24.58	38.88
灰中 CaO 含量	%	57	<5	
灰中 SO_2 含量	%	14		
入炉煤颗粒度	mm	0 ~ 10（$d_{50}=1$）		

Gardanne 电厂循环流化床锅炉取得了良好的运行性能，锅炉底渣可燃物含量为 0.3% ~ 0.58%，飞灰可燃物含量为 0.42% ~ 0.93%，厂用电率约为 6%，其整体运行性能高于同容量煤粉锅炉。锅炉主要运行参数均达到或优于设计值，见表 3-4。

表 3-4　Gardanne 电厂锅炉运行性能

项目	单位	设计值	运行值
锅炉热功率	MW_{th}	557	600
锅炉电功率	MW	250	255
主蒸汽流量	t/h	700	700 ~ 720
主蒸汽温度	℃	565	565

续表

项目	单位	设计值	运行值
再热蒸汽温度	℃	565	565
燃烧室温度	℃	850	870（改进后 850）
SO_2 排放	mg/Nm^3（干烟气 6% O_2）	400	103
NO_x 排放	mg/Nm^3（干烟气 6% O_2）	250	230
CO 排放	mg/Nm^3（干烟气 6% O_2）		8.44

注：①分离器改进后燃烧室温度降至 850℃；
②由于 Gardanne 电厂煤灰中含有 57% CaO，原煤中 Ca/S 比约为 2.5，石灰石系统不投用。

Alstom 公司已经完成了 600MW 等级超临界循环流化床锅炉的概念设计，该锅炉的主蒸汽流量为 1738.8 t/h，主蒸汽压力为 27MPa，主蒸汽温度 600℃，烟气 SO_2 排放浓度为 200mg/Nm³（标准状态），NO_x 排放浓度为 200mg/Nm³。锅炉为"裤衩腿"结构，单炉膛，垂直管形水冷壁，燃烧室截面积为 306m²，炉膛左右侧各布置 3 个旋风分离器和外置床，每组 3 个旋风分离器配置 1 个蒸汽冷却旋风分离器出口通道。过热器和再热器受热面布置在 EHE 中，利用 EHE 调节炉温以达到最佳脱硫效率，以达到适应各种燃料和不喷水调节再热蒸汽温度的能力。

3.1.1.2　国外循环流化床锅炉机组污染物排放与控制情况

国外目前一般采用强制性手段由宽向严贯彻环保治理措施。1990 年以前，美国的环保排放控制标准比较低，SO_2 排放控制标准为 1480mg/Nm³，1990 年美国环境保护署提出了《清洁大气法修正案》，针对火力发电厂粉尘排放及 SO_2 排放控制提出了要求。美国在 2008 年开始执行《清洁大气法》二期法规，这个法规比 1990 年颁布的《清洁大气法修正案》对 SO_2 的控制力度更大，要求更严。具体从 2007 年起，已经要求新上火电机组当采用湿式石灰石-石膏法烟气脱硫工艺，脱硫效率要达到 98%~99%，可用率达到 99%；当采用旋转喷雾干燥法烟气脱硫工艺时，脱硫效率要达到 95% 以上，脱硫装置可用率达到 99%。欧盟也先后出台多项法令严格控制电厂的 SO_2 排放。

循环流化床锅炉 NO_x 排放一般都在 100mg/Nm³ 以下，运行中也不需要任何额外系统和消耗性器材，不需增加任何成本。表 3-5 给出了两台美国循环流化床锅炉的排放特性数据。

表 3-5　循环流化床锅炉排放特性

电厂及锅炉容量	S_{ar}/%	Ca/S 比	脱硫效率/%	SO_2（mg/Nm³）	NO_x（mg/Nm³）
美国 Red Hills 250MW	0.41	3.1	95	123	140
美国 JEA 300MW	4.84	1.77	96.8	290	91

表 3-6 是 FW 公司国外部分电厂污染物排放情况。可以看出，表中电厂实测脱硫效率大部分在 90% 以上，SO_2 排放均可以达到相关标准要求。

表 3-6　FW 公司国外循环流化床锅炉电厂污染物排放水平

电厂	燃料	含硫量/%	脱硫效率/%	SO₂（mg/Nm³）	NOₓ（mg/Nm³）
JEA****	石油焦/烟煤	5.4	98.9	114	60
SIPCO	煤矸石	2.15	94.1	420	130/77**
Bay Shore***	石油焦	6.0	96.7	350	27
U of Minnesoda	烟煤	0.3	97.6	18	210
Colver	煤矸石	1.8	98.9	69	31
Cambria	煤矸石	1.9	99.5	31	152*
ACE	烟煤	0.4	97.9	29	58**
Katowice	烟煤/煤浆	1.5	88.0	470	155
Elcho	烟煤	1.4	91.0	340	122

注：＊采用 SNCR；＊＊干燥基；＊＊＊2005 年 1 月的 SO₂ 排放值；＊＊＊＊该循环流化床锅炉装有烟气脱硫系统，表上数据为 2005 年 1 月在锅炉空气预热器出口处的排放值，在烟气脱硫系统后的 SO₂ 排放值为 92mg/Nm³。

国外工程实践经验证明，循环流化床锅炉具有能够稳定燃烧煤粉炉难以燃用的各种劣质煤、环保特性好、负荷调节范围广等技术优点，对于含硫质量分数特别高的燃料，如石油焦（收到基硫分 S_{ar}>5%）等特殊燃料，循环流化床锅炉可达到的脱硫效率为 97.5%。循环流化床锅炉热效率与所燃用的煤质关系较大，特别是煤的热值和灰分是影响锅炉热效率的主要因素，煤粉炉一般适合燃烧低位热值 16.72 MJ/kg 左右的煤种。循环流化床锅炉可燃用热值大于 10.45 MJ/kg 的任何煤种，对于循环流化床锅炉，炉内脱硫后可允许采用更低的排烟温度，不会发生低温腐蚀问题，有利于进一步提高锅炉热效率。对于燃用褐煤的循环流化床锅炉，即美国 Red Hills 电厂的 250MW 循环流化床锅炉，其热效率均在 93% 以上，主要是褐煤在循环流化床锅炉内具有极高的燃尽率，底渣可燃物小于 0.61%，飞灰可燃物小于 1%，因此，褐煤特别适用于循环流化床锅炉，见表 3-7。

表 3-7　典型循环流化床锅炉热效率

电厂及锅炉容量	低位发热量/（MJ/kg）	收到基灰分/%	干燥无灰基挥发分/%	热效率/%
法国 Emile Huchet 125MW	20.3	28	干煤泥	89.5
波兰 Turow 235MW	8.25	22.5	59.63	91
美国 Red Hills 250MW	10.72	14.64	53.86	93
美国 JEA 300MW	28.61	6.89	64.22	92.6

另一项衡量循环流化床锅炉运行安全经济性的指标是可用率，从表 3-8 中可知，国外先进循环流化床锅炉可用率已达 95% 以上，最高为 99.6%，与煤粉炉基本相同。不过在考察循环流化床锅炉可用率时，燃料特性是必须需要注意的，不同燃料差别较大。

表 3-8 循环流化床锅炉可用率

电厂及锅炉容量	运行小时/h	可用小时/h	可用率/%
美国 TNP165MW	8497	8497	99.6
波兰 Turow1 号 235MW	8374	8374	95.6

循环流化床锅炉没有大型煤粉炉存在的诸如炉膛出口烟温偏斜造成的高温过热器和再热器管壁温度超温爆管、炉膛结渣和严重沾污积灰等故障,但从目前循环流化床实际锅炉运行情况看,炉内水冷壁和受热面的磨损是影响循环流化床锅炉可用率的主要因素。

3.1.2 国内循环流化床燃烧发电技术现状

中国是一个以燃煤发电为主的国家,煤炭种类复杂,劣质低热值煤、高硫煤等储量较多,循环流化床燃烧发电技术是洁净煤燃烧发电技术较为现实的发展方向之一。

自 20 世纪 80 年代循环流化床燃烧技术出现以来,该技术在中国迅速发展。目前,中国已成为世界上循环流化床锅炉装机容量最多的国家,从 1995 年首台国产 50MW 循环流化床锅炉投运以来,在短短十多年内,中国完成了从高压、超高压到亚临界循环流化床技术的过渡,一批 300MW 循环流化床锅炉的成功投运。2013 年 4 月 14 日由东方锅炉有限公司生产制造的超临界 600MW 循环流化床燃烧锅炉,顺利通过 168 小时运行,标志着中国的大型循环流化床锅炉技术已经走在了世界的前沿,将使我国循环床锅炉技术达到世界先进水平。

3.1.2.1 以技术引进为基础的大型循环流化床技术

2003 年,我国的三大锅炉厂共同引进法国 Alstom 公司 200~350MW 等级循环流化床技术,以推进我国大型循环流化床锅炉的发展。国家发展和改革委员会组织的四川白马电厂 300MW 循环流化床锅炉示范工程项目,东方锅炉厂参与了工程的分包,2006 年 4 月投入运行。采用该技术,东方锅炉厂承担了秦皇岛三期工程两台燃用贫煤的 300MW 循环流化床锅炉设计制造,2006 年 11 月投入运行;哈尔滨锅炉厂承担了云南开远电厂两台燃用褐煤的 300MW 循环流化床锅炉设计制造,2006 年 6 月投入运行;上海锅炉厂承担云南小龙潭电厂三期两台燃用褐煤的 300MW 循环流化床锅炉设计制造,于 2007 年 1 月投产。

这一批 300MW 等级的亚临界循环流化床锅炉为同一种技术,设计蒸发量均为 1025t/h,采用的蒸汽参数也大致相同:主蒸汽压力为 17.4MPa,主蒸汽温度为 540℃,再热蒸汽压力为 3.72MPa,再热蒸汽温度为 540℃。以四川白马电厂的 300MW 锅炉为例,锅炉采用"裤衩型"分体炉膛,炉膛内无悬吊受热面,4 个耐火砖内砌的高温旋风分离器和 4 个外部流化床热交换器布置在燃烧室两侧,旋风分离器的直径为 8.77m。4 个外部流化床热交换器中,2 个流化床布置有过热器,控制床温,2 个布置再热器,控制再热蒸汽温度。

表 3-9~表 3-13 分别给出了 300MW 等级亚临界循环流化床锅炉燃料主要成分、运行负荷、机组运行可靠性、机组经济性、机组环保性的统计数据。我国 300MW 循环流

化床锅炉机组在利用高硫煤方面具有绝对优势，负荷率的平均值为 77.51%，从整体上来说和 300MW 煤粉锅炉大致相当，运行可靠性偏低，不使用助燃用油条件下的锅炉负荷可达满负荷的 1/4，这是煤粉锅炉所达不到的。机组的 SO_2 和 NO_x 排放均满足国家规定浓度。

从表 3-12 可以计算出 300MW 循环流化床锅炉机组的平均供电煤耗为 353.70gce/（kW·h），高于我国常规 300MW 级煤粉锅炉 337.11gce/（kW·h）的平均值，这主要是因为循环流化床锅炉机组特殊的燃烧方式导致其厂用电率高于煤粉锅炉。另外，循环流化床锅炉的燃料以煤粉炉不能燃用的劣质燃料为主，其煤的制备与灰渣处理系统比较庞大，也导致厂用电偏高，同时给锅炉效率的提高带来困难。2007 年，我国常规 300MW 级煤粉锅炉的平均厂用电率为 5.67%。不过大唐红河发电有限责任公司的 300MW 循环流化床锅炉机组供电煤耗仅有 340.84gce/（kW·h），与国产 300MW 煤粉锅炉机组的平均值 338.79gce/（kW·h）已相差不远。

表 3-9　300MW 循环流化床锅炉机组燃料主要成分

电厂名称	挥发分/%	灰分/%	水分/%	含硫量/%	低位发热量/（kJ/kg）
四川白马循环流化床示范电站有限公司	18.11	44.15	6.39	2.57	15 235
秦皇岛发电有限责任公司	26.00	27.50	2.10	0.90	19 776
大唐红河发电有限责任公司	40.79	10.23	38.5	1.06	12 900
国电开远发电有限公司	26.03	18.23	33.02	1.74	12 224
华电巡检司发电有限公司	—	—	—	—	11 147

表 3-10　运行负荷

电厂名称	机组编号	2007 年发电量/（MW·h）	最高负荷/MW	平均负荷/MW	负荷率/%
四川白马循环流化床示范电站有限公司	1	1 601 972.5	320	234.9	78.3
秦皇岛发电有限责任公司	1	1 814 377.7	306	248.6	82.8
	2	1 265 622.3	306	248.6	82.8
大唐红河发电有限责任公司	1	2 028 864.0	319	267.0	89.0
	2	1 892 082.0	323	265.0	88.3
国电开远发电有限公司	7	948 174.0	310	219.2	73.0
	8	1 421 622.0	313	222.5	74.2
华电巡检司发电有限公司	6	1 249 898.7	325	155.0	51.7

表 3-11　300MW 级循环流化床锅炉机组的运行可靠性

电厂名称	机组编号	可用小时数/h	非计划停运次数/次	最长连续运行天数/天	使用助燃用油的负荷范围/MW
四川白马循环流化床示范电站有限公司	1	7668.0	7	154	—
秦皇岛发电有限责任公司	1	7560.3	7	89	≤80
	2	5273.7	2	—	≤80

续表

电厂名称	机组编号	可用小时数/h	非计划停运次数/次	最长连续运行天数/天	使用助燃用油的负荷范围/MW
大唐红河发电有限责任公司	1	7833.1	1	111	≤105
	2	8150.2	1	142	≤105
国电开远发电有限公司	7	4490.7	6	—	≤105
	8	6806.2	9	—	≤105
华电巡检司发电有限公司	6	6242.0	12	—	—

表 3-12　300MW 循环流化床锅炉机组经济性指标

电厂名称	机组编号	飞灰含碳量/%	底渣含碳量/%	供电煤耗[gce/(kW·h)]	厂用电率/%	点火耗用量[t/(台·a)]	排烟温度/℃
四川白马循环流化床示范电站有限公司	1	3.99	2.43	352.79	9.18	152	126.2
秦皇岛发电有限责任公司	1	4.2	0	368	9.57	860	133
	2	4.2	0	368	9.57	860	133
大唐红河发电有限责任公司	1	1	0.2	340.84	8.59	111.6	150
	2	1	0.3	340.84	8.52	127.9	149
国电开远发电有限公司	7	1	0.45	347.35	9.69	218	146.9
	8	1	0.72	348.08	9.62	526.5	136.2
华电巡检司发电有限公司	6	—	—	363.72	10.75	92.5	—

表 3-13　300MW 循环流化床锅炉机组环保性指标

电厂名称	机组编号	平均脱硫效率/%	脱硫设备投入率/%	SO_2 排放浓度/（mg/Nm³）	NO_x 排放浓度/（mg/Nm³）	实际Ca/S比
四川白马循环流化床示范电站有限公司	1	94.7	100	487	87	1.7
秦皇岛发电有限责任公司	1	90	100	200	70	2.1
	2	90	100	200	70	2.1
大唐红河发电有限责任公司	1	95	100	327	65	1.7
	2	95	100	327	65	1.7
国电开远发电有限公司	7	97.5	100	280	147	1.9
	8	94	100	275	149	1.9

3.1.2.2　以自主开发为基础的大型循环流化床技术

（1）300MW 等级循环流化床锅炉

在引进 300MW 等级循环流化床锅炉技术的同时，国内各研究单位和锅炉厂相继研发具有自主知识产权的循环流化床锅炉。各大锅炉厂开发了具有自主知识产权的300MW循环流化床锅炉技术并有制造和订货。

东方锅炉厂在引进国外技术的同时，开发了具有自主知识产权的300MW循环流化床锅炉方案。在清华大学的技术支持下，成功开发了300MW等级简约型循环流化床锅炉。该锅炉主要蒸汽参数为17.45MPa/540℃/540℃。该方案采用单炉膛结构M形布置，3只汽冷式旋风分离器和1个尾部竖井，炉膛内布置有屏式受热面，无外置式换热器或INTREX结构。炉膛上部通过两片水冷屏将炉膛分成3个区域以减少3只汽冷高效旋风分离器的入口烟气偏差。尾部采用双烟道结构，采用挡板控制蒸汽温度。该炉型已经有30余台投入商业运行，其成功的运行表明，具有自主知识产权的300MW循环流化床锅炉技术已经优于引进技术，市场占有率达到50%以上。

西安热工研究院有限公司和哈尔滨锅炉厂合作设计开发了330MW循环流化床锅炉。该锅炉蒸发量为1025 t/h，蒸汽参数为18.6MPa/543℃/543℃。采用H形布置，4个内径为7.5m的高温旋风分离器和4台分流式回灰换热器（CHE）在炉膛两侧对称布置，在CHE内布置有高温再热器、低温过热器。该锅炉工程项目在分宜电厂实施，2009年1月投入运行。

哈尔滨锅炉厂在引进技术基础上也在开发自主知识产权的300MW循环流化床锅炉，锅炉主蒸汽参数为17.4MPa/540℃/540℃。该方案采用分体炉膛，双水冷布风板，大直径钟罩式风帽。不采用外置式换热器，炉膛内部布置悬吊式过热器、屏式再热器。炉膛两侧4只汽冷旋风分离器采用H形对称布置，尾部烟道采用哈尔滨锅炉厂煤粉锅炉成熟的典型双烟道设计。通过一、二次风的合理匹配控制床温，过、再热蒸汽温度通过调节烟气挡板和喷水减温方式来控制。

上海锅炉厂从2006年开始自主开发300MW锅炉。在此过程中，上海锅炉厂与中国科学院工程热物理所、上海成套研究所、上海交通大学、上海理工大学等单位合作，进行了锅炉布风均匀性，风帽的漏渣、磨损和布风特性，旋风分离器流场的数值模拟，过热器、再热器调温特性，锅炉的热量分配和优化，冷渣器技术与底渣热量回收措施，二次风的穿透与二次风布风均匀性等一系列课题的研究，设计开发了单炉膛单布风板结构、不带外置式换热器的300MW循环流化床锅炉，由其设计的广东云浮电厂两台300MW循环流化床锅炉于2010年建成投产，此锅炉采用单炉膛、钢板式风帽、3台绝热式旋风分离器、回转式空气预热器、不带外置式换热器布置。

表3-14给出了不同方案的300MW等级循环流化床锅炉技术的比较。

表3-14　大型循环流化床锅炉技术比较

方案	引进300MW	哈锅330MW	东锅300MW	哈锅300MW	上锅300MW
用户	四川白马电厂等	江西分宜电厂	荷树园电厂	郭家湾电厂	广东云浮电厂
投运时间	2006年4月	2009年1月	1#2008年6月 2#2009年1月	2010年6月	2010年6月满负荷，9月通过性能验收
炉膛	分叉炉膛	单炉膛	单炉膛	分叉炉膛	单炉膛
布风板	水冷，光管	水冷	水冷，内螺纹管	水冷	单布风板
风帽	大口径钟罩式	回流式	柱装	大直径钟罩式	

续表

方案	引进 300MW	哈锅 330MW	东锅 300MW	哈锅 300MW	上锅 300MW
一次风进风	双布风板进风	平行侧墙单侧进风	平行前后墙两侧进风	双布风板进风	平行侧墙单侧进风
分离器	炉两侧 4 分离器、绝热	炉两侧 4 分离器、绝热	炉后 3 分离器、汽冷	炉两侧 4 分离器、绝热	炉后 3 分离器、绝热
点火方式	床下风道、床上点火	床下热烟发生器床上启动燃烧器	床下风道、床上点火	床上床下联合启动	—
给煤装置	气力输送、回料器给煤	气力播煤、炉膛给煤	气力播煤、炉膛给煤	炉两侧八点回料阀给煤	—
受热面布置	外置式换热器内布置低过、中过和高再	炉膛内布置屏过，分流回灰换热器内布置低过、高再	炉膛内布置屏过、屏再和水冷蒸发屏	炉膛内布置水冷屏、二过和末再	炉膛内布置低温、中温屏过
回灰控制	锥形阀	分流回灰换热器空气动力控制	自平衡	自平衡式双路回料阀	—
冷渣器	非机械式	三分仓式风水联合冷渣器	滚筒式冷渣器	滚筒式冷渣器	—
尾部烟道	单烟道	单烟道	双烟道	双烟道	双烟道
空预器	四分仓回转式	四分仓回转式	管式	四分仓回转式或管式	—
调温方式	控制外置式换热器灰量	控制外置式换热器灰量+喷水减温	尾部挡板+喷水减温	喷水减温+尾部挡板调温	—

（2）600MW 等级超临界循环流化床锅炉

由于超临界参数锅炉具有发电效率高的特点，国内各科研单位相继开展 600MW 等级超临界循环流化床锅炉的方案和概念设计。

清华大学进行了 600MW 和 800MW 循环流化床锅炉的概念设计。在 600MW 循环流化床锅炉方案中，水冷壁采用无中间混合联箱的垂直内螺纹管，燃烧室宽度为 18.22m，深度为 18.22m，布风板至炉顶的高度为 58m。炉底分叉，由两个独立供风的流化床布风板构成。炉膛与 4 个旋风分离器相连，每个分离器下部连接一个外置式换热器，两个布置二级过热器以控制床温，两个布置中间级再热器以控制再热汽温。过热汽温由两级喷水减温进行调节。800MW 循环流化床锅炉方案采用单炉膛下部双裤衩腿结构，炉膛布置 14 个给煤点，在炉膛两侧布置 6 只绝热旋风分离器，每个分离器下面设置 1 个换热床。其中，2 个布置高温再热器，2 个布置二级过热器，2 个布置三级过热器。料腿下布置 1 个机械冷却式分配阀，调整直接回送炉膛和进入换热床的循环灰比例。净化过的烟气进入尾部对流烟道。尾部竖井的上部采用双烟道，分别布置低温段再热器和一级过热器。调节通过低温段再热器烟气量与换热床一起控制再热蒸汽汽温。过热蒸汽温度由在过热器之间布置的两级喷水减温器调节。尾部竖井的下部合并成单烟道，布置省煤器和空气预热器。

浙江大学提出一套 600MW 设计参数为 28MPa/580℃/580℃的超临界直流循环流化床锅炉设计方案，并对部分负荷工况进行计算。炉膛下部采用"裤衩管"形结构以保证良好的流化状态和二次风的穿透性。炉膛为矩形截面，净高为62m，上部稀相区截面为21m×18m，由膜式壁构成。锅炉两侧布置6只汽冷旋风分离器，每只旋风分离器下方连接1台外置式换热器（EHE），其中两台布置再热器，4台布置过热器。分离下来的固体颗粒大部分经EHE冷却后送回炉膛，另外一小部分则通过返料装置直接返回炉膛。燃料通过给煤口送入炉膛底部两个"裤衩管"形支腿。炉膛上部两侧墙开有6个出口烟窗。从分离器出去的烟气进入尾部烟道。锅炉布置了三级过热器和两级再热器。高温过热器和低温再热器布置在尾部烟道内。低温、中温过热器以及高温再热器布置在EHE内。在东方锅炉厂研发超临界600MW循环流化床锅炉过程中，浙江大学受东方锅炉厂委托就炉膛结构流场、受热面传热进行了专门研究，为超临界600MW循环流化床锅炉设计提供技术支撑。

中国科学院工程热物理研究所与上海锅炉厂联合提出600MW超临界循环流化床锅炉技术方案。该方案设计煤种为褐煤，设计参数为25.4MPa/571℃/569℃。采用单炉膛单布风板全膜式壁结构，炉膛宽为14.64m，深为30.656m，高为56.2m，工质一次通过炉膛四周水冷壁。炉膛上部布置32片扩展蒸发受热面，炉膛水冷壁与扩展受热面采用"串联"方式，采用中质量流速［~1400kg/（m² · s）］部分内螺纹垂直管技术、内嵌逆流柱型风帽，布置6个蜗壳形高温绝热旋风分离器和6台EHE。给煤采用返料管给煤和直接给煤结合方式，二次风采用大直径、高速度、距布风板较高位置布置技术。冷渣采用6台滚筒式冷渣器。

结合四川白马电厂超临界600MW循环流化床锅炉项目，东方锅炉厂研发超临界600MW循环流化床锅炉，开发的锅炉为超临界直流炉，其主要蒸汽参数为25.4MPa/571℃/569℃，采用双炉膛，H形布置，平衡通风，一次中间再热，带外置式换热器调节床温及再热汽温，6个高温汽冷旋风分离器整体成左右对称布置，在负荷≥35% THA工况（热耗率验收工况，也称额定出力工况）后，锅炉直流运行，水冷壁采用全焊接的垂直上升膜式管屏，下炉膛采用优化的内螺纹管，上炉膛采用光管，上下炉膛之间由过渡集箱提供下炉膛内螺纹管和上炉膛光管的过渡，布风板下方为由水冷壁管弯制围成的水冷等压风室。每个旋风分离器下布置一个回料器，靠近炉后的两个外置床内布置中温过热器，靠近炉前的两个外置床内布置高温再热器，中间的两个外置床内布置高温过热。

四川白马电厂超临界600MW循环流化床锅炉项目是目前世界上最大工程实施中的超临界600MW循环流化床锅炉，国家发展改革委员会专门组织全国循环流化床燃烧相关技术专家，组成自主研发超临界600MW循环流化床锅炉专家组，就该超临界600MW循环流化床锅炉方案和设计群策群力，综合全国专家意见，形成具有我国自主知识产权的超临界600MW循环流化床锅炉设计。该锅炉目前正在建设中。

哈尔滨锅炉厂与清华大学、西安热工研究院有限公司和西安交通大学等单位合作完成了600MW超临界循环流化床锅炉的方案设计。该方案为超临界参数变压运行直流锅炉，一次中间再热。锅炉主要由单炉膛、6个高效绝热旋风分离器、6个回料阀、6个EHE、尾部对流烟道、8台滚筒冷渣器和2台回转式空预器等部分组成。采用裤衩腿、双布风板结构，炉膛内蒸发受热面采用垂直管圈一次上升膜式水冷壁结构。水冷布风板，大直径钟罩式风帽，炉膛内布置有中隔墙水冷壁和低温屏式过热器。分离器对称布置，每个分离器回料腿下布置一个回料阀和一个外置式换热器，靠近炉前的两个EHE

内布置高温再热器，主要用于调节再热蒸汽的温度，中间的两个 EHE 中布置低温过热器，靠近炉后的两个 EHE 内布置中温过热器，这四个过热器主要用于调节炉温。

上海锅炉厂与中国科学院工程热物理研究所联合开发了 600MW 超临界循环流化床锅炉。锅炉采用全膜式壁结构，炉膛下部为单布风板，炉底采用水冷一次风室结构，炉膛上部布置 32 片扩展蒸发受热面，炉膛宽为 14.64m，深为 30.656m，高为 56.2m。采用内嵌逆流柱型风帽和水冷布风板等压风室。在主循环回路上，6 个并联的大型高效绝热旋风分离器下分别对应 6 台返料器、6 台 EHE 及 4 台滚筒冷渣器。

不同方案的 600MW 等级超临界循环流化床锅炉技术的比较见表 3-15。

3.2　循环流化床燃烧技术存在的问题

随着循环流化床锅炉大型化的发展，多台不同容量等级的循环流化床锅炉建成投产。在取得不错效果的同时，运行中也出现了一些问题，这些因素在一定程度上限制了循环流化床锅炉的发展，是循环流化床燃烧技术发展中需要解决和提高的问题。

目前，循环流化床燃烧技术在应用中不同程度存在以下问题：连续运行时间相对短、厂用电耗相对高、受热面磨损与泄露、超温爆管、风帽磨损、给煤系统堵塞和冷渣器结焦等问题。

在循环流化床锅炉运行可靠性方面，国内 300MW 循环流化床锅炉如江苏徐矿电厂、广东云浮电厂以及江西分宜电厂的最长连续运行时间分别为 160 天、105 天、80 天，低于同年同容量级别的煤粉炉。由于循环流化床锅炉在我国投入运行的时间并不长，一些运行规律没有完全掌握，因此影响其运行水平。随着人们对这项技术的逐步深入了解，以及国内总体水平的不断提高，提高其运行可靠性是可以做到的。

在机组经济性方面，循环流化床发电厂的供电煤耗、厂用电率比较高。2007 年，四川白马电厂、秦皇岛电厂、大唐红河电厂、国电开远电厂和云南华电巡检司电厂的平均供电煤耗为 353.70g/（kW·h），高于同年同容量等级的煤粉锅炉机组的平均值 338.79g/（kW·h）。2007 年我国 135MW 级循环流化床发电厂的平均供电煤耗为 382g/（kW·h），300MW 等级的循环流化床发电厂与之相比，供电煤耗降低了很多，这正是循环流化床锅炉需要大型化的原因之一。厂用电方面，由于循环流化床锅炉采用循环流化床燃烧方式，因此布风板、床料以及旋风分离器等都会对空气流动产生很大的阻力，则必然会使风机的压头增高，也就增大了电厂的厂用电率。国内 300MW 等级的锅炉如江苏徐矿电厂厂用电率为 5.2%，广东云浮电厂为 7%，江西分宜电厂为 9.5%。150MW 等级的锅炉如甘肃华亭电厂为 8%，福建龙岩电厂为 8.5%，广东东糖电厂为 11%，比我国常规 300MW 级煤粉炉的平均厂用电率为 5.67%，高出了不少，这个因素也会在很大程度上影响循环流化床锅炉经济性。但是，不是所有的循环流化床锅炉厂用电都很高，这表明厂用电率与多方面因素有关，如运行水平、辅机设计运行水平等。随着国内循环流化床锅炉技术的提高以及大型化、高参数化的发展，厂用电率高的问题也将会逐渐解决。

循环流化床锅炉飞灰含碳量和底渣含碳量较高也是影响其经济性的重要原因，但是随着锅炉大型化高参数化的发展和技术进步，可以解决燃烧更充分、飞灰含碳量以及底渣含碳量高等问题，锅炉效率必然会有所提高。

表 3-15 600MW 等级循环流化床锅炉技术比较

方案	FW 公司 460MW	Alstom 公司 600MW	浙江大学 600MW	清华大学 800MW	中国科学院 600MW	东方锅炉厂 600MW	哈尔滨锅炉厂 600MW	上海锅炉厂 600MW
用户	波兰 Lagisza 电厂	—	—	—	—	四川白马电厂	—	—
炉膛	单炉膛	分叉炉膛	分叉炉膛	分叉炉膛	单炉膛	双炉膛，双布风板	单炉膛，裤衩腿	单炉膛，单布风板
水冷壁	垂直管圈	垂直管圈	垂直管圈	垂直管圈	垂直管圈	垂直管圈	垂直管圈	Benson 垂直管
布风板	—	—	—	—	水冷	—	—	—
风帽	—	—	—	—	内嵌逆流柱型	—	—	—
一次风进风	—	—	—	—	—	等压风箱	—	—
分离器	前后墙 8 紧凑型汽冷分离器	6 个汽冷分离器	炉两侧 6 分离器，汽冷	炉两侧 6 分离器，汽冷	炉两侧 6 分离器，绝热	炉两侧 6 分离器，汽冷	6 分离器	6 分离器
点火方式	床上点火和床下点火相结合	—	—	床上点火和床下点火相结合	4 床下主启动燃烧器和 12 床上点火枪相结合	床上点火和床下点火相结合	床上点火和床下点火相结合	床上点火和床下点火相结合
给煤装置	4 条给煤线，前后墙各 2 条	14 个给煤点	气力播煤，炉膛四墙和回料器给煤	炉膛前后墙和回料器给煤	12 个给煤口，返料管和直接给煤结合	—	—	—
受热面布置	8 个 INTREX 换热器，末级过热器和末级再热器各 4 个	6 个 EHE 内布置过热器和再热器	EHE 内布置中过、低过、高再	EHE 内布置中过、低过、高再	炉膛内扩展受热面，6 个 EHE 内分别布置中过、低过和高再	6 个 EHE	6 个 EHE	6 个 EHE
回灰控制	—	—	非机械式返料机构和 EHE 气力控制	机械冷却式分配机构	EHE 入口设置机械锥形阀	返料机构	自动灰循环装置	6 返料器 单进单出

续表

方案	FW 公司 460MW	Alstom 公司 600MW	浙江大学 600MW	清华大学 800MW	中国科学院 600MW	东方锅炉厂 600MW	哈尔滨锅炉厂 600MW	上海锅炉厂 600MW
冷渣器	—	—	—	6 滚筒式冷渣器	6 滚筒式冷渣器	侧墙 6 滚筒式冷渣器	滚筒式冷渣器	侧墙滚筒式冷渣器
尾部烟道	单烟道	—	双烟道	上部双烟道，下部单烟道	单烟道	单烟道	—	单烟道
空预器	—	—	—	管式	四分仓容克式	2 四分仓回转式	2 四分仓回转式	—
调温方式	控制 EHE 灰量	控制 EHE 灰量	控制 EHE 灰量	控制 EHE 灰量+喷水减温	过热器喷水减温，再热器控制外置床进灰量	—	—	—

由于电、煤紧张，已投运的一大批中小容量循环流化床锅炉所使用的燃料，普遍偏离设计值，造成了磨损严重、排渣不畅、可用率低等严重运行问题。另外，国内目前对于循环流化床锅炉应用范围的认识存在一定程度的偏差。政策上将循环流化床锅炉仅仅作为劣质燃料利用的手段，这不利于循环流化床锅炉技术的健康发展。事实上，即使对于常规燃料，循环流化床锅炉机组的造价也略低于煤粉炉加湿式脱硫脱硝机组。所以，对流化床锅炉技术的使用不能仅限于劣质燃料，在环保要求日益提高的情况下，将循环流化床锅炉用于常规发电能更全面地发挥其优势。

在循环流化床锅炉运行过程中仍存在一些影响锅炉安全稳定运行的问题，如给煤系统堵塞、冷渣器结焦、炉内结焦、受热面磨损、过热器和再热器超温爆管等。这些不利因素的存在不仅影响机组的可靠性，也影响机组的经济性以及循环流化床技术的发展。随着研究的进展以及维护处理方法增多，这些问题将可以迎刃而解。

3.3 与同等级煤粉锅炉比较分析

相同容量的循环流化床锅炉纯凝发电机组与煤粉锅炉纯凝发电机组相比，循环流化床锅炉的经济性比起煤粉锅炉来说，尽管循环流化床锅炉在一些经济性指标、可靠性指标等方面目前与煤粉锅炉有所差距，但是从综合经济环保性指标来看，循环流化床锅炉有其特有优势的。例如，在燃烧高硫、多灰燃料方面，循环流化床锅炉因为不需要安装尾部的脱硫装置使其投资成本以及运行成本低于同容量的常规煤粉锅炉。

目前，循环流化床锅炉主要燃烧热值比较低的燃料，而煤粉炉燃料的热值比较高，若循环流化床锅炉燃烧热值较高的燃料时，其厂用电率和供电煤耗必然有所下降。在煤矸石等劣质燃料利用方面，循环流化床锅炉更有其不可替代的优势，统计表明，含灰量为 20%~55%、发热量 11 147~23 360kJ/kg、挥发分为 5.36%~40% 的燃料，循环流化床锅炉都可以充分地利用。

循环流化床锅炉燃烧过程中炉膛温度较低，可通过在炉内加入脱硫剂实现炉内高效脱硫。例如，在循环流化床锅炉炉膛中加入石灰石，通过石灰石分解形成的 CaO 等碱金属氧化物在燃烧炉中吸收 SO_2 形成稳定的硫酸盐化合物实现炉内脱硫。此外，流化床锅炉燃烧还具有自脱硫能力。

循环流化床锅炉由于采用低温燃烧和分级送风，其 NO_x 排放浓度的平均值不足 $100mg/Nm^3$，远远低于煤粉锅炉 $500~1200mg/Nm^3$ 的排放浓度，与增加了 SCR 脱硝装置后的煤粉锅炉机组排放浓度相当。所以，循环流化床锅炉机组在脱硝方面的优势也是煤粉锅炉所不可比的。若采用 SCR 方式脱硝，其装置更换下来的催化剂如果处理不当还会造成较大的二次污染，因此，采用 SCR 的方式进行脱硝整体上的污染物是高是低，需要认真探讨，反而采用高效低氮燃烧器、多级燃烧、再燃技术等综合措施更好一点。而且，循环流化床锅炉的灰渣可以用来生产水泥等建筑材料，而煤粉锅炉的粉煤灰除少部分用作铺路材料外，一般作抛弃处理，这在综合利用我国大量的煤矸石资源方面能够发挥出重要作用。

因此，循环流化床锅炉与煤粉锅炉相比，尽管目前在节能方面不占优势，但是在资源综合利用、环保性方面是煤粉锅炉所不可比拟的。从综合经济性方面考虑，二者有可能相当，需要进一步的研究求证。

3.3.1　案例一：600MW 超临界循环流化床机组对比分析

对于超临界循环流化床锅炉机组和超临界燃煤粉锅炉机组，除了锅炉本体系统、制粉系统、除渣系统、输煤系统等有差别外，其他如汽轮机及辅助系统、发电机及辅助系统、循环冷却水系统及外围辅助系统（BOP）部分基本相同。

总体来说，我国已经掌握了超临界锅炉技术，具备研发和制造能力。通过合作及引进技术，我国已经掌握了世界领先的循环流化床锅炉技术，具备了开发创新能力。我国主要锅炉厂家对 600MW 超临界循环流化床锅炉已进行了多年的研究开发工作，现已完成具体方案设计，具备了在实际工程中应用的条件。在同等外部条件下，对 600MW 超临界循环流化床方案与 600MW 煤粉炉方案的参数、性能、经济等方面进行比较，主要结果如下：

600MW 超临界循环流化床锅炉效率与煤粉锅炉接近，机组的效率为 43.66%，厂用电率为 6.03%，发电煤耗为 282gce/（kW·h），供电煤耗为 299.77gce/（kW·h）；600MW 超临界煤粉炉锅炉效率机组厂用电率为 5.53%，发电煤耗为 282gce/（kW·h），供电煤耗为 298.2gce/（kW·h）。

600MW 超临界循环流化床机组比煤粉炉的耗水指标要低，约低 0.037m³/（s·GW）。

600MW 超临界褐煤循环流化床机组 A 排到烟囱的距离为 185.6m，600MW 超临界煤粉炉机组 A 排到烟囱的距离为 210.8m，循环流化床机组的占地约少 1.75hm²。

采用 600MW 超临界褐煤循环流化床机组时，可以节省部分四大管道。

采用 600MW 超临界循环流化床机组时，厂内需设置燃煤筛碎装置；不需要上专门的脱硫装置，只需上 1 套干磨石灰石系统即可；不需要上专门的烟气脱硝装置；每台炉设 6 台滚筒冷渣器（水冷）。

应用循环流化床锅炉初期，其检修、维护工作量较大。随着设备质量的提高，循环流化床技术日益成熟，现在循环流化床锅炉的检修、维护工作量大大降低。但与同等级煤粉炉相比，循环流化床的检修、维护工作量还是较大，但差距在缩小。

600MW 超临界褐煤循环流化床锅炉和同等级煤粉炉均满足国家排放标准。

3.3.2　案例二：660MW 超临界循环流化床机组对比分析

本案例针对 660MW 超临界配风扇磨煤粉锅炉和循环流化床褐煤锅炉两种炉型进行技术经济对比。

对比煤种为褐煤，低位发热量为 14 940kJ/kg，高挥发分，高水分，S_{ar} 为 0.24%。

配风扇磨的煤粉锅炉为超临界直流炉、一次中间再热；全钢架悬吊结构、Π 形布置、尾部双烟道；平衡通风、固态排渣；风扇磨煤机围炉布置、切向燃烧。循环流化床锅炉为超临界直流炉、一次中间再热、循环流化床燃烧方式；全钢架悬吊结构、H 形布置、尾部双烟道；平衡通风；环形炉膛、高温汽冷旋风分离器。

对比表明，循环流化床锅炉对褐煤有良好的适应性，不仅保证效率略高于配风扇磨的煤粉锅炉，而且独特的循环流化燃烧方式轻松回避了煤种易结渣的问题；实现了炉内

脱硫并有效抑制 NO_x 的生成，脱硫、脱硝系统的可用率对机组运行不造成影响。随着技术进步，近年来循环床锅炉的可靠性已经有了显著提高；国内已经投运的 300MW 循环床锅炉表现出很高的可靠性，炉型设计采用 300MW 循环床锅炉设计中的成熟设计，而且采用了独特的环形炉膛增大了炉内辐射散热面面积，摒弃了相对问题较多的 EHE；因此可以预期 660MW 超临界循环床锅炉燃用褐煤能够达到较高的可靠性。

配风扇磨煤粉锅炉选用三介质系统，抽取高温炉烟和热风作为主要干燥剂，抽取低温炉烟辅助控制干燥剂温度和氧量；制粉干燥系统复杂。高温抽炉烟管道无论采用内衬保温砖还是外保温结构，都存在漏风率高等问题；风扇磨煤机冲击板磨损严重、寿命短、检修频繁；风扇磨煤机提升压头较低，易造成燃烧器区域结渣；国产大型风扇磨煤机无运行业绩。配风扇磨的煤粉锅炉存在较多影响可靠性的因素。从可靠性方面分析，660MW 循环床机组不仅不亚于配风扇磨煤粉锅炉，甚至高于煤粉锅炉。

通过对循环流化床锅炉和煤粉锅炉两种机组的工艺系统、主厂房布置、厂区总平面、耗水量、检修维护等经济性比较，循环床机组在经济性方面优势明显。

3.3.3 国内 300MW 级机组运行指标分析

目前，循环流化床锅炉技术在国内得到了迅速发展，被广泛用于燃煤发电，300MW 循环流化床锅炉机组已有很多投运生产，如白马示范电站 1 台、大唐红河电厂 2 台、国电开远电厂 2 台、云南华电巡检司电厂 2 台、秦皇岛发电厂 2 台、蒙西电厂 2 台、广东荷树园电厂 2 台、江西分宜电厂 1 台、平朔电厂 1 台、广东云浮电厂 2 台以及江苏徐矿电厂等。由于运行时间还比较短，只能给出表 3-16 和表 3-17 中的部分数据。

表 3-16 部分 300MW 机组的运行指标

	白马电厂	蒙西电厂		大唐红河电厂		国电开远电厂	
机组编号	31	1	2	1	2	7	8
可用小时数/h	7478.8	8025.6	7529.5	8292	8156.3	7872.7	7603.17
可用率/%	85.5	91.6	86	94.7	93.1	89.9	86.8
非停次数	1	1	3	0	1	1	0
飞灰含碳量/%	3	2.53	2.63	0.02	0.03	0.6	0.78
底渣含碳量/%	2.35	4.38	5.32	0.2	0.25	0.47	0.48
排烟温度/℃	127.05	163	160.5	149	149	132.7	138.28
厂用电率/%	9.14	11.88	11.38	8.33	8.14	9.23	9.16
供电煤耗/[gce/(kW·h)]	351.84	379.8	379.16	340.97	342.91	347.2	346.56
点火耗油量/[t/(台·a)]	50.4	—	—	61.2	170	173	296.2
脱硫效率/%	96.2	90	90	93.64	94.04	95.8	95.37
SO_2 排放浓度/(mg/Nm³)	339.72	387	387	233.68	215.71	165	160
NO_x 排放浓度/(mg/Nm³)	69.31	114	114	67.12	52.7	65	38

注：表中为 2008 年数据。

表 3-17　最近投运的 300MW 机组的运行指标

项目	江苏徐矿电厂	广东云浮电厂	江西分宜电厂
平均负荷率（ECR）/%	78	90	65
厂用电率/%	~5.2	~7	~9.5
锅炉热效率（平均）/%	91	93.66	—
SO_2 排放浓度（BMCR）/（mg/Nm^3）	300	—	320
NO_x 排放浓度（BMCR）/（mg/Nm^3）	35	145.88	—
最低稳燃负荷	150MW	309.54t/h	60MW
排烟温度（平均）/℃	135~140	126~132	130~136
飞灰含碳量/%	~4.5	~3.0	~6.0
底渣含碳量/%	~1.5	~1.0	~2.0

从表 3-16 可以计算出，2008 年部分 300MW 循环流化床锅炉机组的非计划停运次数为 1.0 次/（台·a），尽管还高于同级别煤粉锅炉的 0.89 次/（台·a），但比起 2007 年的 5.625 次/（台·a）有了很大的提高，相比于 135MW 的机组可靠性也有了很大的提高。这是因为经过长时间的摸索与研究，对流化床锅炉系统的运行水平、管理水平和技术水平都有了较大的提高。

从表 3-17 中可以看出，广东云浮电厂和江西分宜电厂的最低稳燃负荷都很低，说明循环流化床机组能在低负荷下稳定运行的性能，在一定程度上将会提高机组的可靠性。

目前，我国 300MW 循环流化床锅炉机组负荷率的平均值从整体上来说和 300MW 煤粉锅炉大致相当。从表 3-16 可以计算出 300MW 循环流化床锅炉机组的平均供电煤耗为 355.5gce/（kW·h），高于常规 300MW 级煤粉锅炉 338.79gce/（kW·h）的平均值，这主要是因为循环流化床锅炉机组厂用电率远远高于煤粉锅炉。例如，2008 年，300MW 级循环流化床机组的厂用电率平均值为 9.6%，而常规 300MW 级煤粉锅炉的厂用电率平均值仅为 5.67%。

但是，表 3-16 中大唐红河电厂 300MW 锅炉机组供电煤耗仅有 340.97gce/（kW·h），接近国产 300MW 煤粉锅炉机组的煤耗水平。因此，提高循环流化床锅炉机组经济性的方向之一是降低机组的厂用电率，如表 3-17 中江苏徐矿电厂的厂用电率只有 5.2%，这给流化床机组经济性的提高指明了方向。

从表 3-16 和表 3-17 可以看出，虽然有个别 300MW 循环流化床锅炉机组的飞灰含碳量还比较高，但总体来说还是比较低的，与 150MW 级的相比，改善很大。这是因为机组越大，其炉膛越高，那么燃煤颗粒在其中的停留时间将会越长，越容易燃尽。因此，可以预见，600MW 循环流化床锅炉机组的飞灰含碳量将会更低，这将会大大地提高锅炉效率。

从表 3-16 和表 3-17 还可以看出，300MW 机组的 SO_2 和 NO_x 排放浓度均远远优于国家规定的标准。机组的脱硫效率都在 90% 以上，排放浓度仅在 300~400mg/Nm^3。比较表 3-16 和表 3-17 中的 SO_2 排放浓度可以发现，表 3-17 中的数据明显比表 3-16 中的低，表明最近投运电厂的排放浓度低于先前投运的循环流化床机组。这说明随着技术水平、运行水平以及管理水平的提高，SO_2 排放已经得到了更好的控制，并且还有改善空间。另外，随着机组容量的增大，炉膛越高，石灰石颗粒停留时间越长，反应也就越彻底，提高了脱硫效率。

在 NO_x 方面，循环流化床锅炉机组的优势更是明显，循环流化床锅炉的低温燃烧等有利因素使其排放量远远小于常规煤粉锅炉，相比于煤粉炉采用 SCR 方法脱硝节省成本，也可避免 SCR 方法脱硝带来的二次污染，保护了环境。

表 3-18 给出了 2008 年 300MW 级循环流化床锅炉与煤粉锅炉的综合比较情况，单从指标上对比，循环流化床锅炉机组在厂用电率以及供电煤耗上并不占优势。然而，循环流化床锅炉机组所用的燃煤热值平均约为 12 540kJ/kg，而煤粉锅炉机组所用燃煤热值却高达 20 900kJ/kg。另外，循环流化床锅炉机组可以燃用劣质燃料，这是煤粉锅炉不容易做到的，所以，尽管其运行性能比煤粉炉要差一点，但是整体上却减少了污染物的排放。

表 3-18 同容量的循环流化床锅炉与煤粉锅炉的比较（300MW）

项目	单位	循环流化床锅炉	煤粉锅炉
锅炉本体投资	万元/台	23 200	17 800+6 500（脱硫脱硝）
平均负荷率	%	73.80	78.23
非计划停炉次数	次/（台·a）	1.00	0.89
燃烧热值	kJ/kg	~12 540	~20 900
厂用电率	%	9.44	5.67
供电煤耗	g/（kW·h）	353.86	338.79
飞灰含碳量	%	2.34	2.6
脱硫设备投入率	%	100	>50
平均脱硫效率	%	93.46	93.56
SO_2 排放	mg/Nm³	299.43	185.58/>1 000
NO_x 排放	mg/Nm³	93.29	500~1 200

此外，从表 3-18 还可以看出，循环流化床锅炉由于采用低温燃烧和分级送风，其 NO_x 排放浓度的平均值不足 100mg/Nm³，远低于煤粉锅炉 500~1200mg/Nm³ 的排放浓度，与增加了 SCR 脱硝装置后的煤粉锅炉机组排放浓度相当。结合其 SO_2 排放很少的特性，循环流化床锅炉的运行成本相比煤粉炉在这方面就会减少很多。

综上，循环流化床锅炉与煤粉锅炉相比，尽管目前在节能方面不占优势，但是从综合经济性、污染物排放等方面来考虑，二者有可能相当。

3.3.4 135MW 级机组运行指标分析

目前，虽然 300MW 循环流化床机组陆续投产，但是 135MW 的机组装机容量仍是最大的。表 3-19 给出了 135MW 机组的运行参数。

表 3-19　我国 135MW 级循环流化床机组的主要运行参数均值

	2006 年	2007 年	2008 年	备注
可用小时数/h	7762	7871	7879	
可用率/%	88.6	89.8	89.9	
非停次数/次	3.1	1.6	1.45	
飞灰含碳量/%	7	6.81	6.88	
底渣含碳量/%	1.8	1.63	1.49	
排烟温度/℃	141.5	139.6	140.2	
厂用电率/%	9.14	9.11	9.15	纯凝机组
	9.86	9.37	9.3	供热机组
供电煤耗 / [gce/ (kW·h)]	389.6	381.9	378.62	纯凝机组
	379.68	365.7	366.24	供热机组
年耗油量/ (t/台)	256	153	131	
SO_2 排放/ (mg/Nm^3)	280	263	203	
NO_x 排放/ (mg/Nm^3)	115	119.4	130.6	
灰渣综合利用率/%	95	96	96	

从表 3-19 中可用小时数、可用率、非停次数三栏可以看出，我国 135MW 循环流化床机组的可靠性接近煤粉炉的水平。机组飞灰含碳量较高，随着对其燃烧机理认识的不断加深，通过设计和运行调整，使得循环流化床锅炉的飞灰含碳量不断降低，2008 年平均值已经降到 7% 以下，已有个别电厂能够降到 2% 以下，甚至接近 0。相比之下，300MW 循环流化床锅炉的飞灰含碳量就会好很多，这说明今后循环流化床锅炉大型化发展的必要性。

从表 3-19 还可以看出，135MW 循环流化床锅炉的厂用电率和供电煤耗都比 300MW 循环流化床锅炉以及同等级的煤粉锅炉高，但是随着技术水平以及运行水平的提高，厂用电率和供电煤耗将逐渐下降。另外，循环流化床锅炉机组的大型化以及高参数化可在很大程度上降低其厂用电以及供电煤耗，使之逐渐达到同等级煤粉炉的水平。

表 3-16 和表 3-19 中也反映了循环流化床机组的耗油量。在循环流化床锅炉中，床料占的比重很大，蓄热量也很大，所以在很低负荷时仍可运行，这在很大程度上减少了因燃烧不稳以及故障等原因导致的负荷降低时需用燃油的量减少，节省了成本。但是在机组启动时，因为床料需要的蓄热量很大，也需要用比同容量的煤粉锅炉多的燃油来启动，所以这是一个需要改善的问题。随着经验的积累、运行水平的提高以及可靠性的提高，循环流化床锅炉点火启动耗油总量将会不断降低。

3.3.5　波兰 Lagisza 电厂 460MW 超临界循环流化床锅炉

波兰 Lagisza 电厂 460MW 超临界循环流化床锅炉由 FW 公司供货，是目前世界上已投入商业运行中容量最大的循环流化床锅炉。该工程 2009 年 6 月投入商业运行，其主要参数见表 3-20。可以看出，供电煤耗以及厂用电率都比较低，比 300MW 循环流化床锅炉下降了很多，这是大型化、高参数化的直接结果，也说明了循环流化床锅炉在这一方面的潜力以及与煤粉锅炉相比有着相当的实力。炉膛截面尺寸为 27.6m×10.6m，炉膛高度为 48.0m，尺寸只比其他正在运行的大型紧凑型整体式设计循环流化床锅炉大一些。

表 3-20　Lagisza 电厂锅炉主要参数

项目	单位	参数
一/二次主蒸汽压力	MPa	28.2/5.1
一/二次主蒸汽温度	℃	563/582
供电煤耗	gce/ (kW·h)	303
厂用电率	%	4.56
脱硫效率	%	94
SO_2 排放值	mg/Nm³	<200
NO_x 排放值	mg/Nm³	<200
电厂效率	%	43.3

Lagisza 锅炉的汽水系统中，干蒸汽从汽水分离器出来以后进入炉膛顶棚的第 1 段过热器，然后依次进入作为支持管的过热器和对流段过热器 I（SH-I）。过热器 II（SH-II）位于固体床料浓度低的上炉膛，其下端采取防磨保护措施。蒸汽经过过热器 II 后，进入构成过热器 III（SH-III）的 8 个平行的固体床料分离器。该分离器为膜式壁结构，上面覆盖有薄层高导热系数的防磨耐火材料。过热器 IV（SH-IV）为末级过热器，位于分离器下两侧墙的整体式换热器（INTREX）中。主蒸汽温度由二级喷水减温控制；再热蒸汽温度通过蒸汽侧旁路进行调节。锅炉跟随汽轮机进行滑压运行，因此，在低负荷（小于 75%）时，主蒸汽压力低于临界压力，但在高负荷时，锅炉在超临界压力下运行。

表 3-21 为 Lagisza 锅炉的设计和运行煤种，表 3-22 为该锅炉不同负荷下的实际燃烧效率，表 3-23 为该锅炉的设计和实测的性能参数。从表 3-21 ~ 表 3-23 可见，Lagisza 锅炉具有良好的燃料灵活性和运行性能。由表 3-23 可知，该循环流化床锅炉的运行性能数据非常接近设计参数。Lagisza 锅炉具有良好的动态特性，能够满足电网的运行要求，其成功运行证明了大容量循环流化床锅炉的可行性，并且可以取得很好的效果。

表 3-21　Lagisza 锅炉的设计和实际运行煤种

燃料分析	烟煤			洗煤浆（<30%）
	设计煤种	实际煤种	变化范围	变化范围
低位热值/（MJ/kg）	20	20.75	18 ~ 23	7 ~ 17
水分/%	12	10.3	6 ~ 23	27 ~ 45
灰分/%	23	24.7	10 ~ 25	28 ~ 65
硫分/%	0.4	0.86	0.6 ~ 1.4	0.6 ~ 1.6
氯/%	<0.4		<0.4	<0.4

注：Lagisza 锅炉合同要求能够燃烧干的洗煤浆达 50%，并能够混烧达热输入 10% 的生物质燃料。

表 3-22　Lagisza 锅炉不同负荷下的实际燃烧效率

项目	40% MCR	60% MCR	80% MCR	100% MCR
飞灰含碳量/%	2.5	3.8	1.2	3.3
底灰含碳量/%	0.3	0.4	0.1	0.4
燃烧效率/%	>99	>99	>99	>99

注：MRC 为锅炉最大连续出力工况。

表 3-23　Lagisza 锅炉的设计和运行实测性能参数

性能参数	40% MCR	60% MRC	80% MRC	100%/实测	100%/设计
主蒸汽流率/（kg/s）	144	205	287	361	361
主蒸汽压力/MPa	131	172	231	271	275
主蒸汽温度/℃	556	559	560	560	560
再热蒸汽压力/MPa	19	28	39	48	50
再热蒸汽温度/℃	550	575	580	580	580
床温/℃	753	809	853	889	
排烟温度/℃	80	81	86	88	
烟气 O_2/%	6.8	3.8	3.4	3.4	
锅炉效率/%	91.9	92.8	92.9	93.0	92.0

Lagisza 锅炉的设计特点有：①Benson 直管蒸发受热面，膜式壁采用光管水冷壁；②炉内全高度蒸发受热面管屏采用内螺纹管；③采用冷却式紧凑型固体颗粒分离器；④采用整体式流化床换热器；⑤炉膛顶篷处于初级过热器回路中；⑥紧凑型固体分离器处于第 3 级过热器回路中；⑦整体式流化床换热器处于末级过热器/再热器回路中；⑧采用串联布置尾部受热面；⑨采用回转式空气预热器；⑩采用静电除尘器；⑪采用水冷绞龙底灰冷灰器；⑫采用床上启动燃烧器；⑬Benson 锅炉启动系统；⑭采用排烟热回收系统，可将排烟温度降低至 85℃（提高效率 0.8%）。

3.4　循环流化床锅炉技术应用及发展前景

3.4.1　发展超（超）临界循环流化床锅炉技术

循环流化床锅炉发电技术是国际上公认的商业化程度最好的洁净煤发电技术，发展十分迅速。目前，在能源清洁高效利用领域研究循环流化床锅炉技术主要包括两个方面：增加使用功能和提高单机容量。前者表现在循环流化床锅炉与其他能源或原材料加工系统的整合，如以循环流化床锅炉技术为基础的 IGCC 系统、增压流化床联合循环（PFBC）系统、循环流化床多联产系统等；后者在最近十年发展迅速。但目前投运的循环流化床锅炉都是高压、超高压和亚临界参数机组，热耗和煤耗的降低受到一定限制，在实现较高的供电效率方面并未展现明显的优越性，循环流化床锅炉技术的发展面临着进一步提高机组效率的挑战。

对于中国以煤炭发电为主的现状，首要问题就是要进一步提高效率、降低热耗、降低煤耗、降低污染物排放，发展超临界和超超临界机组成为火电发展技术的必然。有数据表明，超临界机组可比亚临界参数机组的供电效率提高 2.0%~2.5%，先进的超临界机组供电效率已达到 45%~47%。

目前，应用于发电领域的亚临界循环流化床锅炉机组的供电效率已基本达到和同容量常规煤粉锅炉机组可相比的水平。但是随着技术经济指标以及环保要求的进一步提高，进一步提高蒸汽参数并增加其容量已成为广泛的共识。

超临界循环流化床锅炉兼备循环流化床燃烧技术和超临界压力（SC）蒸汽循环的优点，不仅可以得到较高的供电效率，且其初投资最多与常规煤粉锅炉加上烟气脱硫装置持平，脱硫运行成本却比烟气脱硫低 50% 以上，并且在不需要采用其他技术措施的前提下，可将 NO_x 排放降低到 $150mg/m^3$ 以下，低于目前国内采用超细煤粉再燃技术的 600MW 机组燃用褐煤的煤粉锅炉的 NO_x 排放最低值 $243mg/m^3$，更是目前其他低 NO_x 燃烧技术都难以达到的排放指标。另外，和具有高发电效率的先进 IGCC 发电技术相比，在电厂的复杂性、可靠性、投资成本等方面，超临界循环流化床锅炉也具有明显的优势。

在超临界直流锅炉循环中，因为工质的质量流量较小而温度却很高，所以水冷壁部件的冷却能力是关键之一。由于循环流化床锅炉炉膛内的温度（850~900℃）和热流密度都比常规的煤粉锅炉低得多，且沿炉高分布均匀，截面热负荷（~3.5MW/m²）也比较低，这些降低了对水冷壁冷却能力的要求。因为循环流化床锅炉炉膛内的固体质量浓度和传热系数在炉膛底部最大，所以炉膛内热流密度最大值出现在炉膛底部附近，且随着炉膛高度的增加而逐渐减小，这个特性可使炉膛内高热流密度区域刚好处于工质温度最低的炉膛下部区域，避免了常规煤粉锅炉炉膛内热流曲线的峰值位于工质温度较高的炉膛上部区域这一矛盾，从而更有利于水冷壁金属温度的控制，减少出现膜态沸腾和蒸干现象的可能性。因此，超临界循环流化床锅炉水冷壁可采用低质量流率 [500~700kg/（m²·s）]，带来的水冷壁管道中的低阻力降可能使其在低负荷亚临界区具有常规自然循环性质。可见，循环流化床锅炉所具有的特性使其更适合与超临界蒸汽循环相结合，超临界循环流化床锅炉技术实现的难度低于超临界煤粉炉。

由于循环流化床锅炉的燃烧温度低于一般煤灰的灰熔点，加上高质量浓度灰颗粒的冲刷，使得水冷壁上基本没有积灰和结渣现象，保证了水冷壁良好的传热性能，可避免传热恶化。

Benson 垂直管屏直流技术的出现很好地解决了传统水冷壁采用螺旋管管圈与垂直管屏等技术时出现的支吊复杂、管内流动阻力较大的缺陷。该技术采用特殊优化结构的大管径内螺纹管作为水冷壁管，具有良好的热传导性能和流动特性，保证锅炉在满负荷下也可以保持相对较低的质量流量。当某根管子受热较大时，由于管内流速较低，而静压力的损失要比摩擦压力的损失大得多，因此，当管子过热时流量会随着压降的增大而相应地增加，这样过热管中的蒸汽温度就会因为流量的增加而得到限制。因此，若将该技术引入国内今后发展的超（超）临界循环流化床锅炉中，将使锅炉的传热效率、可靠性及稳定性得到很大提高，从而促进大型循环流化床锅炉的发展。

值得注意的是，循环流化床锅炉大型化使得供电煤耗和厂用电率有所降低，可达到节约能源和减少污染排放的目的。

循环流化床及超临界蒸汽循环均是成熟技术，二者结合的技术风险相对较小，结合后的技术综合了循环流化床低成本污染控制及超临界蒸汽循环高供电效率两个优势，是循环流化床锅炉技术发展的合理选择，具有较大的商业潜力，适合在中国大量推广应用。

面对资源紧张和环保要求的提高，针对中国煤种实际情况，应加快大型循环流化床锅炉的发展。国内锅炉制造厂和科研院校在消化吸收引进技术的基础上，针对超临界循环流化床锅炉技术的研发，已开展了大量有成效的基础研究工作，依靠国内自有的科研和制造力量，自主研发 600MW 等级超临界循环流化床锅炉已没有颠覆性技术障碍，示范电站也正在建设中，大型循环流化床锅炉的发展前景十分光明。

3.4.2　超（超）临界循环流化床锅炉技术需解决的问题

发展超临界循环流化床锅炉，需要对其在未来清洁煤炭发电技术中进行客观定位，即不仅针对低挥发分无烟煤、高水分褐煤以及煤矸石、煤泥等低热值燃料进行研发，而且也要针对部分高热值燃料，从而发挥循环流化床锅炉的综合优势。通过技术研究，使其在与常规超临界煤粉炉相比时，在锅炉效率、厂用电率、可用率、污染物排放等技术指标方面具有竞争力。

大型循环流化床锅炉炉内燃烧特性和传热规律尚未完全掌握，锅炉炉膛热负荷变化及其分布规律是确定锅炉热循环回路布置的基础，关系到超临界机组运行的稳定性、可靠性、经济性以及后续发展。

不管采用何种水冷壁技术，应重点研究其水动力特性，按照安全、可靠、经济的原则，确定合理的质量流速，研究解决特殊工况下水冷壁的传热安全问题，在锅炉水动力特性研究和安全校核方面，应充分借助国外优势机构的技术支持。应及时开展配套辅机的选型设计和技术研发工作，尽量避免锅炉辅助设备带来的技术风险。应以石灰石-石膏湿法脱硫工艺通常设计的脱硫效率为目标，研究提高石灰石利用率的手段和措施，通过炉内脱硫使 SO_2 排放质量浓度达到环保排放标准。另外，应以烟尘排放质量浓度低于 $50mg/Nm^3$ 的环保排放标准为目标，开展电除尘器、电袋除尘器和布袋除尘器的选型设计和技术研发工作。

3.4.3　循环流化床锅炉的综合利用

基于循环流化床燃烧技术的煤炭热解气化燃烧分级转化是清洁高效利用煤炭资源的路径之一，该技术是利用循环流化床锅炉的循环热灰或半焦作为煤干馏、部分气化热源，煤先在流化床气化炉中热解、部分气化产生中热值煤气，经净化除尘后输出，气化炉中半焦及放热后的循环灰一起送入循环流化床锅炉，半焦燃烧放出热量产生过热蒸汽用于发电、供热。煤的热解燃烧分级转化通过有机集成燃烧和热解气化过程，可简化工艺流程，减少基本投资和运行费用，降低各产品成本，提高了煤的转化效率和利用效率，降低污染排放，实现系统整体效益的提升。该技术工艺简单先进，燃料适应性广，工艺参数要求低，设备投资、运行成本低，高温半焦直接燃烧利用，煤气产率高，品质好，实现煤气的高值利用，具有很好的污染物排放控制特性。

3.5 循环流化床燃烧发电技术发展路线图

针对中国能源利用以煤炭为主，而中国煤炭种类复杂，劣质低热值煤、高硫煤等储量较多，循环流化床燃烧发电技术燃料适应性广、清洁高效燃烧的特点正好适合中国煤炭资源清洁燃烧发电利用的特点。今后，技术成熟化、大型化、高参数化、燃料多样化、节能化、应用广泛化是循环流化床锅炉发电技术的发展发向。图 3-1 所示为循环流化床燃烧发电技术的发展路线图。

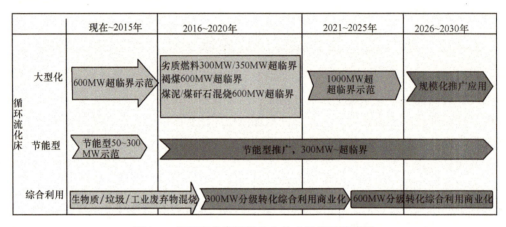

图 3-1　循环流化床燃烧发电技术的发展路线图

在清洁高效循环流化床锅炉发电技术发展过程中，更高可靠性、更高经济性、更清洁燃烧产物排放与控制、自主知识产权、技术储备及对产业发展的影响、发展炉型和配套辅机等问题是在发展过程中需要关注和投入研究的，具体如下：

1）更高可靠性问题，提高机组可用率。

2）更高经济性问题，提高燃烧效率。

3）更高环保性问题（SO_2、NO_x、CO_2、小颗粒等）。

4）自主知识产权问题，研发具有中国自主知识产权的大容量、高参数机组。

5）技术储备及对产业发展的影响问题（单机容量更大型化、更高参数，超临界、超超临界循环流化床技术；生物质/城市生活垃圾/工业废弃物等特种燃料循环流化床；不同燃料混烧循环流化床；常规煤粉炉难以燃烧的低挥发分无烟煤和中高水分褐煤；循环流化床发电多联产；循环流化床锅炉生产能力与分布；循环流化床燃烧技术在煤清洁燃烧利用技术中的地位；循环流化床燃烧技术储备研究，CCS 技术；富氧燃料法捕集 CO_2 技术等）。

6）发展炉型（劣质燃料 300MW/350MW 等级循环流化床锅炉；褐煤 600MW 等级循环流化床锅炉；煤泥煤矸石 600MW 等级超临界循环流化床锅炉；1000MW 超临界循环流化床锅炉）。

7）配套辅机问题。

第4章　IGCC 发电技术

IGCC 自 1972 年提出以来，在世界上曾经几起几落，在我国亦是如此。我国曾经开过几次有关 IGCC 的专题研讨会，如 1990 年的苏州会议和哈尔滨会议，甚至在 1999 年曾决定全面引进技术，在烟台电厂筹建我国首个 IGCC 电站。但是至今，仅山东兖矿鲁南化工厂自主建成一套功率为 80MW、与甲醇联产的 IGCC 电站，一套正在福建炼油厂建设的、配备有 2 台 Fr9E 燃气轮机的多联产乙烯工程，以及一套 2012 年建成的 250MW 的华能天津 IGCC 示范工程。多年以来，科技部也都安排了有关 IGCC 关键技术和系统的研究，大专院校也就此发表了大量的论文，但作为一种发电的新技术和新方向，整个工作仍然没有真正地推动起来，而且在国家能源领域的领导、专家和学术界，始终对 IGCC 没有一个比较统一的认识。本书从世界上 IGCC 几起几落的历史背景和技术发展方向的角度，来研究 IGCC 发展过程所必须具备的条件，进而分析 IGCC 在目前发展的潜力与需要解决的问题。在这个分析的基础上，以期对 IGCC 在我国发展的必然趋势做出确切的判断。

显然，IGCC 是一个新生事物，它有一个发展和成熟的过程，与超超临界蒸汽发电技术（USC）相比，两者处于不同的发展阶段，要求应该是不同的。不能因为目前 IGCC 的投资费用比 USC 高，就看不到它在发展洁净煤技术方面的积极作用，而不去扶持它、发展它。应该给 IGCC 这个新生事物一个空间，让它发展起来。随着技术的提高、单机容量的增加和制造批量的扩大，其成本必然会不断下降。

因而，本书的重点是从我国能源事业发展的需求，从一种新技术发展的历史规律，从 IGCC 的学习曲线（learning curve）的角度，来分析 IGCC 的前景，提出其在我国应有的发展路径。

但须指出，目前 IGCC 发电有两种方式：在发电厂中进行的以纯发电为目标的单一生产方式和在煤化工或石化企业中进行的以生产电/化工产品为目标的多联产方式。本书仅就第一种 IGCC 的发展问题进行研讨，因为第二种 IGCC 的发展问题将由"煤基多联产技术"课题组专项研究。

4.1　IGCC 的定义、优缺点和关键技术

4.1.1　定义

IGCC 是从 20 世纪 70 年代初开始研发的一种洁净煤发电技术。顾名思义，它是由煤的气化与净化系统和燃气-蒸汽联合循环两部分组成。简单地说，所谓 IGCC 就是在已经完全成熟的燃气-蒸汽联合循环发电机组的基础上，叠置一套煤炭气化和净化设备，

将煤炭转化成为清洁的合成煤气，继而在燃气-蒸汽联合循环发电设备中燃烧、膨胀做功和发电，以实现煤的高效和清洁利用。

众所周知，燃用天然气的燃气-蒸汽联合循环机组是目前热力发电设备中供电效率最高、环保特性最好的发电设备。人们一直在探索是否有可能在联合循环机组中改用煤为燃料，同时仍然保留其高效和洁净发电的特点？研究表明这是可能的。IGCC 技术就是其中最有希望的一种，因而自从这种发电技术试验成功以后，就被人们誉为"21 世纪中仅次于增殖反应堆的最有希望的一种发电技术"。

4.1.2 IGCC 技术的优缺点

4.1.2.1 IGCC 发电技术的优点

(1) 整体煤气化技术具有广泛的适用性

整体煤气化（IG）技术具有广泛的适用性，便于与不同技术集成，是各种先进能源动力系统的基础。整体煤气化技术的作用是将煤气化成为合成煤气，净化处理后为化工和石化企业提供洁净、高效、廉价的能源和原料。可以预料，随着 IGCC 技术的深入研究和实施，必然会涌现出一系列如整体煤气化燃料电池（IGFU）、整体煤气化湿空气透平循环（IGHAT）、整体煤气化蒸汽循环系统（IGSC），以及整体煤气化 CO_2 捕集、利用和封存系统（IGCCUS）等煤炭清洁利用的新循环体系，它们都是以 IGCC 技术中 IG 技术的高度发展为基础的。因而，研究和开发 IGCC 技术将为以煤的气化为基础的基化类型的洁净煤技术的深入研发和实施开创更加广阔的前景。

(2) IGCC 系统具有提高供电效率的最大潜力

研究表明，IGCC 电站的单机容量和供电效率与燃气轮机的参数密切相关。目前，荷兰 Buggenum IGCC 电站实际达到的供电效率为 43%（LHV），对于仅采用 E 型燃气轮机的 IGCC 电站来说，能够达到这个效率水平确实已相当先进了。当 IGCC 电站今后配置以 FrG 型和 FrH 型等先进燃气轮机时，净发电效率有希望达到 50%~52%。

当今，MW701G1、MW701G2 和 GE9H 燃气轮机都已有燃烧天然气和轻质液体燃料的实际产品，只要有需要，能在比较短的时间内改造成为适用于 IGCC 电站的机组，而这个周期必然要比开发效率达到 50% 左右的 700℃超超临界粉煤蒸汽电站（USC）短很多，主要原因在于后者尚需要研制开发耐 700℃以上高温的新材料。显然，这个优点对于以煤炭为主要能源的我国来说，是很有吸引力的。

图 4-1 所示为三菱重工提供的几种发电技术的效率及其提高潜力的发展趋势。图右侧的粉色虚线是未来超超临界煤电技术有可能达到的效率，为 49%~52%。可是以天然气为燃料的联合循环，在进口燃气温度到 1700℃时，热效率可达 62%~62.5%，在 2015 年即可投入商业运行，目前三菱高砂研究所已经在示范试验 1600℃燃用天然气的燃气轮机。与之相应地，在 2015 年左右其 IGCC 的热效率就可以达到 52% 左右。因此，从热效率和投入商业运行的时间方面，都优于超超临界蒸气发电技术。表 4-1 是 21 世纪初期、中期 IGCC 电站性能指标的期望值。

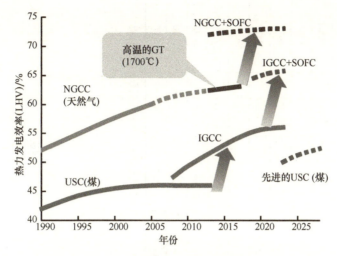

图 4-1　热力发电效率的提高潜力

（3）单机容量大

采用 IGCC 技术的单机容量已经达到 300～400MW 等级，当采用 2 台机组组成的"2+2+1"多轴布置方式时，电站净功率可以达到 650～800MW 等级；当采用 FrG 级和 FrH 级燃气轮机时，电站容量就能达到 500～1000MW 等级。这与当前超临界粉煤电站（SCPC）和超超临界粉煤电站相当，便于实现规模经济效应。

（4）污染问题解决得最为彻底

当使用含硫量高于 3% 的高硫煤时，此优点更加突出。与配置尾气脱硫设备的燃煤火力电厂（PC+FGD）、循环流化床电站（CFBC）相比，IGCC 电站的污染排放量远低于前者。与美国燃煤电站的最新排放标准（NSPS）相比，IGCC 电站的污染物排放量在 21 世纪相当长的一段时间内仍能够满足日益严格的环保标准要求，与超临界参数的粉煤电站相比，污染排放量可以减少 2/3。

（5）一定条件下适于高效捕集 CO_2

在当前急需考虑温室气体排放对于全球气候变暖的影响时，IGCC+CCUS 技术也许是捕集与深埋 CO_2 的最佳方案。在一定条件下对于 IGCC 电站来说因减排 CO_2 而导致的电站供电效率和净功率的下降，以及比投资费用和发电成本的增长程度，有可能要比超临界和超超临界粉煤电站小得多[1]。

（6）耗水量比较少

IGCC 电站只有 PC+FGD 电站耗水量的 50%～70%，这对于缺水的我国是十分重要的，特别适宜于在缺水的矿区建立坑口电站。

---

①这个结论对我国不一定合适，参见表 4-4 及其说明。

先进燃煤发电技术

表 4-1 20 世纪 IGCC 电站性能指标的期望值

燃气轮机机型号	KWUV94.2	KWUV94.3	GE9FA	KWUV94.3A	KWUV94.3A 改型②	MW701G1	GE9G	MW701G2	GE9H
第一台燃气轮机使用的年份	1981	1992	1991	1995	1995	1997	1997	1998	1997
空分系统整体化率/%	100	100	41	100	35	45	45	51	41
煤的输入量/（t/d）	1871	2521	2783	2581	2824	3117	3208	3492	3544
每天输入煤的热值/MW（热）	575	775	856	793	868	958	986	1074	1090
合成煤气的输入/MW（热）	462	623	688	638	698	771	793	863	876
燃气轮机功率①/MW	159	229	25	242	301	330	345	370	390
蒸汽轮机功率/MW	126	174	189	183	183	208	200	227	242
厂用电耗功率/MW	30.9	37.7	59.4	40.8	64.7	67.9	69.0	71.7	76.8
IGCC 净功率/MW	254	365	404	384	420	470	476	525	555
IGCC 净效率/%	44.2	47.1	47.2	48.5	48.4	49.1	48.3	48.9	51.0
厂用电率③/%	10.88	9.43	12.93	9.65	13.2	12.64	12.66	12.06	12.18
燃气透平初温/℃	1105	1290	1288	1310	1310	1427	1427	1427	1427

注：①计算的 NO_x 排放量为 35g/GJ 合成煤气（掺和饱和水蒸气的 N_2）；②为使获得空分系统的整体化率达到接近 40%，增加了燃气轮机中压气机的级数；③厂用电率取得比较小，致使 IGCC 的净效率有偏大的倾向，应适当减小一些。

（7）燃煤后的废物处理量少，易于综合利用

脱硫后生产的元素硫或者硫酸可以出售，可降低 IGCC 的发电成本。灰和其他重金属微量元素熔融冷却后形成的玻璃状渣，对环境无害，可用作建筑和水泥工业的生产原料。

（8）天然气的有效替代资源

对于大量使用天然气的燃气–蒸汽联合循环机组（NGCC）的国家来说，当天然气资源枯竭或价格昂贵时，IGCC 正是改造这些 NGCC 电站的最佳方案，也可以建立一些大型煤制天然气厂，为缺少天然气的输气管线补充人造天然气，以确保天然气的稳定供应。

（9）煤种适应性强

可以通过合理选择气化炉型式和气化工艺方法，燃用各种品位的煤种。IGCC 特别适宜燃用灰熔点较低的煤种，因为熔渣的排出对气化炉的正常运行有决定性影响。

4.1.2.2　IGCC 电站的主要缺点

1）系统相当复杂，影响 IGCC 机组可用率的因素很多，特别是气化炉的工作对电站可用率有严重的影响。

2）为了燃用低热值的合成煤气，原来燃用天然气的燃气轮机必须进行相当程度的技术改造，致使燃气轮机的造价增高不少。

3）由于设置制氧空分设备，电站的启动时间很长，厂用电率甚高，它已成为抑制 IGCC 电站供电净效率的一个重要因素。

4）整台机组的负荷变化速率低，尚未达到 $5\% P_0/\min$ 的要求，负荷变化范围比较窄。当某些机组和气化炉的负荷低于 $50\% \sim 60\%$ 时，往往需要切换备用燃料以确保燃气轮机的稳定运行，并使燃气轮机的污染物排放水平符合环保要求；另外机组启动时也必须首先燃用天然气或轻柴油。为了确保气化炉故障时 IGCC 电站仍能继续运行，应有足够的备用燃料储量。

5）由于系统复杂，设备并非完全成熟，运行经验又少，因而机组需要较长时间的调试才能投入正常运行，例如，为使某些 IGCC 电厂的可用率调整到 90% 以上，可能需要花 2~3 年的时间。

总之，上述这些缺点将导致：在不设置备用气化炉的前提下，IGCC 全厂的运行可用率一般只能达到 85% 左右；在不要求捕集 CO_2 时，IGCC 的比投资费用和发电成本尚比较高，特别是在我国更是如此。因而目前纯发电的 IGCC 电站暂时还难以与超临界或超超临界粉煤蒸汽电站竞争。

4.1.3　关键设备和技术

严格地讲，IGCC 电站中的设备和系统相当复杂，它由以下一些设备和工作系统组成，即煤的储运、预处理、制备和供给系统；煤的气化系统；粗煤气的除灰渣系统；粗煤气的脱硫净化系统；粗煤气的显热回收系统；燃气-蒸汽联合循环发电系统；空分制氧系统；煤渣处理和废水处理系统等。从整体设备的布置上看，电站设备集中布置在气化岛、动力岛和空分岛等几个工作区域。

可以根据对 IGCC 电站的供电效率以及可用率的影响程度，把某些设备称为关键设备或关键技术。

4.1.3.1　气化炉

气化炉通过碳转化率、冷煤气效率、热煤气效率或气化炉的能量转化效率等指标来反映气化炉运行经济性对 IGCC 热效率的影响。发展目标是力争碳转化率能达到 98% ~ 99%，冷煤气效率达到 76% ~ 88%，热煤气效率达到 93% ~ 95%。

气化炉的结构特点，如燃烧段与气化段的结构和耐火材料的寿命、燃料喷嘴的结构与布局，以及所用燃料的含灰量与灰熔点等因素，都会严重影响气化炉的运行可用率，必须力求把单台气化炉的运行可用率提高到 85% 以上；必须扩大气化炉对燃料的适应性，应该根据燃料的品质来选择气化炉的结构型式；尽可能地增大气化炉的单炉日耗煤量或产气量，力争提高单台气化炉所能承担的电站的负荷容量；尽可能扩大气化炉的负荷调节范围，采用对置式燃料喷嘴为改善此性能提供了可能性。

4.1.3.2　NGCC 发电系统

选择燃气透平初温 T_3（或透平第一级动叶入口的燃气温度 TRIT）较高的、烧天然气的 NGCC 作为 IGCC 电站的基本循环系统，是较大幅度地提高 IGCC 供电效率和单机容量的主要基础。目前，比较先进的 NGCC 在用于 IGCC 电站时，可能达到的供电效率接近甚至超过 50%，单机容量达到 400 ~ 550MW。

目前，FrG1 型、FrG2 型和 FrH 型燃气轮机都是成熟的产品，只要对燃烧室和调节系统加以改型设计，就可以在比较短的时间内用于 IGCC 电站中。

为了避免在改烧合成煤气时原型燃气轮机的功率增大过多，致使必须修改机组转子的结构和机械强度设计，可以按 GE 公司建议的"功率封顶"的原则来改型设计燃气轮机。必须同时用调整温度 TRIT 和压气机进口可转导叶安装角的方法，以控制 IGCC 机组的功率。按此原则改型设计的燃气轮机所能达到的最大功率就是该机组在燃烧天然气或液体燃料时，在某个选定的较低的大气温度（如 -5℃ 或 -10℃ 等）条件下所能发出的最大功率值，当时机组的转子将承受机械强度所允许的最大扭矩。

该机组的燃烧室必须经历严格的中热值、低热值合成煤气的实物和全参数的燃烧试验，除了满足常规的燃烧特性要求外，特别要注意排除振荡燃烧现象，并确定合成煤气与备用燃料（天然气或液体燃料）相互切换时的工况条件，当然，它必须是双燃料燃烧室。该机组的通流部分（透平流道和压气机流道）必须进行适当改型设计或调整，以求改烧合成煤气时能使机组的流量合理匹配，保证压气机的运行工况点有足够的喘振裕度，防止发生喘振故障。

4.1.3.3　合成煤气的高温干法除灰和脱硫系统

这个系统对于简化 IGCC 电站中的粗煤气净化系统和显热回收系统有重要作用，有利于降低整个 IGCC 电站的比投资费用，并有可能使电站的净热效率提高 2～3 个百分点。

解决过滤器元件的断裂及高温脱硫剂的粉化问题是两大技术难关。

4.1.3.4　空分制氧设备

该设备对于 IGCC 电站中的厂用电率和负荷响应速率有重大影响。通常空分制氧和氮气压缩回注所耗能量约占总厂用电量的 70% 左右，改进空分设备势在必行。

4.1.3.5　电站的自动调节控制系统

与 NGCC 电站比较，IGCC 电站的自动控制系统要复杂许多，运行参数的采集、传输和处理的点数在千个以上。还必须加强对整个电站可燃气体的防漏、防爆的安全监察。

4.2　IGCC 发展现状、存在问题、改进方向与发展展望

本节中我们拟从 IGCC 历史发展的进程中所体现的社会需求、技术进步、价格变化、可用率等多维度因素，来动态变化地分析 IGCC 未来的发展趋势。

4.2.1　发展概况

世界上第一座以纯发电为目的 IGCC 电站，1972 年在德国 Lünen 的斯蒂克电站试运，此方案是在增压锅炉型燃气-蒸汽联合循环的基础上设计的。该系统的总发电容量为 170MW，其中燃气轮机发电 74MW，蒸汽轮机发电 96MW，整个电站实际达到的供电效率为 34%。此方案开创了煤在联合循环中应用的先例，但是由于电站中采用的鲁奇气化炉运行很不稳定，粗煤气中又含有较多的煤焦油和有毒的酚，难于处理，致使该示范工程最终被迫停运了。

此后，1980～1981 年美国在路易斯安那州 Plaguemine 的 Dow 化工厂内还曾采用西屋公司 W191 型燃气轮机（功率仅 15MW）改烧过低热值合成煤气，这是美国第一座真正的 IGCC 示范电站。此后于 1994 年在路易斯安那州 Plaguemine 又建立了一座 IGCC 电站，采用一台 Destec 气化炉和两台功率为 105MW 的 W501D 型燃气轮机，在 1987～1995 年共燃用了 $3.7×10^4$t 烟煤，该项目称为 LGTI 工程。

1984 年，美国加利福尼亚州的冷水电站（Cool Water）是世界上公认的真正试运成功的 IGCC 电站。在该电站中，煤气化采用的是水煤浆进料的德士古喷流床气化炉，一开一备的配置保证了整个系统的运行可用率。在主气化炉后采用辐射冷却器和对流冷却器回收粗煤气的部分显热，以提高煤炭的能量利用效率，而备用气化炉则为水激冷式德士古炉。在动力岛部分，该电站采用 GE7001E 型燃气轮机，初温 TRIT 为 1085℃，压比为 11～12。该电站曾成功地运行了 4 年，共历时 25 000h。1989 年，当冷水电站 IGCC 电站完成示范任务之后，气化炉就被拆往堪萨斯州 Coffeyville 炼油厂，改用石油焦作为气化原料产生合成气，以生产合成氨。在该工艺流程中需要从合成煤气中分离并除去 CO_2。

美国冷水电站 IGCC 机组的成功运行，大大地激发了研究和开发 IGCC 的热潮。由此，在 20 世纪 90 年代形成了研究关键技术和发展建设 IGCC 电站的第一轮浪潮，在世界范围内建设或拟建设一大批各种类型的 IGCC 示范电站，其中部分项目如表 4-2 所示。

表4-2 第一轮高潮时世界上正在建设和拟建设的 IGCC 示范电站概况

系列	SCGP-1	SCGP-2	Krupp Koppers	干法供煤喷流床	水煤浆喷流床	水煤浆喷流床
公司	Demkolec	—	Krupp Koppers	ABB CE	Texaco	Destec
国家	荷兰	荷兰或美国	德国	美国	美国	美国
系统名称	DEMOKUSTEG	—	ELCOGAS	—	—	Wabash River
工艺状态	示范	示范	示范-商业化	示范	示范	商业性改造
所在地点	Buggenum	计划中	Puertollano	—	Tampa	West Terre Haute
项目现状	商业化运行	—	商业化运行	设计中	商业化运行	1992年开建
启动日期	1993年年底	—	1996年1月	1998年1月	1997年	1995年8月
净电功率/MW	253	400	300	60	260	265
供电效率(LHV)/%	43	46	45	45.4	42	40
气化炉	Shell 干法供煤 95% O_2	Shell 干法供煤 95% O_2	Prenflo 干法供煤 85% O_2	ABB CE 干法供煤 空气	Texaco 水煤浆 95% O_2	Destec 水煤浆 95% O_2
碳转化率/%	99	99	99	—	98	99
气化温度/℃	1500	1400~1500	1400	—	1370	1400
热态气效率/%	93	97.7	93	—	—	—
冷煤气效率/%	80~82	84	78	—	73~76	80
除灰脱硫方式选择	湿法脱硫	湿法除灰 湿法脱硫	干湿两法除灰 湿法脱硫	干法除灰 干法脱硫	湿法除灰 湿法脱硫	干法除灰 湿法脱硫
燃气轮机	Siemens/KWU V94.2 T_3=1105℃	GE9001FA 1260℃	Siemens/KWU V94.3 1250℃	GE7001F	GE7001FA 1260℃	GE7001FA 1260℃
蒸汽轮机	12.5/2.9/0.5MPa /511℃三压系统	10.3/2.5MPa/540℃/540℃	12.7/3.7MPa	16.87MPa/538℃/538℃		10.3/3.1MPa/510℃/510℃
厂用电率/%	11	12.83	10.45	—	19.75	11.5
比投资费用/(美元/kW)	1858	—	2303	4154	1900~2000	1511

分析这个发展阶段，可以发现：

1）人们正在大力探索气化炉结构的合理性。美国建设的六个示范工程，采用两种形式的以氧气为气化剂、水煤浆供煤的喷流床气化炉（Texaco 和 Destec），两种形式的空气鼓风、干法供煤的流化床气化炉（KRW 和 U-Gas），一种空气鼓风、干法供煤的喷流床气化炉（ABB-CE），以及一种以氧气为气化剂、干法供煤的液态排渣固定床气化炉（BGL）。在欧洲则侧重于开发以氧气为气化剂、干法供煤的喷流床气化炉（Shell 和 Prenflo），同时开发以空气鼓风、干法供煤的流化床气化炉（HTW）。当然，气化炉型式与所使用的煤种有密切关系，对于 IGCC 系统的设计、单机容量的大小、厂用电率、供电效率乃至比投资费用都有影响。

2）人们也正在探索"湿法除灰和常温脱硫"以及"高温除灰和高温脱硫"方案对于 IGCC 发电系统的适应性以及其对经济性的影响。

3）人们还在探索"完全独立的空分系统"以及"完全整体化的空分系统"，乃至"半独立的空分系统"对于 IGCC 的经济性和运行安全性的影响。

4）人们正在大力发展高温、高压比的先进燃气轮机技术，以及双压乃至三压的余热锅炉，使之成为提高 IGCC 系统供电效率的主要支柱。

5）人们力求把 IGCC 发电设备的单机容量做到 $300 \sim 400MW$，发电净效率达到 $44\% \sim 46\%$。

6）相应地，在一定程度上把 IGCC 的比投资费用和发电成本降低下来。当然 IGCC 比投资费用之下降，主要依靠技术进步、规模经济效应和批量生产这三个环节。

与此同时，IGCC 技术在煤化工和石化企业中获得了初步发展，开创和建立了一批以煤气化为核心的多联产能源系统。但是，1972～2007 年，世界上建成的 IGCC 装置（包括 IGCC 电站和多联产能源系统）共有 26 座，其总装机容量只有 4520MW，而目前尚在运行的纯发电 IGCC 电站只有 5 座，其余的都是石化企业中使用的多联产技术。应该说，这样的发展速度并不是人们所期望的，也就是说，经过 40 年的发展，IGCC 并没有真正发展成为一种能够与粉煤电站相竞争、并为人们迫切期望使用的洁净煤技术。

虽然 IGCC 技术发展缓慢，但仍取得了许多扎实的成果，主要体现在以下几个方面。

1）研究并开发成功一系列关键技术，经过实地运行，这些关键技术已能比较成熟地在 IGCC 示范工程中使用，或经受商业运行的考验。

多种形式的气化炉：水煤浆进料氧气气化的喷流床气化炉，如 Texaco、E-Gas 和我国华东理工大学的 ICCT 炉及清华大学的清华炉；干煤粉进料空气气化的两段喷流床气化炉，如三菱炉；干煤粉进料氧气气化的喷流床气化炉，如 Shell、Prenflo、GSP、我国的航天炉、热工研究院 TPRI 炉和余热回收型四喷嘴粉气化炉；流化床气化炉，如 U-Gas、KRW、HTW 和我国的灰熔聚流化床气化炉等；液态排渣式固定床气化炉，如 BGL。在这些气化炉中，喷流床气化炉已经在 IGCC 示范工程中得到考验和实际应用。

常温湿法脱硫和硫回收装置、中温、高温干法脱硫以及硫回收装置。

湿法除灰装置和干法除灰装置。

适宜于燃用低热值合成煤气的燃气轮机，如 GE 公司的 Fr7FA、Fr6B、Fr9E 与 Fr6FA，Siemens 公司的 V94.2、V94.2K 与 V94.3，三菱公司的 M701DA 与 M701F，以

及 Alstom 公司的 KA13E-2 等。

2）取得了一系列实际运行经验，为今后进一步开发 IGCC 技术和多联产技术积累了宝贵经验，探明了开发与研究方向。

3）在石化企业中打开了使用 IGCC 技术的方向，开创与建立了以煤气化为核心的多联产能源系统，并取得了经济效益和环保效益。

4）基本上掌握了优化设计和建设 IGCC 电站和多联产能源系统的方法，目前已经能够有把握地优化设计 250~600MW 等级的 IGCC 电站和多联产能源系统。

5）在某些发达国家已经初步建立起 IGCC 的研究、设计、生产和营销管理体系，以适应 IGCC 技术的发展需要，有可能满足小批量生产的要求。

在过去 40 年中，IGCC 技术没能在电力行业中推广使用的原因有以下几个。

1）廉价的清洁燃料——天然气抢占了发电行业市场的主要领域。

20 世纪八九十年代，世界上发现了大量价格便宜的天然气，便于开采、运输和应用。为此，各国政府都逐渐解除了不准许大量使用天然气进行发电的禁令，使得高效而又环保的天然气 NGCC 电站应运而生，并成为当今电力工业高速和经济发展的主干力量，由此影响了人们原先期望的想通过 IGCC 技术来实现洁净煤发电的愿望，因而开发 IGCC 技术的步伐放慢了。

2）作为一种以纯发电为目标的 IGCC 技术，在某些关键性的技术经济指标方面尚不能与超临界参数的粉煤电站竞争，致使 IGCC 技术不能被电力工业采用。这些指标对比如表 4-3 所示。

表 4-3　几种发电方式技术经济指标的对比

技术经济指标	无 CO_2 捕集的 IGCC	亚临界参数的粉煤蒸汽轮机电站	超临界参数的粉煤蒸汽轮机电站	烧天然气的 NGCC 电站
净发电效率（LHV）/%	40~42	36~40	40~43	>55
设备可用率/%	无备用炉时 80，最高 85	90~92	90~92	>98
比投资费用/（美元/kW）	无 CO_2 捕集时 2060	1735	1765	620
发电成本/［美分/（kW·h）］	8.3	6.8	6.7	6.7

在上述这些经济指标中，发电成本应是最终评价电站经济性优劣的指标。只有当 IGCC 电站的发电成本等于或低于同等容量等级并燃用同种煤的超临界甚至超超临界粉煤电站时，才有考虑建立 IGCC 电站的必要性。显然，目前 IGCC 技术尚未达到超临界参数粉煤电站的水平。直到如今，IGCC 技术的发展尚未能实现原先预定的应该在 2000 年达到的技术经济指标，即单机净功率 300~400MW、净热效率 45%~46%（LHV），比投资费用 1000 美元/kW 和设备可用率达到 85% 以上，这就影响了人们对 IGCC 技术的期望，致使其短期内难以被接受。通过 IGCC 电站的实际运行，人们发现这类发电设备还具有前面提到的那些缺点，又由于该技术是一种新生事物，操作方法与一般电站有所不同，调试过程中不可避免地会发生许多事故，这些都使得人们对使用 IGCC 技术持观望态度。

3）在第一轮发展高潮时，世界上建立的一批 IGCC 示范工程中，由于当时一些气化炉技术尚未过关，需要进一步深入研究，致使项目相继失败，计划被迫中止。这就进一步对开发 IGCC 这种投资费用很大、耗时很长的项目产生了动摇，发展的速度显著地拖延了。

总而言之，经过近 40 年的发展，IGCC 技术虽然没能与超临界参数粉煤电站竞争，但作为一种污染排放特性极优的洁净煤发电技术，已被深入地研究和试验，使之初步具备了小批量生产的条件。

虽说 IGCC 技术尚未能被广泛应用，但是人们也从未有放弃过发展这种技术的愿望，相反地，某些关键技术仍在继续加紧开发之中。支持该技术继续发展的动力来自以下三个方面：

1）近年来天然气工业的发展和价格曾一度发生过波动，使人们重新感觉到有必要再次使用储量丰富而价格低廉的煤来清洁发电，显然 IGCC 技术是优选项之一。

2）人们基本摸清了 IGCC 技术的特性，为该技术的扩大使用开辟了新的市场。例如，煤化工项目、煤制合成气与天然气以及 CO_2 的捕集等领域，特别是在石化领域，开创了在石化企业中建立以煤气化为核心的多联产能源系统的道路。实质上，这就是使 IGCC 技术与石化企业中的生产流程紧密结合起来，其结果必然是为石化企业在经济上和环保方面带来巨大的利益。

如前所述，如今运行的 IGCC 大多是在石化企业，如美国的 Eastman Chemical、意大利的 ISAB Energy 等工程，在这些石化企业中机组的发电容量甚至比纯发电的 IGCC 示范电站还要大，如在 ISAB Energy 工程中，多联产过程的净发电功率达 512MW，而在 Buggenum 纯发电的 IGCC 示范电站中只有 260MW。这种结合甚至可以为今后有可能发展起来的氢能源经济提供物质基础。IGCC 技术在石化企业中的使用有利于克服该技术在电站中使用时的局限性。因为气化炉、制氧设备以及合成气净化处理设备本来就是石化企业生产过程的必备装置，这些设备并不会增大其生产成本，反而会由于 IGCC 技术的引入，有利于石化企业选用容量更大、性能更加先进的气化炉，它既能改善气化过程的经济性，又能利用规模经济效应使生产成本降低。此外，在石化企业中为了确保生产过程的稳定性，必须设置备用气化炉，这样就能确保气化炉的可用率提高到 92% 以上，有利于提高石化企业中发电设备的年运行小时数、降低发电成本。此外，IGCC 技术的引入还将大大改善石化企业生产过程的环保特性。显然，这项成果为 IGCC 设备的小批量生产提供了市场。

3）IGCC 技术固有的、优越的环保特性，为该技术的再度兴起奠定了基础。IGCC 环保特性的优越性是世人公认的，污染排放量只有超临界煤粉电站的 33.87%。

IGCC 技术之所以具有优越的环保特性，主要是由于只需要对数量远少于燃烧产物的燃料进行脱除污染物处理。在合成煤气中污染物的浓度高，处理设备尺寸小且设备投资费用低，处理效果既好又便宜。这个优越性在要求发电设备捕集 CO_2 的今天，显得尤为重要，因而 IGCC 技术重新被人们关注起来。

根据国外的价格体系计算得到，当亚临界参数的粉煤电站、烧天然气的 NGCC 电站以及煤基 IGCC 电站被要求捕集 CO_2 时，电站的功率与效率、比投资费用乃至最终发电成本都将发生严重变化，如表 4-4 所示。

表 4-4　美国联邦能源技术中心提供的几种方式中比投资费用和发电成本的对比

发电方式		比投资费用/（美元/kW）	发电成本/［美分/（kW·h）］
IGCC 电站	不捕集 CO_2	2060	8.3
	捕集 CO_2	2800	11.4
亚临界粉煤电站	不捕集 CO_2	1735	6.8
	捕集 CO_2	3240	12.7
超临界粉煤电站	不捕集 CO_2	1765	6.7
	捕集 CO_2	3215	12.3
烧天然气的 NGCC 电站	不捕集 CO_2	620	6.7
	捕集 CO_2	1310	10.1

当有 CO_2 捕集要求时，倘若 IGCC 的比投资费用比超临界粉煤蒸汽电站增加不多，那么在几种燃煤发电方式中，IGCC 电站（IGCC+CCS）的发电成本可能是最低廉的。这就为大力推广 IGCC+CCS 发电方式提供了强有力的支撑。该方案之所以能够胜出，主要原因在于：脱碳过程是在数量较少的燃料合成气中通过变换反应完成的。这种脱碳反应所需的设备较少，比投资费用的增量有限。

但必须注意：对我国来说上述这个结论不一定适用。因为目前在我国 IGCC 的比投资费用要比国外贵很多，它与我国超临界粉煤蒸汽电站比投资费用的比值高达 2～3，而不是国外计算时取的 1.167。

如前所述，由于 IGCC 技术在石化系统的应用效果得到肯定，同时为解决世界范围内温室气体效应的负面影响，采用多联产技术和 IGCC+CCS 可能是一条有效的途径，由此在当今的世界上引来了一个发展和使用 IGCC 技术与多联产技术的新高潮，主要表现在以下几个方面。

1）随着各国政府对碳排放问题的日益重视，要求发展 IGCC 的积极性有很大的提高，如美国 DOE 提出了发展 IGCC 技术的前 Future Gen 计划，拟在 10 年内投资 10 亿美元，建立一个功率为 275MW、比投资费用为 1000 美元/kW、净效率为 50% 高位发热量（HHV）近乎零排放的 IGCC 示范和验证厂。此后于 2012 年再设计一个商业运行的 IGCC 电站，净效率为 60%（HHV），CO_2 被分离出来，同时生产 H_2，要求 H_2 的批发价达到 3.19 美元/GJ 的水平。2015 年计划再设计由燃料电池和联合循环机组组合的 IGCC 电站，其净热效率为 65%（HHV），比投资费用下降到 850 美元/kW。应该说这些指标都是相当先进的。与此同时，还加强了对下一代 IGCC 关键技术的研究，如对高性能低造价气化炉的研究，对离子转移膜制氧技术的开发，对中温煤气净化系统的研究，以及对高温高压高效氢气轮机的研发。这一事实充分说明，政府部门为了缓解环境污染正加紧进行开发 IGCC 技术的尝试①。

2）使 IGCC 设备的制造商与电站的设计单位组成设计和制造 IGCC 的工程联合体，向市场提供 600MW 的标准化设计与设备，并承包 IGCC 的交钥匙工程，这样就能降低

---

①上述指标似乎有些过分先进，暂时恐难于实现。

投资费用，缩短建设周期，使工程从设计、设备安装到投运的周期由以往的 5 年下降为 3.5 年。具体做法是，美国 GE Energy 公司收购了 Texaco 气化炉，并与著名的设计公司 Bechtel 结盟；拥有 E-Gas 气化炉专利的 Connocophilips 公司与 Flour 工程公司结盟；而欧洲的 Siemens 公司则收购 GSP 喷流床气化炉，同时在收购美国西屋透平制造厂后，开始接受和参与由美国 DOE 组织的有关 IGCC 关键技术的研究工作。此外，GE 公司和 Siemens 公司都提出了 600MW 等级的 IGCC 电站的参考设计。日本的三菱公司则于 2003 年 6 月 30 日开始在日本 Negishi 的 Nippon Petroleum Refining 正式投运了日本第一座商业性的 IGCC 电站，其毛功率为 433MW，净功率为 348MW，毛效率为 46.9%。此后三菱公司又开发了部分掺混 O_2 的空气气化的干粉供料的 2 室 2 段喷流床气化炉，并于 2007 年成功地运行了 250MW 等级的煤基 IGCC 电站，其净效率为 42%（LHV），致使日本成为世界上第 3 个具有独立开发和设计制造 IGCC 电站关键设备的国家。此后三菱公司拟用 M701F 机组建立功率为 450MW、净效率为 45%~46%（LHV）的 IGCC 电站，并用 M701G 机组来建立功率为 650MW，净效率有望达到 48%~50%（LHV）的 IGCC 电站。显然，世界上这三大发电设备制造商能够采取如此强有力的措施，来促进 IGCC 技术和多联产技术的发展，必然是由于客观存在着 IGCC 商机的缘故。

3）由国家提供政策，鼓励和促使独立发电厂（IPP）和公用事业电力公司自费建设 IGCC 电站，以便与煤化工和石化企业一起形成相对稳定的 IGCC 技术用户群体，逐渐培养起 IGCC 技术设备和供求市场关系。

据到 2007 年 2 月的不完全统计表明：世界范围内准备新建的 IGCC 电站和多联产能源系统共有 81 项，总功率超过 20 000MW，其中 37 项是多联产技术。除了生产电能外，还生产蒸汽、氢气、甲醇、二甲醚、尿素、合成氨、酸和液体燃料等。另有 11 项则是生产合成天然气，其中还包括我国福建炼油厂的多联产乙烯工程。很明显，这次高潮的特点就是在国家的鼓励和政策的支助下，力求使 IGCC 技术正式转化为生产力，并以 IPP 和公用事业电力公司以及煤化工与石化企业为对象，逐渐形成 IGCC 的稳定的供求市场。

4.2.2　IGCC 技术的实际使用情况与目前达到的水平

1972~2007 年，世界上建成的 IGCC 装置（包括 IGCC 电站和多联产能源系统）共 26 座，总装机容量为 4520MW。目前尚在运行的纯发电 IGCC 电站有 5 座，其余都是在石化企业中使用的多联产技术。

目前 IGCC 技术究竟发展到什么程度？是否确实具备了其他发电设备所缺少的、无可争辩的特点和条件，而能独树一帜地与超临界或超超临界参数的粉煤电站相竞争呢？这一问题可通过对表 4-3 和表 4-5 的分析，加以剖析。

1）单机容量：目前超临界或超超临界参数粉煤电站的单机容量可以达到 600~1000MW 等级，相对应的单轴 IGCC 电站的单机容量已达到 360MW，若采用 2+2+1 双轴布置方案，那么电站的净功率可以达到 600MW 等级，这是毫无疑问的。研究表明，对于 IGCC 电站来说，600MW 等级正好是 IGCC 电站规模经济效应所对应的功率值，功率过高反而会有负面效应。由此可见，IGCC 电站容量虽然比超临界或超超临界粉煤电站小一些，但不应对其应用产生影响。

表 4-5 目前世界上建成并正在运行调试的纯发电 IGCC 概况

项目名称	荷兰	西班牙	美国	美国	日本
系统名称	Demkolec	Elcogas	Wabash River	Tampa	Nakaso
工艺状态	示范	示范-商业化	商业性改造	示范	示范
启动日期	1993 年年底	1996 年 1 月	1995 年 8 月	1997 年	2010 年
净电功率/MW	253	300	265	248.5	220
供电效率设计值（LHV）/%	43	45	40	42	42
供电效率实测值（LHV）/%	43	≈43	40	37.8	42.4
气化炉	Shell 95% O_2	Prenflo 85% O_2	Destec 95% O_2	Texaco 95% O_2	MHI，空气
碳转化率/%	99	99	99	95	99.8
气化温度/℃	1500	1400	1400	1370	1204
热煤气效率/%	93	93	—	<90	—
冷煤气效率/%	80~84	78	80~81	70~73	75.3
除灰脱硫方式	湿法除灰脱硫	干湿两法	干法除灰湿法脱硫	湿法除灰脱硫	干法除灰湿法脱硫
燃气轮机	Siemens/KWU V94.2 TRIT=1105℃ 150MW（毛功率）	Siemens/KWU V94.3 TRIT=1250℃ 190MW（毛功率）	GE7001FA TRIT=1260℃ 198MW（毛功率）	GE7001FA TRIT=1260℃ 190MW（毛功率）	M701DA 124.2MW（毛功率）
蒸汽轮机	12.5MPa/510℃ 2.9MPa/511℃ 0.5MPa/2.5kPa 128MW（毛功率）	12.7MPa/3.7MPa/7kPa 145MW（毛功率）	9.25MPa/538℃/538℃ 104MW（毛功率）	10.1MPa/538℃/538℃ 125.2MW（毛功率）	125.8MW（毛功率）
厂用电耗率/%	10.92	10.45	11.49	21.19	12
比投资费用/（美元/kW）	2000	2303	1511	1900~2000	—
运行可用率/%	>85（1997 年）	66.1（2002 年）	84.4（1992 年）	77（2002 年）	—

2）供电效率：目前我国自行设计制造的超超临界粉煤电站的净效率已达到 43.2%（上海外高桥电站的机组），而西班牙 Puertollano 的 IGCC 电站在使用 F 级 NGCC 机组的前提下，即使蒸汽循环系统的背压比较高（7kPa），IGCC 电站的净效率也能达到 43%。显然，假如今后选择 FrG 级、FrH 级或 FrJ 级燃气轮机来组成 IGCC 电站，其供电净效率会超过超临界或超超临界的粉煤电站。可见，就发展趋势而言，今后 IGCC 电站的供电效率可与超超临界粉煤电站相竞争。

3）电站的运行可用率：在不设置备用气化炉的前提下，IGCC 电站的运行可用率一般只能达到 80%～85%，低于超临界或超超临界的粉煤电站。

4）电站设备比投资费用：我国自行设计制造的超临界和超超临界粉煤电站的比投资费用相当便宜，一般为 3800～4000 元/kW；而 IGCC 电站的比投资费用要高得多，在天津开发区建立的 200MW 等级 IGCC 电站的比投资费用在 10 000～12 000 元/kW，这说明目前 IGCC 电站的发电成本要比超临界或超超临界粉煤蒸汽电站高。

5）污染物排放：IGCC 电站的污染排放量要比同等功率且燃烧同样煤种的超临界粉煤电站少得多，前者污染物排放量只有后者的 33.87%。显然，这是 IGCC 发电设备最突出的优点。

从纯发电的角度来看，IGCC 技术的发展比不上超临界和超超临界粉煤电站的主要原因在于前者的比投资费用过高，且运行可用率较低，使其发电成本高于后者。

因而，为了在我国电力系统能够利用 IGCC 的优良环保特性以及提高热效率的潜在能力，必须努力降低 IGCC 技术的比投资费用，同时提高其运行可用率，最终促使其发电成本大幅降低。

至于 IGCC 技术用于煤化工和石化企业，优势较明显。例如，我国自行设计、制造和运行的兖矿集团 IGCC 多联产发电/甲醇示范工程，设备可用率达到 90%，供电煤耗仅为 311gce/（kW·h），低于目前 600MW 级燃煤电站的 324gce/（kW·h），同时其污染物排放水平也优于常规燃煤电站。

4.2.3　IGCC 技术的改进方向与发展展望

IGCC 技术虽然已有 40 年的发展历史，但至今仍有许多问题需要深入研究。例如，气化炉对燃料的适应性问题、制氧方法及其对 IGCC 性能和经济性的影响，煤气显热更充分利用等问题。这些问题不仅关系到 IGCC 技术的经济指标，同时还影响到 IGCC 整体设备的运行可用率和可靠性。下述一些课题是当前世界各国所热衷研究、并已初步取得成效的，这些课题的解决将使其投资费用有相当程度的下降，能大大促进 IGCC 技术的发展。

4.2.3.1　PWR 高温紧凑式气化炉

气化炉及其系统是制备合成煤气的关键部件，它的特性指标如碳转化率、冷煤气效率、热煤气效率、原料喷嘴和高温耐火材料的使用寿命、氧气的消耗率、合成煤气的成分、热值与产气率、单台气化炉的容量（即每天的燃料耗量和单位时间内单位气化炉面积上的燃料消耗量）等，对整个 IGCC 的热效率、可用率和比投资费用都有重要影响。此外，我们还希望气化炉能燃用多种燃料，并具有较广的负荷调解范围。

到目前为止，只有喷流床气化炉（不论是水煤浆供料方式还是干煤粉供料方式）在 IGCC 技术中获得了成功应用。水煤浆供料的气化炉的冷煤气效率可以达到 72%~76%，碳转化率可以达到 96% 以上，耐火材料的寿命为 2 年左右，燃料喷嘴的寿命为 3~6 个月，水冷壁炉膛连续运行时间可提高到 1 年以上。干煤粉供料气化炉的冷煤气效率可以提高到 80%~84%，碳转化率可达 99%，采用寿命更长的水冷壁炉膛，燃料喷嘴的寿命可提高到 1 年。通常认为，使用干粉供料喷流床气化炉的 IGCC 电站之净热效率要比采用水煤浆供料的气化炉高 1.5~2 个百分点，但气化炉的操作要求更加严格，尤其是燃料的灰熔点必须稳定，价格也要高 15% 左右。

为了改善 IGCC 电站的热效率、降低比投资费用、延长气化炉的使用寿命以提高电站可用率，最终达到降低发电成本的目的，美国 DOE 正在支持开发 PWR（Pratt Whitney Rockdyne）高温紧凑式气化炉。该气化炉是一种氧气鼓风、干法供煤、单向流动的喷流床气化反应器，采用在火箭发动机上传统使用的多个快速混合式燃料喷嘴，能使喷入的煤颗粒快速加热到 2760℃，加热速率为 10^7℃/s，使煤粒在距喷口很近的地方发生气化反应，其气化停留时间非常短，能使煤粒的停留时间高度均匀化，以保证碳转化率接近 100%，并使气化效率增高。这种高速气化过程需要的反应容积只有传统气化炉的 1/10，由此可以缩小气化炉的尺寸，大大减少气化炉的投资费用。喷嘴的面板采用水冷却方式，可以保证喷嘴的服务寿命能与电站停机大修的平均周期相对应。该气化炉可以在高压的超浓相流动状态下工作，在气固两相混合物中煤粒的含量高达 45%。反应器的壁面是用水冷壁冷却的。当合成煤气离开气化炉时，向高温煤气喷水，使其激冷到 371℃。

该气化炉与目前采用的常规喷流床气化炉的主要区别在于，采用多个（6~36 个）快速混合式气固两相流的燃料喷嘴；取消常规的价格昂贵的锁气器式供煤系统，改型设计成为由干法供给固体颗粒的挤压泵（或称干粉泵）和超浓相气固两相流均匀分配器组成的、直接向快速混合式燃料喷嘴供给煤粉的系统；采用压力高（7MPa）、容积尺寸小的气化反应器（3000t/d、600MW 气化炉的内径只有 0.914~1.219m）；采用基于火箭发动机经验的先进的易于更换的气化炉耐热炉衬，其寿命是常规炉衬的 2 倍，目标是 10 年或者更长一些。

采取以上措施后的最终结果（目前只是通过计算）是，与常规的气化炉相比气化炉价格可以减少 50%，IGCC 的净效率可以提高 3 个百分点，发电成本可降低 15%~18%，IGCC 电站的比投资费用可下降 10%~20%（相对 Texaco 与 Shell 气化炉而言）。气化炉系统的可用率有可能高达 99%，无须设置备用气化炉，这是由于该气化炉采用了长寿命的部件，并具有快速检修和更换零部件的能力以及检修时间短的缘故。

目前已对 400t/d 气化炉的快速混合式燃料喷嘴进行了试验，气化炉压力为 7 MPa。18t/d 等级气化炉的小型试验已经完成，技术经济指标均符合设计要求。400t/d 等级气化炉的试验即将开始。在此基础上将设计容量为 3000t/d 的气化炉，拟采用 36 个喷嘴。预计于 2010~2015 年进行商业规模的示范性试验。

干法供煤可以提高气化炉的冷煤气效率，这是由于在气化炉中没有必要为蒸发大量的水分而多烧煤，也就是说在生产同等煤气热量的前提下，干法供料气化炉的供煤量可以减少，相应的就可以减少气化炉的耗氧量，以及在空气分离装置（ASU）前压缩空气的耗功量。但是在固体干法供煤时，为了清除 CO_2 必须从汽轮机中抽取较多的低压水蒸气，这会减少汽轮机的做功量。总起来说，IGCC 的净发电功率稍有减少。但是气化炉的耗煤量恰会减少相当多，其最终结果是机组的净效率会增高 0.8 个百分点，全厂的比投资费用下降 7 美元/kW，而发电成本则减少 9.9 美元/（MW·h）。

当气化只是用于发电，采用干粉气化对热效率的改善是有益的。但当 IGCC 与煤化工联产时，由于化工中需要更多的是 H_2，此时干粉气化的优势就不明显了，甚至从整体经济性上来看，可能低于水煤浆气化，这取决于化工工艺和产品的技术路线。

4.2.3.2　采用先进的燃气轮机技术

选用 TRIT 初温更高的 FrG 型和 FrH 型燃气轮机来组成 IGCC 电站的发电系统，提高 IGCC 电站的单机容量和净效率，发电成本就可以相应地降低。目前，FrG、FrH 型燃气轮机已经试制成功，只是燃烧室改烧低热值煤气的研究正在进行中，而功率与效率更高的 FrJ 型机组则已在做台架试验了。

由于今后实际使用的 IGCC 有可能被要求在燃烧前脱除 80%~90% 的 CO_2，即供燃气轮机燃烧的主要是含氢量很高的气体燃料，为此必须开发燃烧 H_2 的燃气轮机。为了进一步提高 IGCC 热力循环的效率，研究表明，当把透平第一级动叶前的燃气温度 TRIT 提高到 1537.8~1648.9℃水平时，还应把整机的压缩比由现在的 20∶1 提高到 30∶1。

从经济上讲，提高压缩比可以使气化岛的尺寸和造价减少很多，这是与前述的发展高压紧凑式气化炉的要求一致的，但是高压、高温和高流率的燃烧 H_2 的燃气轮机，在燃烧室与透平的设计方面都会有很大的困难。

显然，设计燃烧 H_2 的低污染燃烧室以及先进的燃气透平在技术上都是巨大的挑战。美国计划于 2015 年对适宜于燃烧 H_2 和合成气的这类燃气轮机进行商业示范性的验证运行。该 IGCC 电站具有燃烧前捕捉 80%~90% CO_2 的能力，NO_2 的排放量小于 3×10^{-6}mg/Nm^3，供电效率可提高 3~5 个百分点，比投资费用有可能降低到 1000 美元/kW 以下。不过，在当前的 Future Gen 计划中，仍然以 FrG 型和 FrH 型燃气轮机作为改烧合成煤气的主要改型母机。

4.2.3.3　研制离子转移膜技术的制氧设备与系统

目前，广泛采用的深冻法制氧技术（ASU）虽然是安全可靠的，但是其投资费用和能耗都很高，已成为 IGCC 电站发电成本高、净效率低的主要障碍之一。据统计，ASU 的投资费用约占 IGCC 电站总投资费用的 15%，其能耗则要占电站毛功率的 10%~15%。

20 世纪 90 年代末，Air Products & Chemical 公司开发了离子转移膜（ITM）制氧技术，它是一种依靠氧气分压梯度的驱动，通过一个很薄的陶瓷膜，一步完成的电化学制氧过程。由于在该陶瓷膜的结晶结构中含有氧离子空穴，氧气就可以通过这些空穴进行扩散，从而使 90% 以上的氧气从空气中分离出来。试验表明，制氧效果最佳的温度范围是 815.6~926.7℃，空气中含有的其他气体，如 N_2、Ar、CO_2 等将被陶瓷膜拒绝通过，而留存在热的污浊的排气中，最后都需返回到燃气轮机的燃烧室中参与循环流程。

预测 ITM 技术能达到的目标是：

1) 制氧费用减少 1/3，相当于按 IGCC 电站净发电功率计算的制氧比投资费用为 100 美元/kW。

2) IGCC 电站的比投资费用减少 7%～9%；

3) 制氧功耗降低 35%～60%，因而可以使 IGCC 电站的净效率至少提高 1 个百分点。

4) 2009～2010 年开始试验容量为 150 t/d 的机组，2012～2013 年则试验容量为 2000 t/d 的大型制氧机。

4.2.3.4 中温干法脱硫工艺

目前，在大多数的 IGCC 电站中，粗煤气的脱硫过程总是在常温条件下进行的，为此，粗煤气在离开气化炉后，必须经历一系列降低效率的激冷处理和低温冷却，使其温度降到 37.89℃后，才能用吸收剂来处理含硫 ［H_2S+碳基硫 COS］ 的酸气，在这个过程中合成煤气的能量品位被降低，循环能耗增大，而且还必须设置许多复杂的系统和庞大的设备，这样就会增高建厂的比投资费用和运行维护费费用，最终导致发电成本增高。

在中温脱硫工艺中，脱硫过程是在 480～538℃的温度条件下进行的，这样就可以减轻气化炉后粗煤气在诸冷却器中冷却降温的程度，其最终效果是使 IGCC 的比投资费用降低、循环效率提高。

在中温脱硫工艺中脱硫吸收剂是氧化锌（ZnO），它与粗煤气在转移床反应器（transport reactor）的容器中混合接触，使 ZnO 与酸气中的 H_2S 和 COS 起化学反应，转化成为 ZnS；此后在 ZnO 的再生阶段中，使硫元素以 SO_2 的形式被分离出来，即 ZnS+ $3/2O_2 \longrightarrow ZnO+SO_2$；最后 SO_2 被送到高温硫回收装置中提取，以元素硫的形式被回收。在高温的硫回收装置之前，SO_2 的初始浓度低于 8000ppm[①]，回收装置后排出的废气中无法测到 SO_2 的含量。粗煤气中原先含有的 H_2S 和 COS 清除率高达 99.97%。

在上述 ZnO 再生过程中消耗的氧气是直接从大气中吸入，经压缩后供入再生器。再生过程是一个放热过程，其释放的热量被用来生产水蒸气，供汽轮机做功，以便回收能量。经过以上中温脱硫处理后的合成煤气将继续流经两级气/水变换反应器，使煤气在温度分别为 343.3℃ 和 237.8℃ 条件下脱除 CO_2。在此过程中还能使合成煤气中含有的 NH_3、Hg 以及其他微量元素被分别清除掉。

但是必须注意，上述清除多种污染物的控制吸收过程（MCC）都应在露点温度以上的条件下进行，以防合成煤气中的水蒸气被凝析出来。这种处理方法可以使合成煤气中的 NH_3 含量从原先的 500ppm 降至小于 20ppm，HCN 的含量则从 50ppm 降至 1ppm，即它们的脱除率分别为 96% 和 98%，Hg 的脱除率可达 90%～95%。

在 MCC 处理完多种污染物后，洁净的合成煤气还要被再加热到 371℃，以便利用 HTM（hydrogen transport membrane）来使变换反应后生成的 H_2 和 CO_2 彼此分离。

美国国家能源技术实验室（NETL）的研究表明，采用中温干法煤气净化方法来处理 S、NH_3、Hg 和其他微量污染元素，同时采用 HTM 膜分离技术来分离 H_2 与 CO_2 的方

---

①1ppm＝10^{-6}，此处为体积数。

案，相对于采用两级常温 Selexol 过程的湿法脱硫和分离 CO_2 的方案来说，可以简化系统的设备，并节省大量能量消耗。其最终的结果是，电站的净热效率将增高 3.7 个百分点，比投资费用降低 418 美元/kW，发电成本下降 13.4 美元/（MW·h）。

目前，0.5MW 等级的上述净化方案已在 Eastman Chemical 工厂试验成功，并运行了数千个小时，50MW 等级的装置将于 2012 年在 Tampa 电站试运。实践表明，当脱硫过程由原设计的常温法改为中温法后，IGCC 的净效率将从 39%（LHV）增为 43%（LHV），净功率将增大 10%。机组功率增大的原因是，厂用电消耗减少，在中温法的再生过程中回收的蒸汽又能使汽轮机多做功。由此可见，脱硫过程改用中温法后，效果是明显的。

总之，IGCC 技术是一项方兴未艾的洁净煤技术，它具有高效和洁净利用煤炭资源的潜能，值得人们重视。目前已在煤化工和石化企业中以 IGCC 多联产的形式获得青睐和充分肯定，今后必将有更大的发展前途。由于纯发电的 IGCC 技术在比投资费用和可用率方面暂时还不及超临界或超超临界粉煤电站，一时尚难推广使用，但其环保特性能优越，同时具有提高供电效率的最佳潜力，有朝一日必将会异军突起，为人类的电力事业做贡献。

4.3　IGCC 在中国的发展情况与前景

4.3.1　IGCC 在中国的发展情况

IGCC 作为一种颇有前途的洁净煤技术，在我国的发展情况不甚理想，甚至是相当滞后的。然而，我国科技界对 IGCC 技术的关心和接触却是比较早的。20 世纪 80 年代初期，正当美国 DOE 选定 Daggett 的冷水电站作为美国第一个 IGCC 示范厂进行首次开发性研究时，中国科学院就曾被邀请入股该项目，允许派人参加研究和试验工作，并享有获取和使用冷水电站 IGCC 试验结果和资料的权利，可是这个邀请最终被有关部门谢绝了。主要原因是：当时我国电力工业使用燃气轮机的条件尚未成熟（缺油、缺天然气，又缺乏自主设计和制造工业燃气轮机的能力），当然也就体会不到急需使用煤制合成气发电的必要性。

但是，在此阶段我国科技界、动力工程界和汽轮机制造厂的工程师们曾在苏州和哈尔滨先后开过两次 IGCC 研讨会，计划在哈尔滨建造一座热电联供型的 IGCC 示范厂，来解决哈尔滨市当时急需的冬天供热问题。当然，最终这个设想没有实现。主要原因是，当时我国缺乏比较先进和可靠的气化炉技术，致使直接关系到人民群众冬季供热大事的工程缺乏成熟技术的支持。

此后，1984 ~ 1988 年，冷水电站 IGCC 示范工程成功地连续运行，促使在世界范围内掀起了兴建 IGCC 电站的第一次高潮，我国的电力行业也行动了起来。在原国家科委和电力部科技司的领导下，中国科学院工程热物理所、西安热工研究院、华北电力设计院、清华大学、哈尔滨汽轮机厂和上海发电设备成套研究所等单位的部分科技人员、教师和工程师们共同参与，构建了一支研发 IGCC 理论、设计并推进在我国建设一座 300 ~ 400MW 等级、供电效率为 43% ~ 45% 的 IGCC 示范电站的技术队伍。在原国家科委的领导下，还组织了由原国家科委、原国家计委、原国家经贸委（简称三委）、原电力部、原机械部和原煤炭部（简称三部）参加，由科委高新技术司领导的 IGCC 项目领导小组、IGCC 专家组和 IGCC 办公室主持，在我国山东烟台建设 IGCC 电站的事宜。通过 2～3 年的共同努力，并邀请外商（Texaco 公司、Shell 公司、GE 公司、Siemens 公司）进行技术交流，甚至参与 IGCC 电站关键设备的投标工作，我国第一座指标比较先进的 IGCC 示范电站就将开始兴建了。与此同时，国家科委还为此工程设立了许多攻关项目，以保证该工程能立足于科学研究的基础上。

遗憾的是，由于当时正值国务院某些部委机构进行大变革，原电力部被取消了，全国电力的管理机构改编成为电网公司、发电公司和行业协会等，正在招标筹建的山东烟台 IGCC 示范电站，瞬时之间失去了领导的支持，逐渐烟消云散了。但在"863"等计划的支持下，有关 IGCC 的基础研究工作总算保持了下来，而且向自主开发的方向前进着，同时还完成了几项对发展我国 IGCC 技术颇有作用的工作。

1）在有关部门的支持下，华东理工大学与山东兖矿集团合作，成功开发了水煤浆供料方式的煤气化炉，其性能优于德士古气化技术，研究成果已转化成为生产力。目前在国内已推广使用该种气化炉 40 余台，单机容量已达 2000t/d，这项成果打破了外国公司对我国气化技术的长期垄断。

2）南京汽轮电机厂与 GE 公司合作，为我国冶金工业提供了以高炉煤气为燃料的燃气轮机（NGCC）机组，运行成功。它为我国提供了用"功率封顶"的原则来改型设计NGCC 机组，使之成功地燃用低热值煤气 NGCC 机组的经验。

3）由山东兖矿集团会同中国科学院工程热物理研究所、上海华东理工大学和南京汽轮电机厂，共同完成了一套我国自行设计制造的 IGCC 多联产甲醇和电力的联产装置。该项目所用的气化炉及其粗煤气净化、显热回收系统，灰渣处理系统，乃至燃气轮机燃烧室都是由我国自行设计和制造的。多年来的运行经验表明，该项目的诸多系统性能与环保质量都是优秀的。

4）在原电力部科技司的领导下，由西安热工研究院牵头，会同清华大学、华北电力设计院等 11 个单位组成了我国 IGCC 示范项目技术可行性研究课题组，进行技术可行性研究，为我国培养了一批热衷于 IGCC 事业的技术骨干，同时为拟建的 IGCC 示范项目从技术上把好质量关。

5）配合拟进行的 IGCC 关键设备的招标工作，由华北电力设计院与 Texaco 公司和Shell 公司一起，对采用水煤浆 Texaco 气化炉的激冷式和全热回收式 IGCC 发电方案，以及采用干煤粉的全热回收型 IGCC 发电方案，进行了初步设计和技术经济评估，即完成了招标前的预可研工作。

6）国家发展和改革委员会（以下简称发改委）正式批准在清华大学成立由清华大学、上海电气、哈尔滨动力设备股份公司、东方电气、南京汽轮电机集团公司以及中国电力工程顾问集团等单位联合组成的煤气化燃气轮机研究开发中心，联合开发和自行设计燃气轮机样机，并在此基础上研发 IGCC 技术。

总之，通过上述工作，为我国培养了一批熟悉 IGCC 技术的工程技术人员，并为今后设计和建设 IGCC 项目在技术上、思想上和组织上做好了准备。由此在"十一五"期间，配合国际上正在掀起的第二个兴建 IGCC 项目的高潮，我国也出现 10 余个项目向我国发改委提出立项要求，如表 4-6 所示。其中第 4 项已建成投运，第 5 项和第 7 项正在建设，第 1 项刚建成正在调试投运，其他项目都在待批之中。其中第 1 项"绿色煤电"是我国第一座商业规模的 IGCC 项目，除了从 Siemens 公司购置 V94.2K 燃气轮机外，其他设备都由国内自行设计和制造。

绿色煤电工程将分成以下三个阶段来完成。在第一个阶段中，电站将燃用由 TPRI 气化炉（由西安热工研究院研制开发）生产的合成煤气发电 250MW（毛功率），该气化过程的特点是在燃烧前从燃料中分离化学污染物如 H_2S 和固体颗粒，而且还进行小规模的 CCUS 试验，以便验证提取 CO_2 的技术和封存方案的正确性和可行性。动力岛要实现发电、供热和供合成煤气的多联产要求。第一阶段中还要调试 2000t/d 的 TPRI 气化炉。该工程的工艺参数为：

气化炉：TPRI　　　　　　　功率：250MW（毛）
燃气轮机：Siemens V94.2A　　净效率：41%（LHV）
空分设备：Kai Kong　　　　　SO_2：<1.4mg/Nm^3
蒸汽轮机：上海电力　　　　　NO_x：52mg/Nm^3
余热锅炉：杭锅

表 4-6　我国申请立项拟建或正在建设的 IGCC 项目

编号	项目名称	电站性质	容量等级	状态
1	天津华能滨海绿色煤电工程示范项目	纯发电	1×250MW	建成，正在调试
2	华电杭州半山 IGCC 工程示范项目	纯发电	1×200MW	报批
3	中广核东莞电化太阳洲 4×200MW IGCC 示范工程项目	纯发电	4×200MW	报批
4	山东兖矿国泰化工有限公司 IGCC 多联产项目	多联产	1×42MW	运行
5	福建炼油/乙烯一体化工程项目	多联产	2×170MW	在建
6	中广核东莞电化虎门 300MW IGCC 改造工程	—	—	可行性研究
7	中广核东莞电化天明 120MW IGCC 改造工程	—	—	在建
8	大唐沈阳 4×400MW IGCC 热电厂	发电供热	4×400MW	报批
9	大唐顺义绿色环保 IGCC 热电厂	—	—	报批
10	大唐盘山发电公司天津 IGCC 热电厂	—	—	报批
11	大唐深圳 IGCC 多联产项目	多联产	1×400MW	报批
12	中电投廊坊 IGCC 热电联产项目	发电供热	1×400MW	报批
13	中国神华内蒙 IGCC 项目	—	—	报批
14	广东国华惠州煤基多联产 IGCC 项目	—	—	报批
15	国电海门 2×400MW IGCC 项目	纯发电	1×400MW	报批
16	中国烟台发电厂 IGCC 项目	纯发电	1×400MW	预前期工程设计
17	大唐东莞麻涌 IGCC 项目	纯发电	2×400MW	报批

在第二阶段中把发电功率增加到 450MW（毛功率），采用全尺寸的 CCUS 系统。此外在系统中将装上燃料电池进行试验。

在第三阶段中发电功率将增大到 650MW（毛功率），生产合成煤气 3500t/d。预期该示范厂的效率会达到 60%~80%。这个数据是传统燃煤电站的两倍，大量被捕集到的

CO_2 将用于驱油。在此阶段中，还将生产 H_2，供 H_2 透平和燃料电池进行发电。

最终将在可以被接受的价格下进行示范商业运行。

此外，在我国 863 计划项目中，也都列有设计和研究 IGCC 技术的课题，如哈尔滨汽轮机厂获得原国家科委的资助，研究如何将燃用天然气的 Fr9FA 型联合循环改型设计成为能燃烧低热值合成煤气的机组，这些研究不能仅停留在理论分析上，而必须提供实验结果。

总之，经过近 20 年的努力，我国即将拥有一座华能天津滨海绿色煤电工程的 IGCC 示范厂、一座福建炼油/乙烯一体化的多联产 IGCC 示范厂和一座自行设计的甲醇/电力多联产 IGCC 厂，同时还拥有一支能初步从事 IGCC 工程设计和试验工作的工程技术人员队伍。

4.3.2 中国目前自行设计和生产 IGCC 技术装备的能力与差距

这个问题可以从我国是否确实具备了设计和生产 IGCC 技术中那些主要的关键设备（如气化炉及其系统、NGCC 机组、除灰脱硫净化系统和空分制氧系统等）的能力这个角度加以考察和剖析。可以说，目前我国已经初步具备了独立自主或与国外相关单位合作研究和开发 IGCC 技术的条件，这些条件包括：

1）我国华东理工大学已经研制成功 1000 ~ 2000t/d 水煤浆和干煤粉供料的对置喷嘴方式的喷流床气化炉，且具有自主知识产权，该气化炉性能优于 Texaco 气化炉，打破了国外企业对我国气化炉行业的垄断[①]。此外，还具有把气化炉的单炉容量扩大到 3000t/d 的能力，以适应 IGCC 电站中单机发电容量逐渐超越 250 ~ 400MW 等级的需要。

紧随而至的是，我国许多科研机构和高等院校也相继推出了先进气化炉的新设计，如西安热工研究院推出了干粉供料的两段气化方式的喷流床气化炉设计，其性能将比 Shell 气化炉稍优，现正被放大到 2000t/d 容量等级，以便在天津华能滨海绿色煤电示范工程中使用；又如清华大学和航天部也都推出了大容量的喷流床气化炉设计，并且也都在生产实践中通过了考验。在我国这种气化炉设计方案上的激烈竞争实属空前，这种良性竞争必将推进我国气化炉设计质量不断改进，有利于 IGCC 方案渐趋优化。

除了某些零部件，如水煤浆增压泵和燃料喷嘴等尚需从国外购买外，气化炉及其系统的所有零部件均可由我国独立自主地国产化和本地化。

2）我国已从国外引进了 PG9351FA、PG9171E、V94.3A、V94.2 以及 M701F 和 M701DA 型燃气轮机的制造技术，其中占总产量 70% 的零部件都可以国产化和本地化，包括带动静叶片的压气机转子。甚至有些工厂可以在其所属的合资厂中生产带全部动静叶片的透平转子和燃烧室。此外，我国还具备了整机试验这些机组的经验，有可能与 GE 公司、Siemens 公司或三菱公司合作改型设计和生产能烧合成煤气和备用燃料（天然气或柴油）的燃气轮机机组。

3）我国石化系统设计院已完全掌握了合成煤气常温除灰脱硫系统和设备的设计、制造和运行技术，倘若这些设计院与电力设计院结合，那么就完全有能力完成 IGCC 电

[①]目前已有 40 多台气化炉被我国的石化企业选用，彻底打破了过去被 Texaco 气化炉一统天下的局面。

站热力系统的设计，并实现设备制造的国产化。

不过，高压的空分设备尚需引进。

在完全实现我国自行设计和制造 IGCC 用燃气轮机方面，与国外相比，我国主要缺少能对全尺寸的实物燃烧室在全参数条件下做各工况性能试验的试验设备，致使我国目前尚不能独立地改型设计适用于 IGCC 的燃气轮机。

总之，目前我国已经能够为建设 250～400MW IGCC 提供以下一些设备和服务。

1）提供我国自行设计和制造的煤气化炉（无论是水煤浆供料的还是干煤粉供料的，可视用户的愿望而定），单炉耗煤量在 2000～3000t/d。

2）由化工设计院和电力设计院联合提供粗煤气的除灰脱硫净化系统、粗煤气的余热回收系统以及废水处理系统的设计。

3）由于目前我国还不能自行设计燃烧低热值煤气的燃烧室，因而燃气轮机的改型设计方案暂时还只能与外国公司合作联合设计或由他们提供。但是在最终提供的燃气轮机实体中由我方制造和本地化采购的价格份额应不小于 70%。

4）由我国自行设计和制造的余热锅炉与蒸汽轮机系统的设备，倘若采用显热全回收型气化炉，那么废热锅炉（辐射式的和对流式的）也可由我国设计、制造和提供。

5）低压空分制氧设备和系统也可由我方设计、制造和提供。

4.4　在中国降低 IGCC 比投资费用的可能性

在讨论 IGCC 成本时，首先要指出，"任何一种新技术都有其发生、成熟、不断完善与成本不断降低的过程"，即所谓的学习曲线过程。图 4-2 所示为 IGCC 和超临界蒸汽发电机组在比投资费用方面的学习曲线。

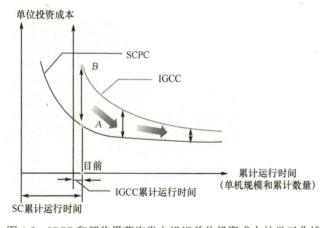

图 4-2　IGCC 和超临界蒸汽发电机组单位投资成本的学习曲线

超临界粉煤蒸汽发电机组已发展和商业化多年，积累了大量的设计、制造和运行的经验，制造企业（如我国的哈尔滨电气集团、东方电气集团和上海电气集团）已配置了先进、高效、批量生产的精密加工设备，加之批量制造，使每单位装机容量的成本大幅度降低，如图 4-2 上点 A 所示。而 IGCC 系统比较复杂，多个技术单元的发展水平

（煤的气化、净化、显热利用系统等）参差不齐，又加上对化石能源发电（主要是燃煤）环境污染控制需求的变化，以及全球对碳排放、碳税政策的不确定性，在发展过程中几起几落，至今还没有形成一套完整的设计、批量制造和运行的规范，相当长的一个时期内没有成套的"交钥匙"承包商，真正投入长期运行的装置数目不多，所以可以说 IGCC 还处于图 4-2 的 B 点上，即学习曲线的高位部分，其累计运行时间比超临界粉煤蒸汽发电机组者少得多。因而，我们不能只看到 A 点和 B 点的比投资费用之间的差距，同时要根据未来减排温室气体和提高效率不可回避的需求，对两种发电方式作出战略判断，应积极促进 IGCC 的发展，使之从 B 点沿学习曲线向成本下降的方向前进。

在讨论比投资费用时还有一个事实也是必须加以充分关注的，即我国超临界粉煤蒸汽电站的比投资费用（目前已降到 4000 ~ 5000 元/kW）比国外同样机组要低得多（国外为 1700 美元/kW 左右，表 4-9），这是我国重型制造业的优势所在。一旦企业掌握了相关技术，进入批量生产时，我国产品的成本肯定会比世界市场要低，这一点正是我们在讨论 IGCC 成本时需要考虑的。

如前所述，想要 IGCC 技术在全世界的能源领域，特别是发电行业中占一席之地，必须使纯发电 IGCC 的发电成本下降到能与超临界或超超临界参数的粉煤电站的发电成本相匹敌。相应地，为了使 IGCC 的发电成本较大幅度地下降，首先必须降低 IGCC 电站的比投资费用，同时还应提高 IGCC 电站的运行可用率。

事实上，自 1984 年在美国加利福尼亚州 Daggett 建成世界上第一座 IGCC 示范电站（冷水电站）起，比投资费用和发电成本偏高的问题就一直影响着 IGCC 的发展。在 IGCC 近 40 年的发展历程中，人们始终在为解决这两个问题而努力。应该指出，在冷水电站 IGCC 中，倘若扣除由于初次建厂和长期进行示范性运行所需耗费的额外资金，其比投资费用可以降到 2538 美元/kW；在 Wabash River 电站中倘若只设置 1 台 E-Gas 气化炉，那么该 IGCC 电站的比投资费用有可能下降到 1350 美元/kW。在 Wabash River 电站中采取了一些有效措施，使比投资费用已经相当低廉。这些措施主要有以下几个方面。

1）采用了价格低廉的鳍片式火管煤气冷却器，而不像其他 IGCC 系统那样采用价格昂贵的辐射和对流式煤气冷却器。

2）气化炉的排渣系统采用构架较低的连续排渣方案，而不采用其他 IGCC 方案中习惯选用的锁斗式排渣结构，由此可有效地缩减气化炉的高度，节省大量的钢架消耗。

3）采用低压空分系统，N_2 不增压回注燃气轮机，用喷注水蒸汽的方法来抑制 NO_x，以节省厂用电消耗。

4）它是一个扩容改造工程，原厂中有不少设备可以继续使用，估计可使投资费用节省 20%。

显然，这些细微的技术改进措施都会对 IGCC 的比投资费用有所影响，以致影响到发电成本。也就是说，降低比投资费用和发电成本是有可能从许多细小环节着手。

自 1984 年世界上第一座 IGCC 电站建成后，新建 IGCC 电站的比投资费用一般均介于 1900 ~ 2300 美元/kW 范围内，因而当时人们力求将新建 IGCC 电站的比投资控制在 1000 ~ 1500 美元/kW，确实是有一定难度的。目前正在美国建设的 Edwardsport IGCC 电站的比投资据说将增高到接近 4000 美元/kW 的高水平，确实令人十分震惊。究其原因主要与电站的功率大小（即受电站规模效应的影响）、所用燃料的性质（主要是含水量、含灰量或燃料的发热量)、电站是否有脱除温室气体的要求以及通货膨胀系数的影响等因素有关。

因而，在目前以纯发电为目标的煤基 IGCC 技术仍然需要为较大幅度地降低其比投资费用和发电成本而努力。为了详细地分析在我国降低 IGCC 比投资费用以及发电成本的可能性，首先介绍一下发电成本的基本概念，它的组成内容以及影响因素。

4.4.1　IGCC 电站发电成本的构成与影响因素

就 IGCC 电站而言，发电成本 COE_1（COE_2）是由以下四大部分组成的，①电站总投资费用的折旧成本（COD）；②燃料成本（COF）；③运行维护成本（COM）；④对外出售元素硫或硫酸等副产品的成本（COS），即

$$COE_1 = COD_1 + COF + COM_1 - COS \tag{4-1}$$

或

$$COE_2 = COD_2 + COF + COM_2 - COS \tag{4-2}$$

目前有两种计算电站总投资费用折旧成本的方法，国外广泛采用等额支付折算法：

$$COD_1 = \frac{TCR \times \varphi}{P\tau(1-S)} = \frac{SIC \times \varphi}{\tau(1-S)} \quad 元/(MW \cdot h) \tag{4-3}$$

式中，TCR 为电站总投资的动态现值，其中包括建设期内的贷款利息和差价预备费等，元；P 为 IGCC 电站的净功率，MW；τ 为发电设备的年利用小时数，h；S 为发电机终端到售电结算点之间的线损率，一般 $S = 3\% \sim 7\%$，倘若售电结算点以电站围墙为界，则 $S \approx 0$；$SIC = \frac{TCR}{P}$ 为电站净功率折算的动态比投资费用，元/（MW·h）；$\varphi = \frac{i}{1-(1+i)^{-n}}$ 为资金回收系数，其中 i 代表贴现率，国外一般取做 10%，我国以往取12%；n 代表电站的经济使用寿命，也就是电站的折旧年限，国外的 IGCC 取 $n = 15 \sim 20$ 年。

国内广泛采用的年限平均计算法：

$$COD_2 = \frac{TCR}{P\tau(1-S)n} = \frac{SIC}{\tau n(1-S)} 元/（MW \cdot h） \tag{4-4}$$

显然

$$COD_1 = COD_2 \times n \times \varphi \tag{4-5}$$

即国外按等额支付折算法计算的折旧成本 COD_1 要比我国按年限平均法计得的折旧成本 COD_2 大 $n \times \varphi$ 倍。

由式（4-3）和式（4-4）得知，为了降低发电成本中的折旧成本，应力求减少电站的动态比投资费用 SIC 和线损率 S，同时应尽量增长设备的年利用小时数 τ，也就是尽量提高电站可用率，并延长折旧年限 n。应该指出，在式（4-3）与式（4-4）的关系式中并没有考虑设备折旧后的残值，因而计得的折旧成本会稍微偏高一些。

不难证明，燃料成本可按下式计之：

$$COF = \frac{3.6 \times CF(1)}{\eta_N(1-S)} 元/（MW \cdot h） \tag{4-6}$$

或

$$COF = \frac{3600 \times CF\,(2)}{\overline{\eta}_N\,(1-S)\,Q_{ar,net,p}} \quad \text{元/(MW·h)} \quad (4\text{-}7)$$

式中，$Q_{ar,net,p}$ 为燃料的低位发热量，kJ/kg；$\overline{\eta}_N$ 为机组每年的平均净效率；CF（1）为以元/GJ 单位表示的燃料价格；CF（2）为以元/t 单位表示的燃料价格。

显然：

$$CF\,(1) = \frac{CF\,(2) \times 10^3}{Q_{ar,net,p}} \quad (4\text{-}8)$$

由此可见，为了降低发电成本中的燃料成本，应力求降低燃料价格，同时应提高机组的净热效率。

当然，运行维护成本与每年内电站所耗的水费、材料费、职工工资与福利基金、流动资金的贷款利息和其他费用等因素有关。但据统计，在国外当折旧成本按等额支付折算法计算时，运行维护成本 COM_1，大约是发电成本 COE 的 11%～15%，即

$$COM_1 = (11\% \sim 15\%) \cdot COE_1 \quad (4\text{-}9)$$

但在我国当折旧成本按年限平均法计算时，由于 COD_2 和 COE_2 值的减小，COM_2 在 COE_2 中所占的比例将略有增大，即

$$COM_2 = (20\% \sim 25\%) \cdot COE_2 \quad (4\text{-}10)$$

显然，当 IGCC 的比投资费用增高时，COM 在 COE 中所占的比例略有增大的趋势。

不难证明，在 IGCC 电站中当回收的纯硫或硫酸出售时，可以使发电成本有所下降，即售硫成本可用下式表示

$$COS = \frac{3600 A_s S_{ar} \times CS}{\overline{\eta}_N Q_{ar,net,p}(1-S)} \quad (4\text{-}11)$$

式中，A_s 为 IGCC 电站的脱硫率，一般可取 98%～99%；S_p 为原煤或燃油中所含硫分的质量百分数；CS 为纯硫的销售价，元/t。

通过以上分析，可以获得以下一些能够指导人们控制 IGCC 项目中"发电成本"和"比投资费用"的各项因素。

1）IGCC 这项洁净煤技术虽然具有十分优越的环保性能，但是它是否真能立足于发电行业之林，还得考察该技术的"发电成本"之水平，只有其"发电成本"低于同功率等级的燃用同种燃料的超超临界参数的粉煤电站时，该 IGCC 技术才有可能被采用。

2）鉴于在 IGCC 电站中发电成本为

$$COE = f\,(COD,\ COF,\ COM,\ COS) \quad (4\text{-}12)$$

因而降低 IGCC 电站的折旧成本 COD、降低燃料成本 COF、减小运行维护成本 COM、增加销售硫元素的收入 COS 都会使 IGCC 电站的发电成本 COE 下降，有利于在电力系统中提高选用 IGCC 技术的概率。

3）鉴于在 IGCC 电站中的折旧成本为

$$COD = f\,(SIC,\ \tau,\ n,\ 1-S) \quad (4\text{-}13)$$

因而降低 IGCC 电站的比投资费用 SIC，增长电站设备的年利用小时数 τ 也就是提高电站中设备的可用率，延长电站的折旧年限 n 减少输电线损率 S，都将有利于降低 IGCC 电站的设备折旧成本 COD，由此可以提高 IGCC 电站的竞争能力。

应该指出，在 IGCC 电站中设备的折旧成本 COD 大约占发电成本总量的 50%～60% 。因而降低 SIC，提高 τ 值将对减小该发电站的发电成本 COE 具有非常重要的作用，但是 SIC 的相对变化 $\rho_{SIC}=\dfrac{\Delta SIC}{SIC}$ 和 τ 值的相对变化 $\rho_{\tau}=\dfrac{\Delta\tau}{\tau}$ 对 IGCC 电站折旧成本 COD 的相对影响程度 $\rho_{COD}=\dfrac{\Delta COD}{COD}$，以及对发电成本 COE_2 的相对影响程度 $\rho_{COD_2}=\dfrac{\Delta COD_2}{COD_2}$ 都是等量的，只是影响方向彼此相反而已。

4）鉴于在 IGCC 电站中燃料成本：

$$COF=f\ (CF\ (1),\ \overline{\eta}_N,\ S) \tag{4-14}$$

因而降低电站使用的燃料价格 CF（1）对 IGCC 电站发电成本的影响程度总要比 SIC 对发电成本的影响略大一些。也就是说，在我国选用价格比较便宜的煤种对于降低发电成本的影响会起更大的作用，而且燃料价格的相对变化 $\rho_{CF(1)}=\dfrac{\Delta CF\ (1)}{CF\ (1)}$ 对电站发电成本 COE_2 的相对影响程度 $\rho_{COE(2)}=\dfrac{\Delta COE\ (2)}{COE\ (2)}$ 要比平均净效率的相对变化 $\rho_{\overline{\eta}_N}=\dfrac{\Delta\overline{\eta}_N}{\overline{\eta}_N}$ 对 COE_2 的影响程度大一些。

5）显然，在 IGCC 电站中运行维护成本 COM 必然与气化炉中易损件（如耐火炉衬，燃料喷嘴，煤浆泵）的寿命有关，也就是与电站中关键设备的可用率有密切关系，提高电站的可用率将有利于减少该类电站的运行维护成本。

表 4-3 所示为由美国 NETL 根据 2008 年度价格体系计算的几种发电方式之间的比投资费用和发电成本的对比关系，通过对数据的分析，可以获得以下结论。

1）不论是否要求捕集 CO_2，IGCC 电站中选用的气化炉的类型对电站的性能——净功率、净效率、比投资费用和发电成本都会有所影响，通常采用干法供煤的 Shell 气化炉并选用全热回收方案时，电站的净效率大约要比湿法供煤也是全热回收方案的 Texaco 气化炉高 3 个百分点，比 E-Gas 气化炉高 1.5 个百分点。

2）当不捕集 CO_2 时，采用 Shell 气化气化炉的 IGCC 的比投资费用最高，E-Gas 气化炉者最低。

3）为了捕集 CO_2，IGCC 要额外增加设备投资费用，Shell 气化炉的增量最多，Texaco 气化炉的增量最少。

4）额外增加的比投资费用将用来添置以下一些设备，即水/气变换反应器、较大的酸性气体反应器（AGR），以及 CO_2 压缩设备和一条 CO_2 输气管线，但是为输送、储存和监护 CO_2 的运行所增加的投资费用只占总投资费用的 4% 。

5）经变换反应后，合成煤气的发热量会有所下降，用于发电的中压蒸汽会有所减少，辅助厂用电耗会增大，这些因素都会导致 IGCC+CCUS 电站的净功率严重降低，其中使厂用电率增长最多的是 CO_2 压缩功。

6）在美国当不要求脱除 CO_2 时，亚临界、超临界参数的粉煤电站的比投资费用要比 IGCC 低 16%～18% 。

7）在美国价格体系条件下，当要求捕集 CO_2 时，IGCC 发电方案的比投资费用和发电成本反而有可能要比煤粉电站低，这就为在要求捕集 CO_2 时，优先选用 IGCC 方案奠定了基础。但是这个结论目前对我国来说并不适用，因为目前在我国 IGCC 比投资费用要比超临界和超超临界参数的粉煤电站者多得多。

8）对于 IGCC 方案来说，CO_2 的脱除是在高压的容积流率较少的燃料流中通过气/水变换反应完成的，它是燃烧前捕集 CO_2 的方案，由此增加的设备费用仅为原来投资费用的 33%。

9）对于粉煤电站和 NGCC 电站而言，CO_2 都存在于燃烧后的燃烧产物之中，它的压力低，燃烧产物中又含有大量的 N_2，因而浓度低而容积流率大，脱除 CO_2 的效率低，脱硫设备庞大，为脱除 CO_2 而需添加的设备费用是原来投资费用的 85%，它属于燃烧后捕集 CO_2 的方案。

10）为了清除 CO_2，除了需要增加其比投资费用外，电站的效率和功率都会有所下降，但在 IGCC 电站中效率的下降程度较少，而常规的粉煤电站下降的要比 IGCC 多。

11）当然，对于 IGCC 电站来说，当要捕集 CO_2 时，电站的发电净效率之下降程度必定与 CO_2 捕集率有关。根据美国 DOE 和 Siemens 公司研究得到的 IGCC 电站之净功率损失与 CO_2 捕集率之间的变化关系，其结论是 CO_2 捕集率最好能介于 75%～85%，为最佳；当捕集率超过 90% 后，IGCC 电站的净功率损失会急剧增大。

总之，不捕集 CO_2 时超超临界参数粉煤电站的发电成本最低，亚临界参数的粉煤电站次之，NGCC 第三，IGCC 则最高。当要求捕集 CO_2 时，NGCC+CCUS 方案的发电成本最低，IGCC+CCUS 次之，超临界+CCS 最高。当不要求捕集 CO_2 时，亚临界和超临界电站的发电成本大约比 IGCC 低 20% 左右；对于 IGCC 来说，要求 90% CO_2 捕集时 IGCC+CCUS 的电价将增高 36%，对于亚临界粉煤电站而言，亚临界+CCUS 时的电价增高 86%，超临界+CCUS 则将高 81%。NGCC+CCUS 则将高 48.9%。由此可见，捕集 CO_2 所导致的发电成本增高的程度因发电方式而有所不同，亚临界的影响最严重，超临界次之，NGCC 第三，IGCC 的影响最小，但仍会增大 36%。

但是必须指出，上述有关"捕集 CO_2 所导致的发电成本增高程度因发电方式不同而略有差别：亚临界的影响最严重，超临界的影响次之，NGCC 第三，IGCC 的影响最小"的结论，对于我国的实际情况来说不一定适用。因为在我国的实际条件下，IGCC 的比投资费用要比超临界粉煤电站贵得多。

总之，通过上面的讨论，可以得知：

1）目前 IGCC 技术之所以未能被电力行业乐于选用，除了其自身固有的缺点之外，主要是由于比投资费用较高，运行可用率稍低（80%～85%），致使发电成本比超超临界参数的粉煤电站者高的缘故。为了促进 IGCC 技术在我国发挥其"清洁和高效"利用的特点，我们必须采取具体措施，以求在尽可能短的时期内，使 IGCC 的发电成本降低。

2）为降低发电成本，首先应降低 IGCC 电站的比投资费用和提高机组的可用率。

4.4.2 降低 IGCC 电站的比投资费用和发电成本的实际措施

概括地讲，要想彻底解决 IGCC 电站中比投资费用和发电成本高的问题，必须依靠"技术进步"、"规模效应"和"批量生产"这三大措施。

研究表明，影响设备比投资费用的因素很多，包括 IGCC 的单机容量、燃气轮机的先进程度、气化炉的形式与布局、燃料的品种、电站的单产方式或联产方式、新建还是增容改造、除灰脱硫的形式、地区价格差价、批量生产的程度等，下面具体来分析一下这些因素的影响效果。

4.4.2.1　IGCC 电站中动力机组的单机容量对比投资费用的影响关系

随着单机容量的增大，IGCC 电站的比投资费用将逐渐降低，其规模经济容量大约为 500MW。当单机容量在 200～400MW 变化时，单机容量每增大一倍，比投资费用就可降低 20%～25%。当采用多套 IGCC 系统时，由于多套设备的安装费用比较低，因而当套数每增加一倍，可以使比投资费用降低 5%～10%。但是由于其单机功率比较小，所以其比投资费用仍然要比功率大一倍的单机系统多。也就是说，为了降低 IGCC 电站的比投资费用必须着力于发展单机容量大的动力机组。

图 4-3 所示为单机容量与比投资费用之间的关系。从图 4-3 可以看出，单机容量从 200MW 增加到 600MW 时，相对比投资费用可从 100% 降低到 75%。

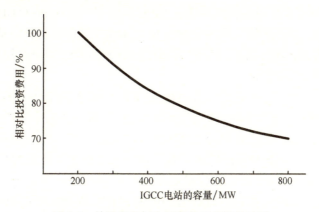

图 4-3　单机容量与比投资费用之间的关系

4.4.2.2　采用先进的燃气轮机技术

选用 TRIT 初温更高的 G 型或 H 型燃气轮机组成的 IGCC 发电系统，由此提高 IGCC 电站的单机容量和净效率，发电成本会自然下降。实际上，G 型和 H 型燃气轮机早已制成，三菱重工初温为 1600℃ 的 J 型燃气轮机已在做台架试验，只是燃烧室改烧低热值煤气的工作尚需进行。

研究开发燃烧氢气的燃气轮机，因为今后实际使用的 IGCC 有可能被要求在燃烧前脱除 80%～90% 的 CO_2，那时燃气轮机的燃料主要是氢气。为了提高燃气轮机燃烧氢气 IGCC 热力循环的效率，整机的压缩比将从目前的 20∶1 提高到 30∶1，整机的功率和效率都会增大，IGCC 的比投资费用将得以下降。

4.4.2.3　开发先进的气化炉

开发如前面所述的 PWR 高温紧凑式气化炉等。预期这种气化炉的成功使用将使气化炉造价减少 50%，IGCC 的净效率提高 3 个百分点，发电成本下降 15%～18%，IGCC 电站的比投资费用下降 10%～20%，碳的转化率达到 99%，耐热衬套的寿命增长 1 倍。

4.4.2.4　采用先进的 ITM 制氧设备

采用先进的 ITM 制氧设备，预期制氧费用可减少 1/3，使按 IGCC 电站的净功率折算的制氧比投资费用降为 100 美元/kW，由此 IGCC 电站的比投资费用减少 7%~9%，制氧耗功降低 35%~60%，IGCC 电站的净效率至少增高 1 个百分点。

4.4.2.5　采用中温干法除灰脱硫系统

采用中温（371~538℃）干法除灰脱硫系统可以使 IGCC 电站的净功率增大 10%，净效率由 39%（LHV）增至 43%（LHV），比投资费用得以下降。

4.4.2.6　合理地选用煤种和燃料

为了降低发电成本中的燃料成本，除了应该选用高效率的 IGCC 机组外，采用价格便宜的燃料是关键所在。目前，美国建议 IGCC 应选用比常规 PC+FGD 电厂用煤价格低 10%~35% 的煤种，或是选用价格便宜 50% 的劣质油。当燃料价格较低时，可以考虑采用激冷式 IGCC 方案，这样就可以用适当牺牲热效率的方法来换取较低的比投资费用，力求实现发电成本最低的目标。

目前，有许多炼油厂利用其特有的廉价燃料（如劣质渣油、石油焦、乳状沥青等）来供 IGCC 使用。这样将有利于降低 IGCC 的比投资费用，因为燃煤时的磨粉和预处理设备可以省去，而且由于这些燃料所含的灰分很少，除灰和除渣系统都可以简化，煤气冷却器也不易被灰分污垢和堵塞，便于选用价格比较低的火管式设计。研究表明：相对于燃煤的 IGCC 而言，比投资费用可以降低 230 美元/kW。但是在燃用石油焦时耗氧量要比燃煤时多 7%，这将使 IGCC 的比投资费用增大 1%。当然在使石油焦气化之前，它仍需磨细处理。对于燃用乳状沥青的 IGCC 来说，气化时它能释放出气化所需蒸汽量的 30%，由此可以少从余热锅炉中抽取气化用蒸汽，将有利于增大 IGCC 的单机容量。

4.4.2.7　使 IGCC 电站同时联产电、热和合成气

在 IGCC 电站使电、热和合成气联产可提高 IGCC 的经济性，因为它可以采用大容量的气化炉及其系统，同时能使在较高的负荷因素条件下运行。研究表明：单纯生产电的 IGCC 之发电成本若为 3.6 美分/（kW·h），那么当联产时发电成本则可降至 3~3.3 美分/（kW·h）。

4.4.2.8　增容改造现有的电厂

增容改造现有的电厂将有利于减少 IGCC 的比投资费用，一般可比新建厂节省 10%~20%。

经美国 DOE 的 NETL 高级分析师 J. Klara 研究发现，当 IGCC 技术采用 4.4.2.2~4.4.2.5 节中的四项新技术后，下一代 IGCC+CCUS 电站的净热效率、比投资费用和发电成本的变化趋势如表 4-7 所示。

表 4-7 下一代 IGCC+CCS 电站中若干技术经济指标的变化趋势

技术路线	效率变化/%	比投资费用降低/（美元/kW）	发电成本降低/[美分/（kW·h）]	技术对电厂性能和设计的主要影响
干煤粉供给泵	0.8	7	0.09	改进冷煤气效率
气化炉的材料与仪表	0	0	0.41	改善在线的运行时数和可用率
中温煤气清洁系统	3.7	418	1.34	避免煤气冷却过程的热损失，并使设备投资费用下降
先进的 250MW H_2 透平	1.8	192	0.66	改善系统效率并增大机组出力
ITM（同时具有先进的 250MW 透平）	0.3	131	0.40	节省 ASU 的热和功损失
第二代先进的 370MW 透平	1.7	41	0.13	提供更高的效率和更多的功
先进的传感器与控制	0	0	0.25	改善在线的运行时数和可用率
总效果	8.3	789	3.28	按 2007 年度美元价计算

总之，通过上述改进，下一代 IGCC+CCUS 电站的单列机组净功率为 499MW（其中，氢气轮机的净功率为 370MW，汽轮机的净功率为 129MW）。CO_2 的捕集率为 90%，电站的净热效率增高了 8.3 个百分点，全电站的比投资费用下降了 789 美元/kW（下降了 32%），20 年的平均发电成本减少了 3.28 美分/（kW·h）（即 30%）；当采用双列机组的布置方案时，电站的净功率增为 998MW，全电站的比投资费用还能下降 215 美元/kW，20 年的平均发电成本则能下降 0.7 美分/（kW·h）。

最后应该指出，计算表 4-7 时并没有考虑到：采用 PWR 气化炉时，因投资费用会有较大幅度的降低而带来的良好影响，否则其效果还会好得多。初步估算，倘若在采用 PWR 气化炉时能使气化炉的比投资费用减少 1/2，那么该 IGCC+CCUS 在捕捉 90% CO_2 时的比投资费用大约可降低到 1368.4 美元/（kW），电站的净效率大约能提高到 40.4% 左右，发电成本可以降低到 5.81 美分/（kW·h）。应该说这些数据是有吸引力的。如果上述这些技术改造工作进展顺利，上述一些指标有可能在 10 年内实现（不过，到目前为止，对 PWR 气化炉的发展方向和可能取得的成果和效益仍存在着不同看法，我们将密切关注）。

此外，值得注意的另一个问题是：在对 IGCC 和超超临界参数的粉煤电站的发电成本进行比较时，鉴于 IGCC 电站的污染排放量要比同容量、燃用同种煤的超超临界参数粉煤电站者少得多。当要求后者的 NO_x、SO_x 和汞等污染排放物按 IGCC 电站的排放水平进行折算时，就需对粉煤电站征收相当数量的罚款。倘若把这些罚款折算成为发电成本，并将其增加到粉煤电站的发电成本上，然后再与 IGCC 电站的发电成本进行比较。显然，这种比较方法似乎更显公平一些。目前，这种方法已为 GE 公司采用。

4.4.3 IGCC 电站设备的批量生产和国产化效果的预测

解决 IGCC 电站中比投资费用和发电成本高的问题，必须依靠"技术进步"、"规模经济"和"批量生产"这三大举措，此外还有一个因素是需要考虑的，这就是"设备制造的国产化与本地化"效应。

由于我国劳动力的成本、钢材的价格、建筑成本以及电站的设计标准等一系列直接影响电站设备总投资费用（TCR）的因素与国外的标准和要求有许多差异，由此就会使设备制造的"国产化"与设备采购的"本地化"这两个因素，在降低 IGCC 电站的比投资费用和发电成本方面，起到非常重要的作用。

有文献指出，倘若我国在生产上能够很好地利用"中国因素"这个有利条件，那么就可以使该产品的价格实现大幅度降价的要求。图 4-4 所示为在美国制造的超临界电站和 IGCC 电站的售价，与在我国生产时因受"中国因素"的影响所致的差别。

图 4-4 表明，当受到"中国因素"的影响后，会使在美国或在中国生产的同等容量（大约为 600MW 等级）的超临界粉煤电站和 IGCC 电站的总比投资费用发生重大的差异。在美国生产的超临界粉煤电站的比投资费用为 2700 美元/kW，而在中国生产时只需 800 美元/kW。根据相关文献的计算结果得知，美国生产的超临界粉煤电站和 IGCC 的比投资费用如表 4-8 所示。

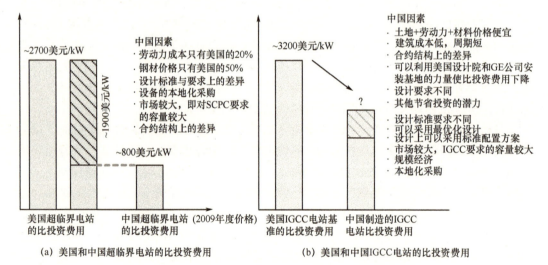

(a) 美国和中国超临界电站的比投资费用　　　(b) 美国和中国IGCC电站的比投资费用

图 4-4　在美国和中国超临界电站和 IGCC 电站的比投资费用

表 4-8　几种发电设备的比投资费用随年份的变化关系

电站形式		2005 年	2008 年	2009 年
SIC（美元/kW）	NGCC	507	620	
	PC+Sub	1323	1735	
	SCPC	1355	1765	2700
	IGCC	1522	2060	3200

实际上，我国国产的超临界煤粉炉电站的投资费用比图 4-4 所示的数据 800 美元/kW = 5200 元/kW（2008 ~ 2011 年汇率）还要便宜一些，如表 4-9 所示。

表 4-9 我国生产的 SCPC 电站总比投资费用的指导价格

地区	2008 年度的指导价/（美元/kW）			2009 年度的指导价/（元/kW）
滨河地区	2×1000MW 的超临界煤粉炉电站	新建厂	3811	3751
		扩建厂	3581	
内陆地区		新建厂	3651	3591
	2×300MW 的超临界煤粉炉电站	新建厂	4173	
	2×600MW 的超临界煤粉炉电站	新建厂	3575	
	2×660MW 的超临界煤粉炉电站	新建厂	3399	

但是必须指出，我国自行设计制造的超临界粉煤电站之所以能够如此廉价地在国内竞争而且得以维持生机，以下一些原因是必须考虑的。

1）该发电设备已经形成了大批量生产的局面，据不完全统计我国几个大型汽轮机厂已经为我国生产了这类成套设备 100 余台，而且后继的订单继续源源不断。

2）该设备中有相当一批钢材和锻造毛坯均已国产化。

3）国有企业之间进行的不考虑科研投入等资金回收的低利润（5% ~ 6%）性质的竞争。

其中，原因 3）起了很大作用。显然，这个条件对于今后我国生产 IGCC 发电设备时同样是可以起作用的。

那么，IGCC 电站设备考虑了技术进步、批量生产、规模效应和"国产化"与"本地化"效应后，可以估算比投资费用的变化。

1）华能天津 IGCC 示范电站的实践经验表明，1 座 250MW 等级毛功率的 IGCC 电站的比投资费用大约为 12 000 元/kW 或 1830.8 美元/kW。实际上全厂设备中除 V94.2K 燃气轮机是从 Siemens 公司进口的，其他设备都是自行设计制造的。根据常规情况可知，同一型号的联合循环机组改烧合成煤气时的联合循环机组的售价大约是燃烧天然气联合循环机组的 2 倍，即 2×535 美元/kW = 1070 美元/kW。倘若这台机组由我方引进技术进行制造，价格只需花费国外售价的 50% 左右。

这个问题可以这样考虑：2004 年时，我国技术进出口总公司应发改委的要求，组织了 NGCC 机组的设备和制造技术的引进工作。当时 2 台 S109FA 机组的国际平均价格为 256 美元/kW。经过竞标，哈尔滨电气集团以 12 亿人民币中标，该二台机组的总功率为 2×390kW。由此可以计算出，该机组的比投资费用为 1480 元/kW，按当时美元汇率 8.25 折算，以美元表示的售价为 179.2 美元/kW。即国产化机组的售价只有该机组国际水平售价的 179.2/256 = 70%，但到 2010 年时，同样两台机组的竞标价格降为 9.8 亿人民币，相当于比投资售价为 1253 美元/kW。但这类机组的国际售价已涨至 436 美元/kW，而美元的汇率则已变为 6.8，即国产联合循环机组的比售价为 184.26 美元/kW。由此可见，目前这类国产机组的国内售价只有国际售价的 184.26/436 = 42.36%。因而，我们可以考虑如果燃烧合成煤气的 V94.2KNGCC 机组由我国合作生产，其价格最多只是该机组国外售价的 50%。

如果 IGCC 中 NGCC 机组也在国内合作生产，就可以计算 IGCC 电站的比投资费用应是［（12 000/6.5−2×535）+535×0.5］=1044 美元/kW。

2）根据东方电气最近与日本三菱公司的商谈得知，三菱公司愿意与东方电气合作生产 IGCC 电站成套设备，其中包括燃用空气的三菱干法供料的喷流床气化炉、用三菱公司出品的 M701F4 燃气轮机改造的联合循环发电机组、粗煤气的除灰脱硫系统以及空气分离制氧系统等设备。该 IGCC 电站的净功率为 300MW，发电效率为 52%（LHV），供电效率为 46%，汽轮机背压为 4.9 kPa，大气温度为 20℃。全厂设备的比投资费用大约为 10 000 元/kW 或 10 000/6.5=1 047 美元/kW。据参考文献知，燃烧天然气的联合循环机组的比投资费用为 491 美元/kW，故在改烧合成煤气时联合循环的售价大约为 982 美元/kW。倘若联合循环机组和气化炉均由我国生产，估计 IGCC 电站的比投资费用控制在 800～1000 美元/kW 是有可能的。

实际上，假如再考虑进一步采用先进技术，使 IGCC 的比投资费用再减少一部分应是完全有可能的。

这样看来，在大批量国产化和本地化的前提下来生产 IGCC 设备时，将其比投资费用降低到与国产的超临界煤粉炉电站相当的水平，即 600～800 美元/kW，应该是有可能的。

4.4.4　IGCC 电站盈利条件分析

除了在 IGCC 电站的设计阶段我们必须采用前几节中所述的措施，来提高机组的经济性参数，降低其比投资费用，改善其运行可用率，以求降低发电成本之外，在机组的运行过程中还必须注意以下一些措施，力争机组能够赚钱或自负盈亏。

1）商业性 IGCC 电站的容量必须足够大（在目前条件下应大于 400MW，国外新建电厂的功率都已选定为 500MW 以上），以便利用规模经济效应，减小建厂比投资费用对发电成本的影响。当然作为示范性的试验电站来说，电站的规模不宜很大，一般选200～250MW 就可以了。

2）尽可能提高 IGCC 的净效率，以便降低发电成本中燃料成本的影响，目前能达到的水平是 42%～43%（LHV），力争向 45% 过渡。

3）采用石油焦等廉价燃料（包括高硫煤），以便降低发电成本中燃料成本的影响。例如，国外石油焦的价格为 0.47 美元/GJ，而一般煤价为 1.52 美元/GJ。但是不宜采用含水量和含灰量很高的煤种，否则比投资费用和发电成本反而都会增高（例如燃用褐煤时情况就是这样，当然为了燃用褐煤只能设计比投资费用较高的 IGCC 电站）。

4）IGCC 电站适宜携带基本负荷和中间负荷，以便确保机组能在高效率和高负荷的条件下具有足够的运行时数，以降低其发电成本。为此，在 IGCC 建设前必须与电网签订至少为期 10 年的供电合同，以保证高额的供电量、上网运行时数以及合理的上网电价。这一点对我国来说具有特殊重要的意义。

5）必须提高全厂设备的可靠性，精心维护和维修设备，使全场的可用率达到 92%以上，以确保实现与电网签订的合同中所规定的发电量和运行小时数的要求。

6）降低 IGCC 电站的比投资费用，以减小设备折旧成本对发电成本的影响，目标为

1000 美元/kW。

7）由国家统一建立电站污染排放物（NO_x、CO、CO_2、C_xH_y、固体颗粒、汞等）指标可以进行交易的市场（如欧盟规定 2006 年 7 月每吨 CO_2 排放指标的价格为 29.5 欧元）。这样可以使排放量少的优质电厂，能通过出售污染物排放指标，在经济上获得补偿。

8）国家给予特殊政策，扶持 IGCC 电站的建设。例如，采取国家专项补贴、上网电价补贴、贷款利息优惠、设备进口税优惠、允许采用快速折旧法计算发电成本等政策的实施。

9）天然气价格的上扬有利于 IGCC 电站的发展。据国外统计，使用价格为 0.474 美元/GJ 石油焦的 IGCC 电站，其发电成本就可以与使用价格为 3.3175 美元/GJ 天然气的联合循环电站相竞争。又如，比投资费用为 1200 美元/kW、净功率为 800MW 的煤基 IGCC 电站在使用价格比天然气价格低 2.275 美元/GJ 的煤种时，其发电成本就可以与燃烧天然气的联合循环电站相竞争。

10）要购买成熟的经过示范性考验的 IGCC 电站，才能在设备建成后，以最快的速度通过调试而投入商业运行，力求避免因使用不成熟产品所导致的高风险。

4.4.5　本节小结

归纳起来，降低 IGCC 比投资费用和发电成本的途径如图 4-5 所示，其中，每一种措施都将发挥作用，其定量的分析可参照本节的详细叙述，而且随着技术的发展和对 IGCC 认识的提高，影响程度还是时空的函数。

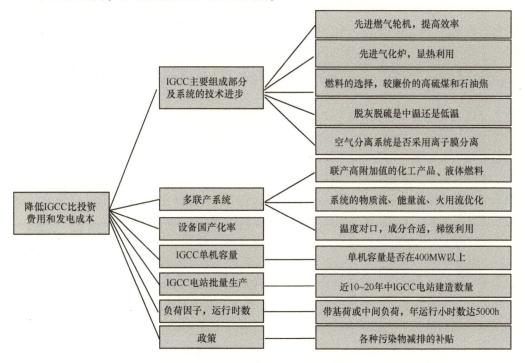

图 4-5　降低 IGCC 比投资费用的途径

4.5 在中国急需研究开发的若干 IGCC 项目

通过以上的分析，我们可以得到如下结论：

1）IGCC 是一种很有发展前途的洁净煤技术。对于以煤炭为主要一次能源的我国来说，在缺乏天然气的前提下，把 IGCC 作为拟开发的新型发电设备来研究，是完全必要的。

2）IGCC 的发展历史比较短，有许多技术还尚未成熟和定型，未能实现批量生产，致使运行可用率比较低（85% 左右），比投资费用与发电成本还不能与相对成熟、并已批量生产的 SCPC 电站相竞争，这是导致 IGCC 技术尚不能在发电行业推广使用的主要原因。

3）经历近 40 年的发展，IGCC 技术在煤化工和石化企业中以及煤制天然气工业中的使用已完全获得肯定，为 IGCC 技术的发展奠定了稳定的市场基础。在煤化工、石化企业和煤制天然气工业中，适时、合理地推广使用 IGCC 技术是当务之急。

4）倘若我国仍然缺乏天然气资源，那么开发以发电为主要目标的 IGCC 技术是发展 IGCC 技术的主攻方向。为此我国应致力于提高 IGCC 的运行可用率，努力降低其比投资费用和发电成本。

5）研究表明，当依靠"技术进步"、"规模经济"、"批量生产"和"国产化与本地化"措施来设计和生产 IGCC 的设备时，把不要求实施 CCUS 的 IGCC 的比投资费用下降到 800 美元/kW 左右是有可能的。也就是说，在今后的电力行业中使用 IGCC 发电技术是可能的，它具有与超临界、超超临界的粉煤蒸汽电站竞争的潜力。而且，在这个比投资费用条件下，在我国实施 IGCC+CCUS 时，其发电效率、环保特性与发电成本都有可能比超超临界或超临界粉煤蒸汽电站优越。

基于以上这些结论，特提出当前我国急需研究开发的 IGCC 技术的若干项目。

1）除了个别项目（如研究防止粉化效应的高温脱硫剂）仍需处于实验室研究阶段外，应把主要精力集中到示范性或商业性示范上来。当前最迫切的研究项目是：为不同的煤种选择合适的气化炉型，并确定其运行操作参数，力求在保证运行可用率的前提下，同时实现经济性的要求。目前，我国已经自行研发了几种喷流床气化炉（如华东理工大学的水煤浆多喷嘴对置式激冷气化炉 ICCT 以及余热回收式粉煤加压气化炉；西安热工研究院的余热回收式粉煤两段气化方式的 TPRI 气化炉；清华大学以及航天工业部的喷流床气化炉），并从国外引进了可以把容量适当放大的 GSP 干法供料的气化炉。其中，除 TPRI 气化炉已经被选作天津华能绿色煤电工程的气化炉已经调试投运外，其他几种气化炉都尚未正式用于以发电为主要目标的 IGCC 电站中。华东理工大学的 ICCT 炉已有 2000t/d 等级的实际商业化炉，已被证实其气化性能比 Texaco 气化炉优越，能成为我国电力工业中推广使用的首选对象。在下一轮加速开发 IGCC 技术的高潮中，必须选用以我国的气化炉为主的技术路线，建设 IGCC 示范电站，通过较长时间的运行，充分暴露缺陷，及时加以完善，并不断总结，以便确定适宜气化的煤种以及最佳运行操作参数。迫切需要进行试验的煤种为：常规的煤种（含硫量高于 3%，灰熔点较低灰分较少的烟煤或次烟煤），含灰量和含水量较高的褐煤，以及石油焦等。这种示范性电站的容量不宜过大，一般在 250MW 左右即可（目前科技部 973 计划项目正在进行这方面的研究）。

2）为了满足今后 IGCC 电站的容量扩大到 300～400MW 等级的要求，应该在我国自行设计的气化炉中选择一种或两种性能良好的炉型，把它们的容量提高到 3000～4000t/d 的水平，必要时可以对喷煤量已被放大了的燃料喷嘴进行必要的实验研究。

3）组织力量研究开发空气气化方式的喷流床气化炉。日本三菱公司气化炉的开发成功为发电用 IGCC 技术开创了美好的前景，可以使厂用电率大幅度下降（降至 11% 之内），使 IGCC 的供电效率较大幅度的提高，可用率也有望增长，而且比投资费用也有降低的趋势。虽然从日本引进此气化炉是可能的，但从我国研制气化技术的实力以及从知识产权的角度考虑，由我国自行研发相关技术也是一种可行的途径。

4）至今流化床气化炉尚未在 IGCC 技术中获得过成功，主要问题是低温气化很难保证气化的稳定性和质量。目前，我国已从美国引进了输运床 KBR 气化炉。据介绍，它国内对于褐煤很相宜。其实 KBR 气化炉炉内流动过程的实质就是高循环倍率的循环流化床。对引进此气化炉虽有争论，但既然 KBR 气化技术已由东莞电站引进，那就应要求相关单位加大试验研究力度，以期此气化炉能为气化褐煤做出贡献。

5）为了我国能够独立自主地研究开发 IGCC 技术，从现在起就应下决心建立我国燃气轮机的设计、研究、开发和试验中心。该中心的首要任务是建立起一整套能从事全尺寸、全参数、燃烧低热值煤气甚至是氢气燃料燃烧室的设计、试验研究工作的专业人才队伍与试验设备；建立起一整套能从事高温透平冷却叶栅设计和试验工作的专业人才队伍与设备；建立一座功率不小于 400MW、能并入电网运行以及燃用天然气的联合循环机组的试验电站，以便今后对新设计的燃气轮机及其关键部件进行长期的试验研究；由此逐渐培养出一支具备独立自主设计大型燃气轮机能力的专业队伍和试验研究基地；瞄准未来燃气轮机的发展方向，为 IGCC 技术的发展打下战略性、长远性、前瞻性的基础。显然，要建立这样一个燃气轮机的设计、研究、开发和试验中心需要耗费大量的财力和物力，尤其是要较长的时间，它不可能满足我国当前建设一定数量 IGCC 电站的急需。为了解决这个矛盾，在建立燃气轮机研究设计和试验中心的同时，就必须考虑从国外相关的燃气轮机制造厂，引进燃烧低热值煤气的燃气轮机制造技术，并在我国合作生产。

4.6　中国 IGCC 发电技术发展路线图

4.6.1　发展阶段的划分及各阶段的发展目标

1）2014～2020 年，建立多座不同燃料和不同气化炉的 IGCC 示范电站

利用我国开发成功的多种喷流床气化炉和引进 KBR 气化炉与 GSP 气化炉的良好时机，配置适当容量的 IGCC 电站设备，建成 120～250MW 等级的示范型电站（最后过渡为商业示范型）。其目的是试烧适合的煤种，总结出最佳的运行条件（允许对气化炉进行必要的改造），以便最后定型气化炉，为今后批量生产 300～350MW 容量等级的 IGCC 电站做好技术准备。积累 IGCC 电站的实际运行、检修和管理经验。

建议建设 4 ~ 5 座电站，包括以下类型。

用水煤浆激冷型气化炉的 250MW IGCC 电站；用水煤浆全热回收型气化炉的 250MW IGCC 电站；用干煤粉的全热回收型气化炉的 300MW IGCC 电站；用 KBR 气化炉的 120MW IGCC 电站，主要试烧褐煤；或者建立一座用 GSP 气化炉的 250MW IGCC 电站，试烧褐煤。

此外，为了全面示范 IGCC 与超超临界参数粉煤电站在供电效率、发电成本以及污染排放水平方面的差距，建议再建一座 400MW 等级的供电效率为 46% ~ 48% 的 IGCC 示范电站，燃气轮机可用 M701F4 型或 M701G 型，也可以考虑我国拟引进并合作生产的机型。这样将有利于今后较大批量的生产这种 IGCC 电站，该电站也可以最终成为燃气轮机设计、研究和试验中心管理的试验电站。

2) 2014 ~ 2020 年，与国外谈判引进先进的 IGCC 电站关键设备（空气气化炉和 FrF 级或 FrG 级燃用低热值合成煤气的燃气轮机），并在国内合作生产。

为做好这项工作，可以充分借鉴中国技术进出口总公司引进大型天然气联合循环发电站及其制造技术的经验和教训。

3) 2014 ~ 2025 年或 2035 年，建立我国设计、研究和试验中心。通过 10 ~ 15 年的努力，在我国建成可以独立自主研究、设计和试验先进的大型燃气轮机的中心和基地，培养一支有素养的专业人才队伍。建议该中心可按"燃气轮机设计局"的模式来组织。

4) 2030 年建立 20 座 IGCC 商业示范性电站。预计到 2030 年，我国 IGCC 电站的供电效率、污染排放特性、比投资费用与发电成本将全面优于超超临界的粉煤蒸汽电站，有条件新建一批性能较好的 IGCC 电站来进行示范，设想每一座 IGCC 电站的净功率为 600MW（即每座 IGCC 电站由 2 台燃气轮机机组组成，采用"2+2+1"多轴布置方式），共用 40 台联合循环机组，装备 20 座 IGCC 电站，其总净功率为 12 000MW，占全国总装机容量的 1% 左右。应该说，在我国花 5 年时间生产 40 台机组是毫无问题的，而且 40 台机组可以保证 IGCC 电站设备的批量生产，有利于降低比投资费用。至于此后的发展则可视经济和环保效益的要求再议。

4.6.2　发展时空路线图

我国发展 IGCC 发电技术并建立相应电站的时空路线图如图 4-6 所示。

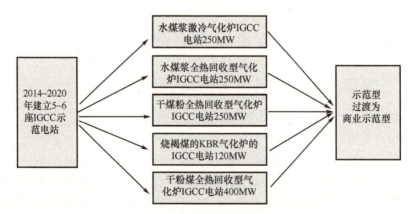

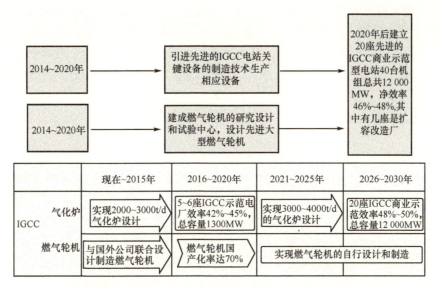

图 4-6　我国发展 IGCC 发电技术和电站的时空路线图

4.7　某些政策性建议

　　我国是一个以煤炭为主要能源的国家，必须在能源政策上坚持走高效、洁净煤技术的发展道路。20 世纪 90 年代中期，在原国家计委和原国家科委的领导下，曾编制过"发展中国洁净煤技术"的规划，在执行过程中取得了不少成果。在目前世界经济形势和对能源与环境的要求形势下，建议以这次大规模组织的"中国煤炭清洁高效可持续开发利用战略研究"活动为契机，修订和完善我国新一轮洁净煤技术的发展规划，力求为"十二五"时期及以后国家的能源规划服务。

　　参考美国于 1986 年提出的"洁净煤技术示范计划"（CCTP）可知，计划的宗旨是为了"高效利用能源和加强环境保护"。其基本内容有：煤的高效转换、污染控制（包括 SO_x、NO_x、有毒气体、固体和液体废弃物、温室效应气体、煤燃烧放出的其他有害物质）以及推进向发展中国家输出 CCTP 技术和装置。项目的征集是通过竞争选定的。CCTP 项目的选定具有以下特点。

　　1）CCTP 是紧密结合本国煤炭开发利用的特点制定的。

　　2）强调了采用新兴技术来改造现有技术装备，选题体现先进性、实用性和经济性的统一。

　　3）CCTP 的推行是以环境立法为后盾的，由政府宏观调控，并充分调动企业的积极性，2/3 以上的开发经费由企业提供。

　　4）CCTP 项目以建立示范工程为最终目标，有力地保证了新技术的开发能很快地进入市场以实现商业化。这些宗旨和特点值得参考。

　　洁净煤技术的开发是一项跨部门的巨大的系统工程，必须要有强有力的组织领导和高效率的管理协调。建议在国家能源局领导下，建立中国洁净煤技术领导小组，负责 CCTP 工作的组织与协调。

我国需制定和完善相关的政策和法规。首先应该制定环境政策，建立法规和标准，CCTP 的执行是以环境立法为依据的。制定鼓励发展洁净煤技术的经济政策，对于那些确实有发展前途的项目在上网电价和科研经费支持等方面给予优惠，促使它们能顺利地渡过最困难的"示范期"。建立允许污染物指标进行交易的市场机制，这个市场可以与国际接轨。

4.8 结束语

1）煤炭是我国主要的一次能源，在发电用能的份额中占 50% 以上。在我国缺乏天然气资源的前提下，为了确保国民经济高效、洁净和可持续地发展，在能源政策上必须坚持走洁净煤技术的道路。这就要求从"能源与环境协调发展"以及从"高效和清洁地利用煤炭"这两个角度来处理能源问题，而且洁净煤技术首先应从发电行业抓起。

2）IGCC 是洁净煤发电技术中比较成熟、而又最具发展前途的一种发电方式。它的主要优点是：污染排放量少，只有同等容量的超临界粉煤蒸汽电站和超超临界粉煤蒸汽电站的 1/3，而且具有在较短的期间内，把供电效率提高到 50% 以上的可能性。此外，IG 技术的成熟，可为发展其他洁净、高效的能源和动力系统，如 IGHAT、IGFU、IGSC 和 IGCCUS 等提供前提。因而把 IGCC 作为开发洁净煤技术的首选项目，是完全正确的。这种技术已经在煤化工、石化企业，以及煤制合成天然气的领域中，以煤气化为核心的多联产形式出现，成为无可争辩的先驱者。但是在电力行业中，以发电为主要目标的 IGCC 的应用，尚处于起步阶段，其主要原因是：它的可用率尚不理想（在 80%~85% 区间内徘徊）、比投资费用和发电成本暂时还竞争不过超临界/超超临界的粉煤蒸汽电站。但是它在污染排放少、能源利用效率高以及气化技术的适用性广这三个方面确实具有很大的发展潜力和优势。显然，当 IGCC 的发电成本降低到能够与超临界/超超临界的粉煤蒸汽电站竞争时，该发电技术就能获得大展宏图的机会。因而，我们必须强化对该技术的研究和开发。

3）提高 IGCC 技术的可用率、降低其比投资费用和发电成本是发展电力行业中 IGCC 技术的主攻方向。这就要依靠"技术进步、规模经济、批量生产和设备生产的国产化和本地化"措施的有效实施。估计在 10~20 年内把我国与国外合作生产的 IGCC 电站成套设备的比投资费用降低到 800 美元/kW 左右是有可能的。

4）我国已拥有独立自主地设计和生产大型气化炉的能力和经验，又有合作生产 70% Fr9F 级大型 NGCC 机组的能力和经验，因而，从现在开始在我国着力于建设一个能独立自主地设计和生产 IGCC 全套设备的先进的工业体系，是完全必要和可能的。

5）为了独立自主地发展 IGCC 技术，我国必须建立燃气轮机的设计、研究和试验中心。当务之急是在 3~5 年内建立起能与国外合作生产全套 300~400MW 等级的 IGCC 发电设备工业基地，以便为下一个五年计划期间较大规模的提供廉价的 IGCC 全套发电设备作准备（利用我国已经引进的制造 E 型和 F 型燃气轮机的基地来实现这点要求是不成问题的）。同时，环绕我国自行设计开发成功的几种气化炉，立刻建立 5 至 6 座 IGCC 示范发电厂。试验燃料品种，摸索和积累全厂的设计与运行经验，以便改变我国对 IGCC 技术研究相对落后的现状。这些工作都需要国家给予政策性的支持和引导，并有意识地逐渐培养和建立起小规模的市场经济关系。此后，争取在 2020 年以后建立一批自行设计、制造的 IGCC 电站。

第5章 ┃ 先进燃煤发电污染控制技术

5.1 脱硫技术

5.1.1 技术简介

5.1.1.1 技术及产业发展情况

(1) 控制标准

《火电厂大气污染物排放标准》（GB13223—1996）首次规定了火电厂 SO_2 排放浓度要求，即从 1997 年 1 月 1 日起，新建、改建、扩建的燃煤发电锅炉，燃煤含硫量大于 1% 时执行 1200mg/Nm³ 的排放限值，燃煤含硫量小于 1% 时执行 2100mg/Nm³ 的排放限值。2003 年该标准修订，普遍推行烟气脱硫，2011 年 7 月修订颁布的排放限值则更加严格。SO_2 排放标准及控制技术演变如图 5-1 所示。

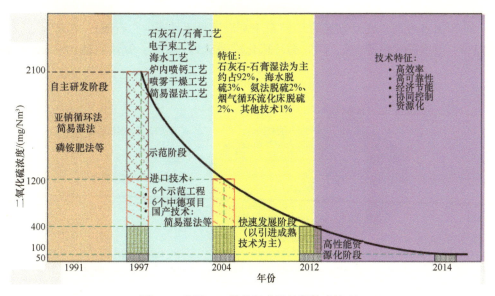

图 5-1 我国 SO_2 排放标准及控制技术演变

（2）排放情况

我国煤电装机容量 2005 年为 3.85 亿 kW，2010 年为 7.1 亿 kW。在年均增长 13.8% 的情况下，电力工业 SO_2 排放量总量由 1300 万 t 下降到 926 万 t，排放绩效由 6.4 g/（kW·h）下降到 2.7 g/（kW·h）。这主要是在"十一五"期间大规模建设 300MW 及以上大容量机组、关停中小型凝汽式机组（7683 万 kW），并同步建设烟气脱硫装置（约 5.65 亿 kW），占煤电容量的 86% 的综合结果。

目前，电力工业已形成了以石灰石-石膏湿法脱硫为主，海水脱硫、烟气循环流化床脱硫、氨法脱硫等为辅的技术路线。随着到 2015 年全国工业 SO_2 排放总量消减 8% 约束性指标的明确和 GB13223—2011 的修订与实施，"十二五"期间烟气脱硫将向高性能、高可靠性、高适用性等方向发展。全国及电力工业 SO_2 排放情况如图 5-2 所示。

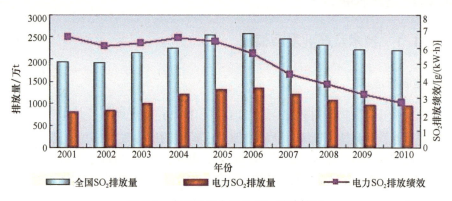

图 5-2　全国及电力工业 SO_2 排放情况

到 2010 年年底，在已投运的 5.65 亿 kW 烟气脱硫设施中，石灰石-石膏湿法脱硫约占 92%，海水脱硫约占 3%，烟气循环流化床脱硫约占 2%，氨法脱硫约占 2%，如图 5-3 所示。

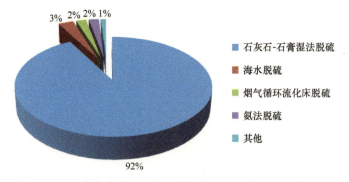

图 5-3　2010 年年底全国已投运烟气脱硫机组脱硫方法分布情况

（3）产业发展

脱硫产业化管理进一步加强。从国家发展和改革委员会委托中国电力企业联合会

（中电联）开展的火电厂烟气脱硫产业登记结果来看，在参加产业登记的脱硫公司中，2010 年底脱硫机组累计投运容量排名前 20 名的脱硫公司脱硫机组投运容量约占全国投运总量的 78.8%；投运容量排名前 20 名的脱硫公司投运的脱硫容量约占全国当年投运总量的 77.7%。

2007 年，国家发展和改革委员会会同环保部印发了《关于开展烟气脱硫特许经营试点工作的通知》（发改办环资〔2007〕1570 号），启动火电厂烟气脱硫特许经营试点工作，试点周期三年。截至 2010 年年底，全国已纳入火电厂烟气脱硫特许经营试点项目 23 个、59 台机组、投运容量为 24 485MW。其中，已按特许经营方式运行的项目共 16 个、43 台机组、投运容量为 18 195MW。

5.1.1.2　技术分类

根据控制 SO_2 排放的工艺在煤炭燃烧过程中的位置，可将脱硫技术分为燃烧前脱硫、燃烧中脱硫和燃烧后脱硫三种。燃烧前脱硫主要是选煤、煤气化、液化和水煤浆技术；燃烧中脱硫指的是低污染燃烧、型煤和流化床燃烧技术；燃烧后脱硫也即烟气脱硫。烟气脱硫是目前世界上唯一大规模商业化应用的脱硫技术，其他方法还不能在经济、技术上与之竞争。脱硫技术的分类如图 5-4 所示。

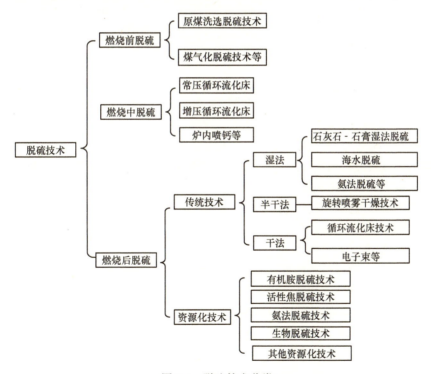

图 5-4　脱硫技术分类

按脱硫产物是否回收，烟气脱硫可分为抛弃法和再生回收法。按脱硫产物的干湿形态，烟气脱硫又可分为湿法、半干法和干法工艺。湿法脱硫工艺包括用钙基、钠基、镁基、海水和氨作为吸收剂；其中石灰石-石膏湿法脱硫是目前使用最广泛的脱硫技术。半干法主要是喷雾干燥技术。干法脱硫工艺主要是喷吸收剂工艺。按所用吸收剂不同可分为钙基和钠基工艺，吸收剂可以以干态、湿润态或浆液喷入。

5.1.2　典型技术性能

火电厂烟气脱硫典型技术特点及性能见表5-1。

表5-1　典型脱硫技术性能

	名称	石灰石-石膏法	海水法	氨法	烟气循环流化床脱硫法
技术性能指标	工艺流程难易情况	流程较复杂	主流程简单	流程复杂	流程较简单
	工艺技术指标	脱硫效率大于90%，Ca/S为1.1	脱硫效率大于95%，脱硫剂为海水	脱硫效率大于90%，脱硫剂为氨水	脱硫效率高于85%，Ca/S为1.2
	脱硫副产物	主要为$CaSO_4$，目前尚未利用	副产品为硫酸盐，经处理后排入大海	硫铵，肥料出售	烟尘和Ca的混合物，目前尚未利用
	推广应用前景	燃烧中、低硫煤锅炉	燃烧低硫煤锅炉	燃烧高、中硫煤锅炉	燃烧中、低硫煤锅炉
	电耗占总发电量的比例/%	1～1.5	1～2	1～1.5	0.5～1
	技术成熟度	大规模运用	最大装机容量1000MW	最大装机容量600MW	最大装机容量660MW
	环境特性	好	好	很好	很好

5.1.2.1　石灰石-石膏湿法脱硫

石灰石-石膏湿法脱硫工艺采用石灰石或石灰作脱硫剂，石灰石经破碎研磨成粉状，与水混合搅拌成吸收浆液。在吸收塔内，吸收浆液与烟气接触混合，烟气中的SO_2与浆液中的碳酸钙以及鼓入的空气进行化学反应后被脱除，最终反应产物为石膏。脱硫后的烟气经除雾器除去烟气中的细小液滴，经换热器（湿烟囱无此设备）加热升温后排入烟囱。脱硫石膏浆液中的石膏经脱水装置脱水后回收。

该工艺的主要特点有以下几个方面。

1）脱硫效率高（95%以上）。

2）技术成熟，运行可靠性好。装置投运率一般可达98%以上。

3）对煤种变化的适应性强。该工艺适用于任何含硫量的煤种。

4）占地面积大，一次性建设投资相对较大。

5）吸收剂资源丰富，价格便宜。在脱硫工艺的各种吸收剂中，石灰石价格最便宜，破碎磨细较简单，钙利用率较高。

石灰石-石膏湿法脱硫工艺是目前世界上技术最为成熟、应用最多的脱硫工艺，应用该工艺的机组容量约占电站脱硫装机容量的90%以上，应用的单机容量最大已超过1000MW。

5.1.2.2　海水脱硫

天然海水中含有大量的可溶盐，其主要成分是氯化物和硫酸盐，也含有一定量的可溶性碳酸盐。海水通常呈碱性，这使得海水具有天然的酸碱缓冲能力及吸收 SO_2 能力。烟气海水脱硫技术就是利用海水的这种特性来吸收烟气中的 SO_2，达到烟气净化的目的。

与其他脱硫技术相比，海水脱硫技术有以下优点。

1）工艺简单，运行可靠，脱硫效率高，一般达到 95% 以上。

2）以海水作为吸收剂，节约淡水资源，并且可以不添加脱硫剂。

3）脱硫后的产物硫酸盐是海水的天然组分，不存在废弃物处理和结垢堵塞等问题。

4）一般应用于采用海水冷却的发电厂，可直接利用凝汽器下游循环水，降低建设成本，投资费用占电厂总投资的 5%~8%，电耗占机组发电量的 1%~2%。

5.1.2.3　氨法脱硫

氨法脱硫技术，利用氨水的碱性吸收烟气中的酸性 SO_2 气体，副产品为硫铵或者硫酸铵肥料，适用于任何煤种的烟气脱硫，脱硫效率可超过 95%。该技术以脱硫效率高、无二次污染、可资源化等独特优势备受关注，主要技术优势如下。

1）适用范围广，不受燃煤含硫量、锅炉容量的限制。

2）反应速度快，吸收剂利用率高、脱除效率高。

3）脱硫剂用量小、无废渣。

4）脱硫副产品为化肥，是技术成熟的循环经济型脱硫技术。

5.1.2.4　烟气循环流化床脱硫技术

烟气循环流化床脱硫工艺是近年来迅速发展起来的一种新型干法脱硫技术。该工艺特点是：

1）吸收剂采用干态的消石灰粉，从反应塔上游入口烟道喷入，属于干法脱硫工艺。

2）采用独立的烟气增湿系统，即增湿水量仅与反应塔出口的烟气温度有关，而与烟气浓度、吸收剂的喷入量等无关。

3）采用部分净化烟气再循环的方式以确保系统低负荷运行时的可靠性和反应塔床料的稳定。

5.1.3　现存问题及改进空间

5.1.3.1　石灰石–石膏湿法脱硫

石灰石–石膏湿法脱硫工艺在运行过程中存在的主要问题及改进空间或措施见表 5-2。

表 5-2　石灰石–石膏湿法脱硫工艺主要问题及改进空间或措施

存在问题	改进空间
锅炉实际燃用煤种含硫量远大于脱硫设计含硫量	1. 加强运行，掌握来煤硫分，以便及时进行燃料调整和掺混； 2. 必要时对脱硫系统按照实际燃用煤质情况进行增容改造； 3. 添加适量的高效脱硫添加剂； 4. 当烟气参数大幅度和较长时间偏离设计值时，可人为限制脱硫装置的进烟量，以保持脱硫装置能正常运行

存在问题	改进空间
脱硫系统的结垢与堵塞	1. 采用强制氧化工艺； 2. 控制溶液的 pH； 3. 加入二水硫酸钙亚硫酸钙晶种或者添加剂； 4. 适当增大液气比； 5. 应密切监视除雾器压差、冲洗水流量和压力； 6. 保证烟气加热器（GGH）蒸汽吹扫压力和温度控制在规定范围内； 7. 做好喷嘴等检修工作
脱硫废水方面	1. 在设计时考虑将脱硫废水取自气液分离罐，因其浆液含固量低，可取消废水旋流器； 2. 把脱硫废水引入电厂除渣水系统
石膏综合利用方面	1. 在水泥基材料中的应用； 2. 在石膏制品中的应用，如石膏砌块、纸面石膏板、粉刷石膏等； 3. 在胶结尾砂充填的应用； 4. 在农业中的应用

5.1.3.2 海水脱硫

海水脱硫工艺虽然具有很多其他工艺无法比拟的优点，但也存在一定的局限性和一些目前尚未解决的问题。

1）地域因素。海水脱硫技术工艺适用范围较小，仅适用于靠海边、海水扩散条件好、海水碱度能满足工艺要求的滨海电厂，不适用于内陆电厂，在环境质量比较敏感和环保要求较高的海滨区域也要慎重考虑。

2）燃煤含硫量。海水脱硫只适用燃用低硫煤的电厂，虽然实际应用中，西班牙Gran Canaria 电厂燃煤含硫量达到 1.5%，但就国内外已投运的海水脱硫机组来看，绝大多数燃煤含硫量小于 1%。

3）环境因素。由于海水脱硫利用海水又将海水返回海洋，因此，人们对这种工艺对环境的影响给予了更多关注，如重金属的蓄积。

4）腐蚀问题。海水脱硫系统设备或构筑物长期处在海水与酸性烟气的环境中，受到冷热温差、干湿介质的交替、水流冲刷、深度氧化曝气等因素的作用，诱发腐蚀的因素很多。因此，海水脱硫工程对腐蚀防护要求非常高。

目前防止海水烟气脱硫（FGD）腐蚀主要从两方面考虑，一方面是选用耐腐蚀的合金钢复合材料；另一方面是选用防腐蚀涂料。常用的方法是将鳞片树脂涂刷在钢板内壁，用于吸收塔和净烟气烟道的腐蚀防护；但脱硫系统抗腐蚀性能还有待进一步提高。

5.1.3.3 氨法脱硫

虽然氨法脱硫技术有诸多优点，但在工程应用中仍存在如下技术难点。

1）氨逃逸率。氨法脱硫与石灰石-石膏湿法脱硫的本质区别是，前者的脱硫剂在常温常压下是易挥发气体，而后者是不挥发固体。目前已运行的氨法脱硫机组氨逃逸率一般在 $10mg/Nm^3$ 以上。因此，氨法脱硫的首要问题是氨逃逸的问题。

2）气溶胶。吸收塔对大颗粒有较好的脱除作用，但对细颗粒的脱除效率很低。氨法脱硫工艺中，不可避免地会生成微米级气溶胶颗粒。由于颗粒太小，不容易被现有的除雾器捕集。这些气溶胶颗粒随烟气排入大气，将危害环境和人体健康。如何控制脱硫过程中气溶胶的形成，减少细颗粒排放，是氨法脱硫亟待解决的问题。

3）亚硫酸铵氧化。向亚硫酸铵水溶液鼓入空气直接氧化，便可得到硫酸铵：$SO_3^{2-} + \frac{1}{2}O_2 \longrightarrow SO_4^{2-}$。亚硫酸铵氧化和其他亚硫酸盐相比明显不同，$NH_4^+$的存在显著阻碍$O_2$在水溶液中的溶解。因此，氧化空气加入方式、氨加入点和加入量，将影响氧化效果，并直接影响产品结晶及其市售价值。

4）硫铵的结晶。硫铵在水溶液中的饱和溶解度随温度变化较小。目前，硫铵结晶析出的方法一般采用蒸发方式，需要消耗额外蒸汽。因此，寻找更经济的方式使硫铵饱和结晶，对于降低能耗是有利的。

5.1.3.4　烟气循环流化床脱硫

烟气循环流化床脱硫技术在工程应用过程中存在的主要问题及改进空间见表5-3。

表 5-3　烟气循环流化床脱硫技术存在主要问题及改进空间

存在问题	改进空间
吸收剂问题	在脱硫工艺选择的时候应认真落实吸收剂的来源，确保品质和供应
副产品综合利用	脱硫系统布置在锅炉除尘器之后，增设用于捕集脱硫副产品的装置
吸收塔出口烟温	在实际运行过程中根据所需要达到的脱硫效率和使用的吸收剂品质来控制反应温度
反应塔的压力降波动较大	当锅炉在低负荷运行时（低于70%），通过调节再循环烟道挡板门开度来增加烟气流量，保证流化床床压和系统的稳定运行
消化系统出力不足	对螺旋给料机进行增容，增加消化系统出力； 适当延长生石灰输送绞笼消化器接口，提高绞笼出力； 对于雾化水喷嘴，应改进喷嘴的结构，适当降低喷嘴的入口压力，以减小对喷嘴的磨损

5.1.4　发展方向

根据GB13223—2011对SO_2排放的控制要求及从中长期看我国的环境治理将进一步严格的现实，结合国内外脱硫技术的现状及发展趋势，预计我国SO_2排放控制技术的发展将经历三个阶段。

1）2011~2015年，以当前我国广泛应用的、持续改进的传统脱硫技术（如石灰石-石膏湿法、海水脱硫、循环流化床脱硫等）为主，同时试点可行的资源化脱硫技术（如氨法脱硫、有机胺脱硫、活性焦脱硫等）。

2）2016~2020年，以高性能、高可靠性、高适用性、高经济性的脱硫技术为主，同时规范发展资源化脱硫技术，试点应用可行的新型脱硫技术及多污染物协同控制技术。

3）2021~2030年，以更高性能的传统脱硫技术、新型脱硫技术、资源化技术为主，同时快速发展高性能的多污染物协同控制技术。

5.1.4.1　传统脱硫技术的持续改进

传统脱硫技术包括石灰石-石膏湿法脱硫、海水脱硫、循环流化床脱硫等的持续改进的方向是高性能、高可靠性、高适用性和高经济性。

（1）石灰石-石膏湿法脱硫

随着第二代湿法 FGD 技术的不断改进。目前湿法 FGD 的供应商将他们的注意力转到了研发第三代洗涤器上。第三代洗涤器应该具有非常高的性能（脱硫率远超过95%），有更高的可靠性和比以前的洗涤器显著低的投资和运行费用。该技术的主要研究方向集中在开发大容量吸收塔、提高烟气流速、废水处理系统、关键设备改进以及防腐材料等方面，具体见表 5-4。

表 5-4　石灰石-石膏湿法脱硫的发展方向

发展方向	技术优势
开发大容量吸收塔	减少制造和安装工作量，降低投资费用
适度提高烟气流速	减少吸收塔的尺寸，降低 FGD 投资费用； 提高 SO_2 的吸收
废水处理系统	省去废水处理系统，实现零排放
关键设备改进	开发容量大，效率高的脱硫增压风机，降低能耗； 防腐材料的开发和选择，清灰和密封设计的改进是研究和开发的课题； 改进应用于湿法 FGD 系统中的浆泵过流件的材料； 改进雾化喷嘴结构和材料设计
防腐材料研究与开发	开发合金材料，提高设备使用寿命和系统可靠性
多污染物联合脱除技术	单一污染物控制向多污染物协同控制战略转型

（2）海水脱硫

从市场、地域、副产物等角度分析，海水脱硫技术在沿海地区有一定的技术经济优势，将其应用范围由沿海燃煤电厂推广至沿海钢铁冶金企业，可进一步拓宽海水脱硫技术的应用前景。

从技术角度来看，主要攻关方向和主要措施见表 5-5。

表 5-5　海水脱硫的攻关方向和主要措施

攻关方向	主要措施
提高海水对 SO_2 的吸收容量	降低海水温度、提高其碱度和含盐量
提高脱硫效率	提高液气比，降低吸收塔入口烟气温度，合理设计吸收塔结构，充分发挥脱硫添加剂的作用
减小曝气池占地面积	增大空气喷嘴的覆盖面积
提高排水 pH	曝气氧化设计，混合新鲜海水进行曝气恢复
提高脱硫设备的抗腐蚀性能	使用耐腐的合金钢复合材料； 使用防腐涂料

5.1.4.2　资源化技术

（1）活性焦脱硫技术

活性焦脱硫技术的原理是利用活性焦的吸附特性，使烟气中的 SO_2 被吸附在活性的焦可表面，吸附 SO_2 的活性焦加热再生，释放出高浓度 SO_2 气体，再生后的活性焦可循环使用，高浓度 SO_2 气体可加工成硫酸、单质硫等多种化工品。该技术的特点如下所述。

1）环保性能：脱硫效率达 99%，可同时脱 NO_x、重金属等，没有废弃物，对环境没有二次污染。

2）节水：节水 80% 以上，适合水资源缺乏地区。

3）腐蚀轻：脱硫在 60～150℃，烟气不用再热。

4）资源回收：硫资源化，实现综合利用。

5）脱硫剂的原料丰富，失效后可用于燃烧。

活性焦脱硫技术工艺流程如图 5-5 所示。

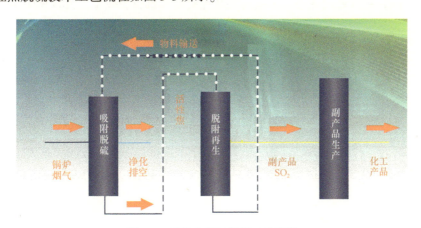

图 5-5　活性焦烟气脱硫工艺流程

（2）氨法脱硫

由于氨法脱硫的脱硫剂价格较高，氨回收利用率是决定氨法脱硫系统运行经济的重要因素。因其脱硫剂为挥发性物质，脱硫过程存在氨逃逸、亚铵盐氧化等难题，这些问题不仅涉及系统是否产生二次污染，而且直接关系氨回收利用率的高低。所以，氨法烟气脱硫的关键技术就在于控制氨逃逸浓度、控制铵盐气溶胶、亚铵盐氧化、工业化应用等。

氨法烟气脱硫技术发展趋势主要集中在以下三个方面。

A. 吸收系统向多段复合吸收型技术发展

多段复合型吸收塔氨法烟气脱硫技术是目前国内外先进的氨法烟气脱硫工艺，其他氨法烟气脱硫工艺皆有向该型技术发展的趋势，高脱硫率、高回收率是氨法烟气脱硫技术发展中必须坚持的原则。

B. 副产物系统技术的开发

副产物系统主要是有针对性地开发更加节能、更加环保、更加可靠的流程及设备，包括蒸汽喷射泵的应用、多效蒸发流程及设备的开发、更适应蒸发系统工况的材料开发、新型固液分离及干燥设备的开发等。

C. 脱硫脱硝一体化技术开发

随着我国对 NO_x 排放控制的严格要求，脱硝将是烟气治理的又一重点。而氨及其脱硫中间产物皆有一定的脱硝能力，可以实现同时脱硫脱硝。所以结合氨法烟气脱硫工艺探索脱硫脱硝一体化治理技术也成为氨法未来一大发展趋势。

（3）有机胺脱硫技术

有机胺 SO_2 脱硫技术是利用专用有机胺吸收烟气中的 SO_2 成分，再将 SO_2 解析出来，形成纯净的气态 SO_2；解析出的 SO_2 送入常规硫酸生产工艺，进行硫酸的生产。该技术的特点是脱硫效率高达 99.8%、工艺流程简单、系统运行可靠、运行简便、容易维护，无危险的化学物及小于 $PM_{2.5}$ 的颗粒产生，系统无二次污染问题，且回收高商业价值的副产品，降低运行成本，可实现循环经济。有机胺脱硫工艺流程见图 5-6。

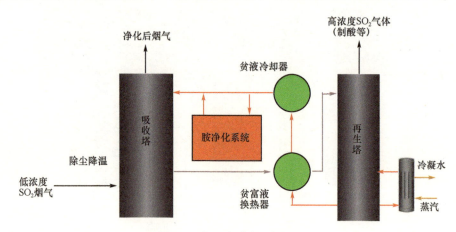

图 5-6　有机胺脱硫工艺流程

（4）生物脱硫技术

生物脱硫技术是将洗涤技术与生物脱硫技术集合，该工艺首先用碱液将烟气中的 SO_2 吸收，吸收液加入高浓度柠檬酸废水后进入生物反应器，经过厌氧和好氧两步反应将硫酸盐还原成单质硫，同时碱液吸收液得以再生，继续用于 SO_2 吸收，工艺流程见图5-7。

与目前在广泛使用的石灰石-石膏法湿法脱硫工艺相比，该工艺技术具有以下优势：

1）不消耗碳酸钙等矿产资源，无硫酸钙等生成，最大限度地缩小了副产品的体积。

2）由于整个处理流程为闭环设计，水耗低。

3）利用高浓度 COD 废水作为微生物的营养源，达到以污治污的目的。

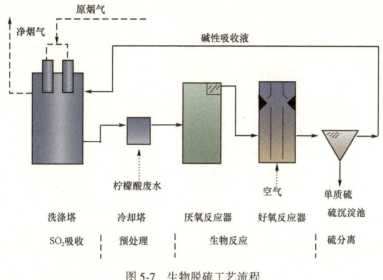

图 5-7　生物脱硫工艺流程

4）脱硫副产品为单质硫，具有较高利用价值。

5）脱硫剂为可再生碱液，可以循环使用，运行费用低，可靠性高。

5.1.4.3　基于脱硫的多污染物控制技术

基于脱硫的多污染物控制技术包括基于传统石灰石-石膏湿法的脱硫脱硝脱汞一体化技术、氨法脱硫脱硝脱汞一体化技术、基于传统干法的脱硫脱硝脱汞一体化技术、钠法干式脱硫脱硝一体化技术等。

5.2　脱硝技术

5.2.1　技术简介

5.2.1.1　技术及产业发展情况

（1）控制标准

我国于 1991 年颁布了《燃煤电厂大气污染物排放标准》（GB13223—1991），1996 年修订颁布的《火电厂大气污染物排放标准》（GB13223—1996）中首次对新建额定蒸发量 1000t/h 以上的锅炉规定了 NO_x 的排放要求，对于其他锅炉的 NO_x 排放没有要求。2003 年修订的《火电厂大气污染物排放标准》（GB13223—2003），则按时段和燃料特性规定了所有机组的 NO_x 排放限值。2011 年修订颁布的《火电厂大气污染物排放标准》（GB13223—2011），取消了按燃煤挥发分划分标准的方式，按机组环评批复时间或投产年限划分标准，并放宽 "W" 型火焰锅炉、现役 CFB 锅炉的 NO_x 限值浓度。前面两次 NO_x 限值制修订的技术依据为低氮燃烧技术，GB13223—2011 标准对 NO_x 限值的修订依据的为烟气脱硝技术。NO_x 排放限值及 NO_x 控制技术变化如图 5-8 所示。

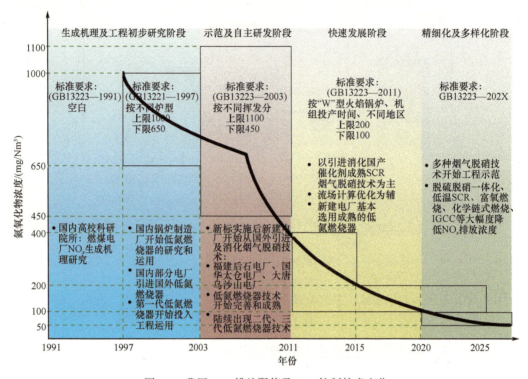

图 5-8 我国 NO_x 排放限值及 NO_x 控制技术变化

（2）排放状况

2005 年我国煤电装机容量为 3.85 亿 kW，2010 年年末约为 6.5 亿 kW。在年均增长 13.8% 的情况下，NO_x 排放量总量由 740 万 t 增加到 900 万 t，排放绩效由 3.6 / (kW·h) 下降到 2.6g/ (kW·h)。这主要是由于在"十一五"期间大规模建设 300MW 及以上大容量机组、关停中小型凝汽式机组，并同步建设低氮燃烧器和烟气脱硝装置（约 90 000MW，占煤电容量 13.8%）的综合结果。图 5-9 所示为我国电力行业 NO_x 近五年的排放情况。

目前，电力工业已形成了以低氮和烟气脱硝相结合的技术路线。随着到 2015 年全国 NO_x 排放总量削减 10% 约束性指标的颁布和 GB13223—2011 的修订颁布，"十二五"期间将掀起烟气脱硝工程建设的高潮。

（3）产业发展

截至 2008 年年底，全国有 24 319MW 的脱硝机组建成，占全国火电机组容量的 4.05%。其中，2007 年及 2008 年投运的脱硝机组容量占全国脱硝机组容量的 63.08%。所采用的工艺主要是 SCR，约占脱硝机组总装机容量的 83.55%，SNCR 占 14.81%，SNCR-SCR 占 1.64%。在地区分布方面，主要集中在华东地区，其中浙江省、福建省和江苏省，分别达到了 5949MW、5400MW 和 4860MW，三者占全国总量的 66.65%；其次为北京、广东和山西，分别为 2675MW、1200MW 和 1200MW。

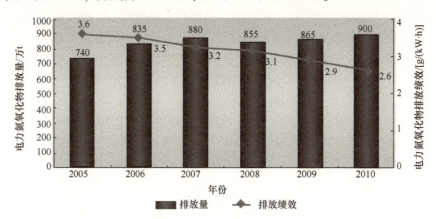

图 5-9　中国电力行业 NO_x 控制情况

2009 年新增并投运（含新建或改造）的烟气脱硝机组共 44 台，约 20 990MW。其中，1000MW 级机组共 6 台，合计 6000MW；600MW 级机组共 9 台，合计 5840MW；其余均为 300MW 级，共 29 台，合计 9150MW。在地区分布方面，分布在 16 个省（自治区、直辖市）。其中，沿海地区（海南、广东、浙江、江苏、上海、山东、河北、天津、辽宁、吉林）新增脱硝装机容量为 15 270MW，占 72.75%。在所有新增并投运的烟气脱硝机组中新建机组的装机规模约占 91%。截至 2009 年年底，已投运的火电烟气脱硝机组约 45 309MW，占全国火电机组容量的 6.95%。

2010 年，新增并投运（含新建或改造）的烟气脱硝机组共 81 台，约 36 366MW。其中，1000MW 级机组共 12 台，合计 12 132MW；600MW 级机组共 23 台，合计 14 480MW；300MW 级机组共 27 台，合计 8320MW；300MW 级以下共 19 台，合计 1434MW。在地区分布方面，分布在 19 个省（自治区、直辖市）。其中，分布在沿海省份（广东、浙江、江苏、上海、山东、河北、天津、辽宁、吉林）的新增脱硝装机为 23 256MW，占 63.95%。在所有新增并投运的烟气脱硝机组中新建机组的规模占 84%。

截至 2012 年年底，我国已投运的烟气脱硝机组约 2.3 亿 kW，占全国煤电机组容量的 28.1%，规划和在建的烟气脱硝机组容量已超过 5 亿 kW。全国已投运的烟气脱硝装置中采用 SCR 工艺的占 97.4%，绝大多数 2003 年后新建机组已经采用不同水平的低氮燃烧器。

5.2.1.2　烟气脱硝技术分类

燃煤产生的 NO_x 主要来自两个方面，一是燃烧时，空气中的 N_2 在高温下氧化而产生的 NO_x，称为热力型 NO_x；二是燃煤中固有的 NO_x 在燃烧过程中经热分解和氧化生成的 NO_x，称为燃料型 NO_x。除此之外，还有一部分是分子氮在火焰前沿的早期阶段，在碳氢化合物的参与影响下，通过中间产物转化的 NO_x，称为瞬态型 NO_x，这部分量很少，一般不予考虑。

控制燃煤电厂氮氧化物排放的技术措施主要可以分为两类：一类是生成源控制，又称一次措施，其特征是通过各种技术手段，控制燃烧过程中 NO_x 的生成反应。根据热力

型 NO_x 的生成原理，高温和高氧浓度是其产生的根源，因此减少热力型 NO_x 的主要措施有降低助燃空气预热温度、减少燃烧最高温度的区域范围、燃烧峰值温度、烟气循环燃烧等。根据燃料型 NO_x 的生成原理，控制其产生的措施有降低过量空气系数、控制燃料与空气的前期混合、提高局部燃浓度、利用中间产物反应降低 NO_x 产生量，由此产生各种低 NO_x 燃烧技术。燃煤电厂 NO_x 控制技术如图 5-10 所示。

　　NO_x 生成源控制技术主要有低氮燃烧器（LNB）、空气分级（LEA、OFA、AS）、燃料再燃（FR）、富氧燃烧（OIOA）等。低 NO_x 燃烧技术应用成本较低，但小机组的 NO_x 生成率较高，不容易控制在较低的 NO_x 排放水平上，而且分级燃烧对燃烧过程具有较大调整，如果处理措施不得力，会对锅炉产生一定负面影响。

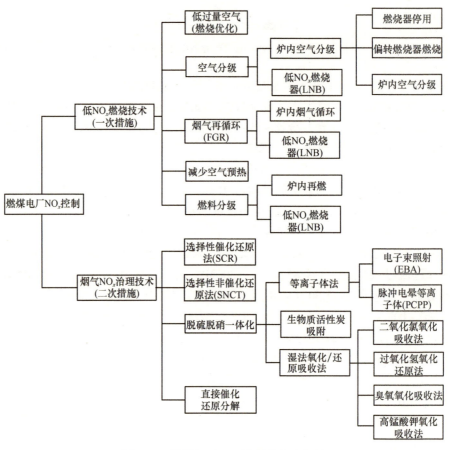

图 5-10　燃煤电厂 NO_x 控制技术示意图

　　另一类是烟气治理脱硝技术，是指对烟气中已经生成的 NO_x 进行治理，烟气 NO_x 治理技术主要包括 SCR、SNCR、脱硫脱硝一体化、等离子体法、直接催化分解法、生物质活性炭吸附法等。这些方法的主要原理是利用氧化或者还原化学反应将烟气中的 NO_x 脱除。

　　目前，应用在燃煤电站锅炉上成熟的烟气脱硝技术主要有 SCR、SNCR 以及 SNCR/SCR 的组合技术。SCR 烟气脱硝技术是指利用还原剂 NH_3 在有氧条件下、合适温度范围内将吸附在催化剂表面的 NO_x 选择性还原成无害的氮气和水。它具有较高的脱硝率，能达到 50%~90%，是一种相对成熟的电站烟气脱硝技术。该技术的发明权属于美国，而日本率先于 20 世纪 70 年代将其实现了商业化，最初是在 20 世纪 70 年代后期安装在日本的工业电站上，其后被广泛地应用在西欧、日本等发达国家，并被认为是目前可行的商业最佳脱硝技术。

(1) 低 NO$_x$ 燃烧技术

国外从 20 世纪 50 年代开始对燃煤在燃烧过程中 NO$_x$ 的生成机理和控制方法进行研究，研究结果表明：影响 NO$_x$ 生成和排放最主要的因素是燃烧方式，也即燃烧条件。因此，当燃煤设备的运行条件发生变化时，NO$_x$ 的排放也随之发生变化。燃烧温度，烟气中 O$_2$、NH$_i$、CH$_i$、CO、C 和 H$_2$ 的浓度是影响 NO$_x$ 生成和破坏的最重要的因子。因此凡通过改变燃烧条件来控制上述因子，以抑制 NO$_x$ 的生成或破坏已生成的 NO$_x$，达到减少 NO$_x$ 排放的措施，都称为低 NO$_x$ 燃烧技术，两种用法在行业内均获得广泛应用。低 NO$_x$ 燃烧技术减少 NO$_x$ 的主要手段是降低炉膛燃烧峰值温度、减少燃料在高温区停留的时间、通过浓淡分离实现偏离化学当量比燃烧等。

低 NO$_x$ 燃烧技术的主要特点是工艺成熟、投资和运行费用低。在对 NO$_x$ 排放要求非常严格的国家（如德国和日本），均是先采用高效低 NO$_x$ 燃烧器减少一半以上的 NO$_x$ 后再进行烟气脱硝，以降低脱硝装置入口的 NO$_x$ 浓度，减少投资和运行费用。低 NO$_x$ 燃烧技术是目前各种降低 NO$_x$ 排放技术中采用最广、相对简单、经济有效的方法，但他们减少 NO$_x$ 的排放有一定的限度。由于降低燃烧温度、减少烟气中氧的浓度等都不利于煤燃烧过程本身，因此，各种低 NO$_x$ 燃烧技术都必须以不会影响燃烧的稳定性，不会导致还原性气氛对受热面的腐蚀，以及不会不合理地增加飞灰含碳量而降低锅炉效率为前提。

国外低 NO$_x$ 燃烧技术的发展已经历三代。第一代技术不对燃烧系统做大的改动，只局限于燃烧器的改进，即低氮燃烧器（LNB）；第二代技术以空气分级燃烧为特征；第三代技术则是在炉膛内同时实施空气、燃料分级的三级燃烧方式。

对煤粉锅炉来说，煤粉燃烧器是锅炉燃烧系统中的关键设备。从燃烧的角度看，燃烧器的性能对煤粉燃烧设备的可靠性和经济性起着主要作用；另一方面，从 NO$_x$ 的生成机理看，占 NO$_x$ 绝大部分的燃料型 NO$_x$ 是在煤粉的着火阶段生成的。因此，通过特殊设计的燃烧器结构，以及通过改变燃烧器的风煤比例，将空气分级、燃料分级和烟气再循环降低 NO$_x$ 浓度的原理用于燃烧系统的设计，以尽可能地降低主燃区（特别是着火初期）的氧浓度，适当降低着火区的温度，达到最大限度地抑制 NO$_x$ 生成的目的。这类特殊设计的燃烧器一般称为低氮（或 NO$_x$）燃烧器，根据 NO$_x$ 控制原理分类，主要有分级燃烧型、自身再循环型、浓淡燃烧型、分割火焰型及混合促进型等，一般可达到 30%~40% 的稳定的脱硝率，而且投资及运行成本也较低，不增加占地面积，也有较高的技术成熟度。

20 世纪 80 年代以后，引进的空气分级燃烧技术在我国电站锅炉中得到广泛的应用。国内大部分 300MW 及以上的机组都采用了引进的空气分级燃烧技术，尤其以燃尽风燃烧器最为普遍，因而这些机组的 NO$_x$ 排放浓度实际上已经有了一定程度的降低。

国内的低氮燃烧技术的发展也经历了三代。第一代技术是先进的低氮燃烧器，如水平浓淡型燃烧器，由哈尔滨工业大学研制，已经在国内电厂大面积采用，我国的锅炉制造厂也于"九五"末期开始大量使用，对提高锅炉的劣质煤适应性起到了很好的作用。第二代技术是立体分级低氮燃烧技术，即浓淡型燃烧器和适度空气分级燃烧方式相结合的技术，已经于21世纪初完成示范，并开始在火电厂推广应用，制造厂也引进国外或哈尔滨工业大学技术在新产品中使用性能接近于立体分级低氮燃烧技术的技术。第三代技术正在研发，它采用再燃的燃烧方式，同时采用水平浓淡型燃烧器和适度空气分级燃烧方式，是专门针对高挥发分的褐煤和烟煤研发的，已于"十一五"期间在"863"计划课题的资助下完成示范。

近年来随着我国燃煤电厂装机容量的不断增长，为了满足电力发展的需要，同时保证NO_x的排放达到环境标准，越来越多的电厂选择采用低NO_x燃烧技术。低NO_x燃烧器技术主要是通过对直流或者旋流燃烧器进行特殊的设计，利用空气分级、燃料分级技术或同时分级来改变燃烧室内的风煤比以降低着火区的氧浓度和火焰温度，从而达到抑制煤粉燃烧初期NO_x生成量的目的。

由于我国煤质较差且煤质多变，传统的低氮燃烧技术在我国遇到了严峻的挑战——NO_x减排效果不佳，燃烧效率下降。为了解决传统的低氮燃烧技术燃烧效率降低的问题，我国的燃烧科技工作者发明了百叶窗煤粉浓缩器，并在此基础上研发了水平浓缩煤粉燃烧器、水平浓淡风煤粉燃烧器、径向浓淡煤粉燃烧器、中心给粉径向浓淡煤粉燃烧器。这些技术对煤粉气流进行高效浓淡分离，使得煤粉在挥发分释放和着火初期发生富燃料燃烧，进行有效的分级燃烧。随后，淡一次风及时混入，在最佳时机内适时补充O_2，在降低了NO_x排放后，保证燃尽，防止结渣及高温腐蚀的发生。这种思想逐渐发展成为"风包粉"燃烧组织的理论，成为指导我国低氮燃烧器设计的理论基础。例如，在这种理论指导下，针对W火焰锅炉，开发的中心浓淡低氮煤粉燃烧技术，在降低NO_x排放的同时，提高稳燃能力和燃烧效率，并改善锅炉的防止结渣和高温腐蚀的性能。可见，这些技术的发展是我国电力工业的特点（燃烧技术、燃料供应等）决定的。

近年来，随着燃尽风的逐渐采用，这些技术发展成为"立体分级燃烧低氮燃烧系统"、"复合分级燃烧低氮燃烧技术"等，在不降低燃烧效率的基础上，NO_x排放有了大幅度减少，见表5-6。

表5-6　立体分级燃烧低氮燃烧系统性能参数统计表

性能	无烟煤	贫煤	烟煤	次烟煤	褐煤
与常规燃烧器比较改造后NO_x减排率/%	30～50	35～55	40～70	50～70	40～60
NO_x排放水平/（mg/m^3）@6% O_2*	700～900	300～500	200～300	130～180	200～300
连续运行最低投油负荷/（% ECR）	45	40	40	40	40
燃烧效率	比改造前有不同程度的改善				
结渣情况	无，不因为结渣而影响锅炉正常运行				
高温腐蚀	无				

注：*为锅炉尾部烟气含氧量为6%的情况。

低氮燃烧系统已经能够非常好地组织燃烧初期还原性气氛的形成，又使燃烧火焰温度能保持较高水平，有利于煤粉颗粒的燃尽。从十九年的工程实践看，高效低氮燃烧技术改造具有投资及运行成本低、减排效果好的特点，是符合我国电厂实际情况的 NO_x 减排措施。

（2）SCR 技术

SCR 技术原理是通过还原剂（一般选用液氨、尿素或者氨水）在适当的温度（300～400℃）并有催化剂存在的条件下，把 NO_x 转化为空气中天然含有的 N_2 和 H_2O。催化剂一般选用钒钛基催化剂，脱硝效率最高能达到 90% 以上。SCR 技术为目前主流且技术成熟的烟气脱硝技术，具有脱硝效率高、应用广泛等特点。通过设置不同的催化剂层，能稳定获得不同的脱硝效率，一般可达 80% 以上。煤粉炉采用低氮燃烧和 SCR 组合技术后，NO_x 的排放可控制在 200mg/Nm^3 以下，300MW 的以上机组（不包括燃用无烟煤、贫煤的现役机组）可达 100mg/Nm^3 以下。

SCR 脱硝工艺的核心之一是催化剂，目前广泛应用的主要是金属氧化物催化剂，分子筛催化剂尚处于实验室和小规模研究阶段。

（3）SNCR 技术

SNCR 技术工艺以炉膛为反应器，在锅炉水冷壁上加装尿素/氨水喷射器，其原理是向烟气中喷氨基的还原剂，在高温（950～1050℃）和没有催化剂的情况下，通过烟道气流中产生的氨自由基与 NO_x 反应，把 NO_x 还原成 N_2 和 H_2O。SNCR 具有建设周期短、场地要求少、脱硝率达 25%～60%、投资成本和运行成本较低、适合中小型锅炉改造等特点。其最大缺点是氨逃逸率较高、形成的铵盐对下游设备有较严重的腐蚀和堵塞倾向、易生成 N_2O，且随着锅炉容量的增大，脱硝效率呈明显下降趋势，机组负荷变化时，NO_x 控制难度大等。

SNCR 与 SCR 技术的性能比较见表 5-7。

表 5-7　SCR 和 SNCR 技术的性能比较表

项目	SCR	SNCR
NO_x 脱除效率/%	70～90	25～60
操作温度/℃	300～400	900～1100
NH_3/NO（摩尔比）	0.1～1.0	0.8～2.5
NH_3 泄漏量/ppm（体积比）	<5	<10
投资成本	高	低
运行成本	中等	中等

（4）脱硫脱硝一体化技术

A. 等离子体脱硫脱硝

等离子体脱硝是 20 世纪 70 年代发展起来的烟气同时脱硫脱硝技术。它是利用高能电子使烟气（60～100℃）中的 N_2、O_2 和水蒸气等分子被激活电离裂解，生成大量离子、自由基和电子等活性粒子，将烟气中的 SO_2 和 NO_x 氧化，与喷入的氨反应生成硫酸铵和硝酸铵。根据高能电子的来源，等离子体技术分为电子束照射法（EBA）和脉冲电晕等离子体法（PPCP）。前者采用电子束加速器，后者采用脉冲高压电源。

等离子体脱硫脱硝方法具有工艺流程简单、可同时脱硫脱硝（脱硫率高于90%、脱硝率高于80%）、副产物可作为化肥销售、不产生废水废渣等二次污染，处理后的烟气可直接排放等优点；但由于需要采用大容量、高功率的电子加速器，导致耗电量大、电极寿命短、价格昂贵，使得烟气辐射装置不适合大规模应用。此外，反应产物为气溶胶（烟气中的 SO_2、NO 被活性粒子和自由基氧化为高阶氧化物 SO_3、NO_2，与烟气中的 H_2O 相遇后形成 H_2SO_4 和 HNO_3，在有 NH_3 或其他中和物情况下生成（NH_4）$_2SO_4$/ NH_4NO_3 的气溶胶），比较难捕集。目前该技术仍不成熟，尚处于研制阶段。

B. 湿法氧化/还原吸收法

湿法氧化/还原烟气脱硝一体化法是利用液相化学试剂将烟气中的 NO_x 吸收并转化为较稳定的物质从而实现污染物脱除，其关键在于氧化剂的选取，包括二氧化氯氧化吸收法、过氧化氢氧化吸收法、臭氧氧化吸收法和高锰酸钾氧化吸收法等。它的最大优点是可同时脱硫脱硝，但目前尚存在一些有待解决的问题。

1）NO 难溶于水，吸收前需将 NO 氧化成 NO_2，氧化过程成本较高。

2）生成的亚硝酸或硝酸盐需进一步处理。

3）会产生大量的废水。

目前，湿法氧化还原脱硝技术仍处在实验室阶段。国家在"十一五"期间已对此立项列入"863"计划并展开相关研究。

C. 络合吸收法

络合吸收法是 20 世纪 80 年代发展起来的一种可以同时脱硫脱硝的方法，在美国、日本等得到较深入研究。烟气中 NO_x 的主要成分 NO（占 90%）在水中的溶解度很低，大大增加了气-液传递阻力，络合吸收法则利用液相络合吸附剂直接与 NO 反应，增大 NO 在水中的溶解度，从而使 NO 易于从气相转入液相。该法特别适用于处理主要含 NO 的燃煤烟气，但络合物水溶液的吸收阻力较大，此外烟气中烟尘容易使络合物失活，目前不适用于电力行业大规模烟气治理。

D. 生物质活性炭吸附

生物质活性炭具有大的比表面积、良好的孔结构、丰富的表面基团、高效的原位脱氧能力，同时有负载性能和还原性能，所以既可作载体制得高分散的催化体系，又可作还原剂参与反应。在 NH_3 存在的条件下用活性炭材料做载体催化还原剂可将 NO_x 还原为 N_2；活性炭对低浓度 NO_x 有很高的吸附能力，其吸附量超过分子筛和硅胶，但缺点是对于燃煤电厂大烟气量、高浓度 NO_x 吸附能力较低，大规模运用时存在阻力过大的问题。从目前研究情况来看，活性炭并不适合我国燃煤电厂高尘的反应条件，活性保持时间不长，失效较快也是该技术在燃煤电厂脱硝领域中需要解决的难题。目前该方法在电厂燃煤烟气脱硝领域内无实际运用。

（5）NO 直接催化分解技术

NO 直接催化分解是指在一定的外界环境下，利用催化剂将 NO 直接分解为 N_2 和 O_2。从热力学上讲，该反应在低温下是可行的，但从动力学角度讲，反应速率非常低。如果采用合适的催化剂，可以提高 NO 分解速率，由于无需还原剂，所以该技术有可能成为一种很有希望的烟气脱硝技术。某些贵金属、金属氧化物和分子筛（主要为 ZSM-5）催化剂对 NO 分解具有明显的催化作用。但是大量实验室动力学研究结果表明，NO 的分解受 O_2 在催化剂表面脱附步骤的控制，O_2 对 NO 的分解具有抑制作用。尽管目前发现 Cu-ZSM-5 是较好的 NO 分解催化剂，但这一问题依然存在，而且水的存在会对分子筛结构造成破坏，使催化剂发生不可逆的中毒，SO_2 对催化剂也有严重的毒化作用。由于 NO 分解技术存在太多难以克服的困难，所以目前在燃煤电厂烟气脱硝方面尚无实际应用。

5.2.2　典型技术性能

目前，燃煤电厂商业运用的 NO_x 控制和治理技术主要有低氮燃烧器、SCR 技术、SNCR 技术、SCR+SNCR 联用技术，表 5-8 所示为典型 NO_x 控制技术性能的比较。

5.2.3　脱硝技术的全生命周期分析

本小节采用全生命周期的分析方法，对 SCR 烟气脱硝系统、SNCR 烟气脱硝系统和立体分级低氮燃烧系统（LNB）三种脱硝技术进行分析评价。该分析包含各技术的建设、运行和最终报废处理三个阶段中从原料采掘到最终产品使用后的废物处理全过程整个生命周期。

脱硝技术全生命周期分析的具体对象为：采用液氨为还原剂的 SCR 系统［以下记为 SCR（液氨）］，采用尿素为还原剂的 SCR 系统［以下记为 SCR（尿素）］，300MW 机组的 SNCR 系统，不影响锅炉效率降低的 LNB1 以及考虑在燃煤品质较差时锅炉效率分别下降 0.5 个百分点、1 个百分点和 1.5 个百分点的具有相同脱硝设计参数的 LNB2、LNB3 和 LNB4。

脱硝技术的全生命周期分析结果如下：

1）环境影响负荷数反映 NO_x 控制系统在其整个生命周期中对环境系统的压力大小。每脱除 1t NO_x，SNCR 系统的全生命周期环境负荷 6.501 kg，与烟气未经脱硝直接排向大气的环境负荷 60.618 kg 相比较，降低了 54.117 kg，环境改善 89.3%；其次是 SCR 技术，SCR（尿素）和 SCR（液氨）的环境负荷分别为 4.310 kg 和 2.368 kg，环境改善幅度分别为 92.9% 和 96.1%。低氮燃烧系统的脱硝环境负荷可低至 0.011 kg，环境改善幅度高达 99.98%。此结果说明，采用脱硝技术可以明显改善环境污染问题，在三种脱硝技术中，低氮燃烧系统的脱硝环境负荷最低。

2）把能源也作为资源来评价，那么可以利用资源耗竭系数描述不同系统在全生命周期内对资源的消耗程度。通过不同脱硝技术对一次性能源消耗及主要资源消耗来表征其大小，采用人均资源消耗基准进行数据标准化，综合考虑资源稀缺性进行加权，最终获得脱硝技术系统资源消耗的分析结果。由全生命周期资源分析得，SNCR 系统的资源耗竭系数最大，为 0.29 853 人均赋存量/t，即三种脱硝技术相比，SNCR 系统消耗最多的资源。SCR（尿素）居其次，为 0.21 030 人均赋存量/t，SCR（液氨）为 0.11 858 人均赋存量/t。低氮燃烧系统的资源消耗最低，最低可达 0.87×10^{-4} 人均赋存量/t。

3）全生命周期成本是指建设、运行、报废处理三个阶段费用的折现值，并且要同时考虑到货币的时间价值和物价水平变化与时间的关系。SCR（液氨）、SCR（尿素）、

SNCR 系统和低氮燃烧系统脱硝 LNB1、LNB2 的全生命周期费用分别为 42 886 万元、46 739 万元、20 114 万元、719 万元和 5033 万元，脱除 1tNO$_x$ 的脱硝费为 3711 元、4044 元、9312 元、176 元和 1234 元。SCR（尿素）发电成本增加最高，为 0.0071 元/（kW·h），SCR（液氨）以 0.0065 元/（kW·h）居其次，SNCR 系统低于 SCR，为 0.0048 元/（kW·h），低氮燃烧系统最低，理想情况下时可低至 0.0003 元/（kW·h）。

4）无论是在能源、环境和资源消耗还是经济方面，低氮燃烧系统的生命周期分析结果都大大优于其他两种技术，故电厂脱除 NO$_x$ 时低氮燃烧系统应成为首选的脱硝技术。

5.2.4　现存问题及改进空间

5.2.4.1　低氮燃烧系统

低氮燃烧器及应用燃尽风（overfire air，OFA）技术被美国国家环境保护署定为最佳改造技术（best available retrofit technology，BART）之一，我国环保部也将低氮燃烧定为首选改造手段。

目前主要问题在于脱硝效率不高，基本在 20%～70%，一般情况下不能一次性解决 NO$_x$ 排放浓度限制问题；由于低氮燃烧系统为缺氧或者控温燃烧，对燃烧劣质煤（低挥发分、高灰分或者高水分）的锅炉来说，如果参数控制不好，炉内飞灰含碳量会增加；水冷壁腐蚀及炉内结渣等现象比传统燃烧器有可能加剧。总之，实施低氮燃烧器改造对现有的燃烧系统炉膛结构的具体影响不一，故需要分别评估再决定，但与传统燃烧器相比，低氮燃烧器对炉内火焰的稳定性、燃烧效率、过热蒸汽温度的控制都会带来一定影响，需要妥善应对。

浓淡分离燃烧具有改善着火、提高煤粉燃烧的稳定性、大幅度降低 NO$_x$ 排放的优异性能，是先进低氮燃烧系统必备的技术措施。但是，对于切圆燃烧系统，采用垂直浓淡燃烧时由于浓淡煤粉气流混合慢，不利于改善燃烧效率，在燃用高硫/氯煤种时具有高温腐蚀的隐患。所以宜采用具有水平浓淡分离性能的低氮燃烧系统，特别是具有高效浓淡分离装置的低氮燃烧系统，如采用"风包粉"浓淡燃烧的立体分级低氮燃烧系统。

目前商业运用的低氮燃烧器已经相当成熟，进一步大规模降低 NO$_x$ 生成浓度的空间较小，国内 2005 年后新建机组基本都已经安装低氮燃烧器。改进空间是采用 NO$_x$ 排放更低的先进的低氮燃烧器。

5.2.4.2　SCR 工艺

SCR 工艺为比较成熟的脱硝工艺，工艺技术在稳定性、能耗方面没有大问题，主要问题在于还原剂（液氨）安全性、催化剂材料加工和回收、脱硝装置运行成本问题。SCR 技术初投资及运行费用都较其他脱硝工艺高，高温区催化剂容易中毒失活，液氨储存存在一定的安全问题。如果追求过高的脱硝效率，氨过量所产生铵盐造成尾部受热面、换热元件和烟道的堵塞和腐蚀，并会影响电厂粉煤灰综合利用。对于老机组改造还存在场地不足的问题。

表 5-8　典型 NOx 控制技术性能比较

类别	技术名称	技术要点	脱除率/%	运行能耗	可用率	寿命	投资成本/(元/kW)	优点	存在问题	二次污染
低 NOx 燃烧技术	二段燃烧法（空气分级燃烧）	主燃烧器区域送入的空气为燃烧所需的 60%～85%，其余空气通过布置在主燃烧器上方的燃尽风喷口送入，使燃烧分阶段完成	30	不增加	高	长	10～30	投资低，有运行经验	二段空气量过大，不完全燃烧损失增大，二段空气应控制在 15%～40%，还原气氛易引起结渣或引起腐蚀	无
	再燃法（燃料分级燃烧）	将 80%～85%燃料送入主燃烧区富氧燃烧，其余燃料送入主燃烧器上部的再燃区富燃料燃烧，形成还原气氛，将主燃区产生的 NOx 还原	30	低	高	长	10～30	适用于新的和现有的锅炉改装，中等投资	为减少不完全燃烧损失，须加燃尽空气对再燃区烟气进行二段燃烧	无
	烟气再循环法	让一部分低温烟气与空气混合送入燃烧器，降低烟气浓度	15～35	低	高	长	20～60	能改善混合和燃烧，中等投资	由于受燃烧稳定性的限制，烟气再循环率为 15%～20%，投资运行费用提高，占地面积大	无
	浓淡燃烧法	装用两个及以上燃烧器的锅炉，部分燃烧器供给所需空气量的 85%，其余供给较多空气，使其燃烧都偏离理论燃气比	20～35	低	较高	长	10～30	具有良好的稳燃作用	燃烧工况组织不合理时容易造成炉壁结渣	无
	垂直浓淡分离型低氮燃烧技术	采用煤粉浓缩器把一次风煤粉分成浓一次风和淡一次风两股，浓煤粉气流在上方喷入炉内，淡煤粉气流在下方喷入炉内	30～50	低	高	长	25～40	投资低，稳燃性能好	有可能降低燃烧效率；燃用高硫煤时，容易发生高温腐蚀；当浓缩比比较高时，浓煤粉气流的磨损同问题需要妥善解决	无
	"风包粉"浓淡分离型低氮燃烧技术	采用高效煤粉浓缩器把一次风粉气流分成浓一次风和淡一次风两股，浓煤粉气流在向火侧喷入炉内，淡煤粉气流在背火侧喷入炉内	30～50	低	高	长	25～40	投资低，稳燃性能好，燃烧效率高，同时具有防止结渣和高温腐蚀性能	需要妥善解决浓煤粉气流的磨损问题	无

续表

类别	技术名称		技术要点	脱除率/%	运行能耗	可用率	寿命	投资成本/(元/kW)	优点	存在问题	二次污染
低NO$_x$燃烧技术	低NO$_x$燃烧器	混合促进型	改善燃料与空气的混合，缩短在高温区的停留时间，降低剩余氧气浓度	30~60	低	较高	长	10~40	需要精心设计		无
		自身再循环型	利用空气抽力，将部分炉内烟气引入燃烧器		低	较高	长	10~40	燃烧器结构复杂		无
		多股燃烧型	用多股小火焰代替大火焰，增大火焰散热面积，降低火焰温度		低	较高	长	10~40		燃烧效率低	无
		分级燃烧型	让燃料先进行部分燃烧，再送入余下所需空气		低	较高	长	10~40		容易引起粉尘浓度增加	无
	低NO$_x$炉膛	燃烧室大型化	采用较低的热负荷，增大炉膛尺寸，降低火焰温度	无统计比较	低	较高	长	10~40		炉膛体积增大，投资增加	无
		分割燃烧室	用双面露光水冷壁把大炉膛分隔成小炉膛，提高炉膛冷却能力，控制火焰温度	无统计比较	低	较高	较长	10~25		炉膛结构复杂，操作要求高	无
		切向燃烧室	火焰靠近炉壁流动，冷却条件好，再加上燃料与空气混合较慢，火焰温度水平低，而且比较均匀	无统计比较	低	较高	较长	10~40		炉膛运行操作要求高	无
NO$_x$治理技术	SCR		使用液氨/氨水/尿素在催化剂表面将NO$_x$还原成氮气和水	40~90	中等	较高	催化剂3~4年	60~300	脱硝效率高，技术成熟	初投资和运行成本较高，催化剂需要定期更换，占地面积大，以尿素为还原剂的系统尿素热解制氨能耗高	氨逃逸 废弃催化剂重金属污染
	SNCR		使用氨水/尿素在炉膛内将NO$_x$还原成氮气和水	25~60	较低	较高	取决于炉内喷枪寿命	50~150	投资低，运行费用较低	脱硝效率低，对炉膛热效率有一定影响	氨逃逸率高

续表

类别		技术名称	技术要点	脱除率/%	运行能耗	可用率	寿命	投资成本/(元/kW)	优点	存在问题	二次污染
NOₓ治理技术	脱硫脱硝一体化	等离子体脱硫脱硝	利用高能电子将烟气中的 SO₂ 和 NOₓ 氧化，与喷入的氨反应生成硫酸铵和硝酸铵	30~90	高	较高	取决于电子枪寿命	没有统计	脱硝效率高，没有二次污染	初投资和运行成本很高，工艺技术不成熟，尚无大型工业化示范工程	无
		湿法氧化还原吸收法脱硝	利用液相化学试剂将烟气中的 NOₓ 吸收并转化为较稳定的物质从而实现脱除	30~80	高	较高	较长	150~450	脱硝效率高，可联合脱除 SO₂ 和 NOₓ	初投资和运行成本高，工艺技术不成熟，尚无大型工业化示范工程	二次废水副产物需综合利用
		生物质活性炭吸附	利用活性炭大的比表面积、孔结构、表面基团，原位脱氧能力，将 NOₓ 吸附还原	30~80	较高	中等	活性炭需要定期再生	没有统计	可联合吸收 SO₂、NOₓ 以及一定量的重金属（如汞）	装置较大、占地面积大、器阻力大，不适应电厂高温生的环境，活性炭需要定期再生	废弃活性炭含重金属
		NOₓ直接催化分解	利用光照和紫外光照，用催化剂将 NO 直接分解为 N₂ 和 O₂	40~90	中等	低	取决于催化剂寿命	没有统计	脱硝效率高，无二次污染	反应速率低，反应温度低，工艺技术不成熟，尚无大型工业化示范工程	无

目前，该技术改进空间主要是在催化剂，V_2O_5-WO_3/TiO_2 催化剂虽然在脱硝领域得到了广泛的工业应用，但催化剂的品种较为单一，使其应用受到一定限制。低温、高效、高流速和抗 SO_2 及砷毒化的新型催化剂将成为 SCR 催化剂开发的重点方向。此外，催化剂的成本控制及有效延长催化剂使用寿命也是催化剂研究需要关注方向。其次，加大国内氨喷射器及氨喷射网格（AIG）的国产化进程，会使烟道尾部氨喷射更为均匀并与 NO_x 浓度配合更好。

未来的改进空间是将催化剂布置从烟道尾部高温区放置到低温区——低温 SCR 技术，此工艺可以减少催化剂使用，但目前的瓶颈是低温催化剂的活性不够，此外在此区域催化剂容易受水蒸气影响，中毒失效较快。

5.2.4.3 SNCR

与常用的烟气脱硝工艺相比，SNCR 工艺技术稳定性、运行成本方面不存在问题，主要问题在于脱硝效率较低、单独使用该工艺脱硝效率并不能满足现有国家对燃煤电厂 NO_x 排放浓度的要求。特别是对大型机组来说，由于炉膛空间较大，炉内喷尿素与炉内 NO_x 生成浓度存在二维尺度不匹配的问题，造成脱硝效率随着机组容量增大而降低问题。过量尿素喷入对炉膛也有一定的腐蚀问题，也会带来氨逃逸问题。

为提高脱硝效率，该工艺需要与其他工艺（如 SCR）联用，在尾部简单增加催化剂是一种可行的途径。但 SCR/SNCR 联用技术增加了脱硝装置初投资成本。

5.2.4.4 脱硫脱硝脱汞一体化技术

环保型、经济化、资源化是烟气净化处理工艺的总体发展趋势，环保一体化装置和系统可以降低工程的投资和运行管理费用，并且可以发挥装置潜在能力，研究开发适合我国国情的同时脱硫脱硝的技术是燃煤电厂控制污染物排放的发展方向之一。其中，湿法脱硫脱硝一体化技术目前还处于实验室试验和工业示范阶段，存在的主要问题是氧化剂成本高，装置运行费用高，存在二次废水需要处理的问题。电子束等离子体脱硫脱硝技术的主要问题是电子枪装置不够稳定，投资和运行成本较高，技术不成熟尚不能商业化，目前没有大型商业示范工程。

生物质活性炭吸附一体化技术可以降低耗能和节约用水，已经在日本和欧洲有一定规模的商业应用（非燃煤电厂领域），我国也投入了大量的研究。活性炭作为担载体，喷淋氨或改性后能够取得很高的脱硝效率，并且也是很好的脱除重金属的吸附剂。但该技术存在的主要问题是活性炭吸附不适应燃煤电厂高温高尘的环境，容易发生自燃和小孔堵塞，装置成本高，反应器阻力大，目前无法在电力行业大规模商业应用。

5.2.5 发展方向

5.2.5.1 技术路线

"十二五"期间，电力工业控制 NO_x 排放的技术路线是：大力普及低 NO_x 燃烧技术，积极开发和示范立体分级低氮燃烧技术和复合分级低氮燃烧技术。当采用低氮燃烧技术不能满足排放标准限值要求或总量控制要求时，全面推进在燃煤电厂进行烟气脱硝改造，优先采用 SCR 脱硝技术；因受场地、锅炉构架等条件限制，可选择 SNCR 或 SNCR/SCR 联合脱硝工艺。鼓励和推进火电厂脱硫、脱硝、除尘一体化技术的研究开发和工程示范，如基于湿法脱硫的一体化技术、低温 SCR 一体化技术、活性炭和 DE-SONO$_x$ 技术等。

5.2.5.2 技术发展方向

根据 GB13223—2011 对 NO$_x$ 排放的控制要求及中长期排放标准将进一步严格的现实，结合国内外脱硝技术的现状及发展趋势，预计我国 NO$_x$ 排放控制技术的发展将经历三个阶段。

1）2011～2015 年，以高性能的低氮燃烧技术和烟气脱硝技术（如 SCR、SNCR、SNCR/SCR 联合法等）为主，同时试点应用可行的脱硫脱硝一体化技术（如湿法脱硫脱硝一体化技术、低温 SCR 脱硝一体化技术等）。

2）2016～2020 年，以更高性能、煤种适应性更广的低氮燃烧技术和高性能、高可靠性、高适用性、高经济性的烟气脱硝技术为主，同时规范发展脱硫脱硝一体化技术，试点应用可行的新型脱硝技术及多污染物协同控制技术。

3）2021～2030 年，以更高性能的传统脱硝技术、新型脱硝技术为主，同时快速发展高性能的多污染物协同控制技术。

各种 NO$_x$ 排放控制技术的发展时间如图 5-11 所示。

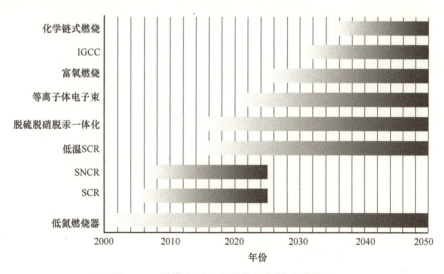

图 5-11　燃煤电厂氮氧化物控制技术路线图

5.3　烟尘脱除技术

5.3.1　技术简介

5.3.1.1　技术及产业发展情况

（1）控制标准

对燃煤电厂烟尘排放提出限值要求的首部排放标准，始于 1973 年的综合性污染物排放标准——《工业"三废"排放试行标准》（GBJ4—73），但是将燃煤电厂的大气污染物排放单独作为国家排放标准颁布则始于 1991 年的《燃煤电厂大气污染物排放标准》（GB13223——91），此后，此标准于 1996 年、2003 年、2011 年进行了三次修订。其中，排放标准的前两次修订，其原则体现了当时的环境保护要求、除尘技术发展及经济承受能力，结合机组的建设时间、区域、燃料等分别给出排放浓度限值。2011 年 7 月修订颁布的该标准则取消了按机组时段划分标准的做法，所有燃煤机组执行统一标准。

图 5-12 列出了不同时段烟尘排放标准及主要的除尘技术。从图 5-12 可以看出：历次烟尘排放标准的提高，都大大促进了除尘技术的进步和除尘设备的升级。

（2）排放状况

2005 年我国煤电装机容量为 3.85 亿 kW，2010 年末约为 6.5 亿 kW。在年均增长 13.8% 的情况下，烟尘排放量总量由 360 万 t 下降到 160 万 t，排放绩效由 1.8g/（kW·h）下降到 0.5g/（kW·h）。这主要是由于电力工业在"十一五"期间大规模建设 300MW 及以上大容量机组、关停中小型机组，并同步建设高效除尘器和脱硫装置的综合结果。

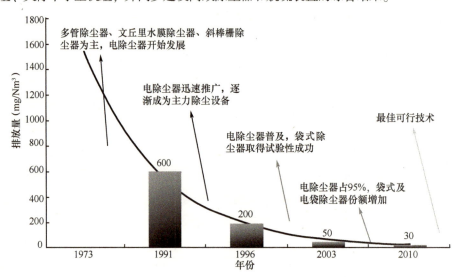

图 5-12　不同时段烟尘的排放标准及主要的除尘技术

2001 ~ 2010 年全国火力发电厂的烟尘排放情况如图 5-13 所示。

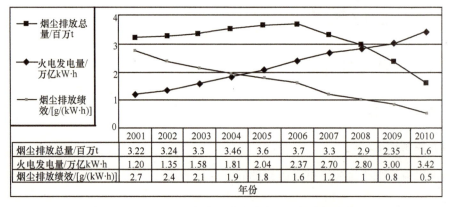

	2001	2002	2003	2004	2005	2006	2007	2008	2009	2010
烟尘排放总量/百万t	3.22	3.24	3.3	3.46	3.6	3.7	3.3	2.9	2.35	1.6
火电发电量/万亿kW·h	1.20	1.35	1.58	1.81	2.04	2.37	2.70	2.80	3.00	3.42
烟尘排放绩效/[g/(kW·h)]	2.7	2.4	2.1	1.9	1.8	1.6	1.2	1	0.8	0.5

图 5-13　2001 ~ 2010 年全国火力发电厂的烟尘排放情况

（3）产业发展

自 GB 13223—2003 颁布实施后，为达到 $50mg/Nm^3$ 的烟尘排放标准，电力工业原普遍采用的旋风除尘器、文丘里水膜除尘器、斜棒栅除尘器等，因其除尘效率低，无法达标排放而逐渐退出历史舞台，取而代之的是高效电除尘器。近几年袋式除尘器和电袋复合除尘器也得到了一定的发展。

目前，电力工业已形成了以高效电除尘器、袋式除尘器和电袋复合除尘器为主的格局，到 2010 年年底，其构成比例大致为：电除尘器约占 94%、袋式及电袋复合除尘器约占 6%。

5.3.1.2　高效除尘技术分类

（1）电除尘器

A．产业发展

我国全面系统地对电除尘器技术进行研究和开发始于 20 世纪 60 年代。在 1980 年以前，我国在国际电除尘器领域还处于非常落后的地位。随着环保要求的提高以及市场经济下的利益驱动，国内许多大、中型环保产业对电除尘器进行技术研究和开发方面的投入不断加大，电除尘器的应用得到了长足的发展。国家更是将高效电除尘器技术列入"七五"国家攻关项目。通过对引进技术的消化、吸收和合理借鉴，到 20 世纪 90 年代末，我国电除尘器技术水平基本上赶上国际同期先进水平。进入 21 世纪以后，电除尘器应用技术进一步得到发展。目前，电除尘器已广泛应用于火力发电、钢铁、有色冶金、化工、建材、机械、电子等众多行业。

在 1980 年以前，我国电除尘器的规模绝大多数都在 $100m^2$ 以下，而其行业占有量为有色冶金行业 32%，钢铁行业 30%，建材行业 18%，电力行业 8%，化工行业 5%，轻工行业 4%，其他行业 3%。随着我国经济的飞速发展，尤其是电力、建材水泥行业的发展达到空前水平，到 20 世纪 90 年代中期，电除尘器行业占有量的格局已改变为：电力行业 72%，建材水泥行业 17%，钢铁行业 5%，有色冶金行业 3%，其他行业 3%。目前火力发电行业的电除尘器用量已占全国总量的 75% 以上，$648m^2$ 的电除尘器已在 1000MW 的火电厂中成功运行。

B．技术发展

a．设计及制造水平

我国目前从事电除尘行业的生产企业有 200 多个，还有一批高等院校、科研和设计院所，主要骨干企业可与世界知名厂商相媲美。目前，我国已经作为电除尘大国出现在国际舞台，设计制造能力达到国际先进水平，在这个领域的排名位居前列。产品除了满足国内的需求，还出口到世界上数十个国家和地区。在我国环保产业中，电除尘行业是唯一能与国际厂商相抗衡且具有竞争力的行业。

b．科技水平

电除尘器在电力行业迅速推广的同时，围绕提高除尘性能和运行可靠性开展了适合国情的深度研究，如极板、极线的最佳配置、振打方式的优化、气流分布的改善、电源的微机控制等，取得了多项突破性的成果，并得到成功应用，进一步提高了除尘效率和可靠性。同时，除尘机理的研究也取得了重大进展，如烟尘凝并技术、磁增反电晕荷电技术、优化控制技术、电场有效功率技术等。

1）高频电源技术。高频电源技术突破了原有传统供电电源采用两相工频电源的技术，经过可控硅移相调幅后送整流变压器形成脉动电流的流程，采用把三相工频电源通过整流形成直流电，通过逆变电路形成高频交流电，再经整流变压器升压整流后形成高频脉动电流。由于其脉冲高度、宽度及频率均可以调整，因而可以根据电除尘器的工况提供最佳的电压波形及最大的运行电压，提高了电除尘器的除尘效率，大幅度地节约了电能。据不完全统计，截至2010年年底，已有80余台机组的电除尘器使用了高频电源，都取得了良好的效果。

2）移动极板技术。该项技术通过改变电除尘器传统的阳极构造方式及阳极清灰方式，用旋转极板替代固定极板，用钢丝刷清灰替代锤头振打清灰，从而在构造上将电场的收尘区与清灰区分开，不但提高了阳极的清灰效果，而且可以有效抑制电除尘器的二次扬尘，显著提高电除尘器的效率。目前该技术已应用于电厂，经测试电除尘器的排放浓度小于50mg/Nm^3，取得了较高的除尘效率。

3）SO$_3$烟气调质技术。由于燃烧高硫煤机组与燃烧低硫煤机组电除尘器的收尘效果有显著差异，因此很早就有观念：用SO$_3$进行烟气调质，能提高燃烧低硫煤机组电除尘器的除尘效率。但是调质装置的研发及示范一直未果。最近电除尘器承包商在引进国外技术的基础上实现了国产化，研发了SO$_3$烟气调质系统，应用于河南登封电厂及广东平海电厂，取得了很好的效果，电除尘器效率明显提高。

另外，降压、降功率、停电等振打优化技术、双区电除尘器技术、库伦电除尘器技术、透镜式电除尘器技术及湿式电除尘器技术，也取得了一定的研发成果。

C. 管理及运行水平

电除尘器不但是环保设备，也是电力运行生产中的工艺设备，因此它的运行和维修应纳入到使用企业的严格管理中。

（2）袋式除尘器

我国火电厂发展袋式除尘器始于1975年，先后在内江、淄博、巡检司、杨树浦和普坪村的电厂进行袋式除尘器研发试验，后因结构、国产滤料损坏、阻力太大、糊袋等问题一直未获成功。20世纪90年代末，随着我国环保要求的提高，准格尔煤的粉尘特性决定使用电除尘器难以达到严格环保要求，内蒙古丰泰发电有限公司2×200MW机组率先采用关键部件从国外引进袋式除尘器，为国内电力行业选用袋式除尘器提供了宝贵的经验。近年来，我国燃用准格尔煤或类似煤质的电厂，以及部分环保要求严格的火电工程，开始陆续选用袋式或电袋复合除尘器。目前，袋式（含电袋）除尘器机组容量约占火电总装机的6%左右，其中，最大单机容量机组为600MW机组，1000MW机组尚无选用业绩。

（3）电袋复合除尘器

电袋复合除尘器技术是组合电区、袋区的技术，即利用电区的电场效应进行初期收尘并使粉尘荷电，再进入袋区利用带电粉尘间的排斥及凝并来提高布袋的过滤效果实现最终的收尘。电袋复合除尘技术已成功用于二三十项大型电除尘器改造，取得了显著的成效。电袋复合除尘器技术优势明显，经济性突出。电袋复合式除尘器具有以下新特性。

1）布袋除尘入口粉尘浓度大幅降低，由于前级电场能预收烟气中 50%~70% 的粉尘，滤袋的入口粉尘浓度大幅降低，布袋若维持一定的清灰频率不变，则可降低烟道流通阻力，为减少引风机的负荷创造可能；若维持布袋过滤差压值不变，则可降低清灰频率，从而可减少滤袋的机械磨损、节省清灰能耗、减少清灰空气量，为延长滤袋使用寿命提供可能。

2）减少烟气粉尘中粗颗粒对滤袋的冲刷几率。烟气粉尘中的粗大颗粒经过前级电场沉降和除尘后，烟气中大颗粒粉尘的含量大大减少，减少了粉尘粗颗粒对滤袋的冲刷几率。

3）对细微颗粒除尘效果更好，前级电除尘器对细微颗粒有一定的凝并作用，后级袋式除尘器对细微颗粒有较好的捕集效果，因此，电袋复合除尘器对细微颗粒的捕集效果优于单独的电除尘器和单独的袋式除尘器。

4）改变粉尘颗粒特性，烟气粉尘通过前级电场电晕荷电后，荷电粉尘在滤袋上沉积的颗粒之间排列规则有序，同极电荷相互排斥使形成的粉尘层孔隙率高、透气性好，易于剥落，可进一步降低布袋运行阻力。

5.3.2　典型技术性能

目前电力工业广泛应用的电除尘器、袋式除尘器和电袋复合除尘器的典型技术性能见表 5-9。

表 5-9　主流高效除尘器的典型技术性能

内容	电除尘器	袋式除尘器	电袋复合除尘器
除尘器原理	利用静电吸引原理，依靠电场力使烟气中的悬浮粉尘从烟气中分离出来	过滤材料通过惯性碰撞、扩散和筛分作用，把烟气中悬浮的粉尘过滤下来	前级采用电除尘器，后级采用袋式除尘器，将两种除尘技术的优点有机结合为一体
本体压力损失	一般≤300Pa	一般为 1400~1900Pa	一般为 600~1500Pa
粉尘特性对除尘效率的影响	影响大，特别是比电阻高的粉尘很难捕捉	只要滤料选择合适，与粉尘特性无关	几乎不受影响
烟气温度的影响	能耐较高的烟气温度（<300℃）	不适用于高温烟气（<200℃）	不适用于高温烟气（<200℃）
安装要求	严格	相对容易	严格
经济性	要达到小于 50mg/Nm³ 的要求，初投资大	初投资比电除尘略少，运行费用高	初投资介于二者之间，比袋式除尘器可节约20%
能耗	电场能耗高	清灰能耗小，但引风机能耗高	比电除尘器和袋式除尘器节约运行能耗20%左右
维护	检修工作量小，但需停机检修	换袋工作量大，可以不停机状况检修	介于二者之间，原因是滤袋的寿命比袋式除尘器长2倍

内容	电除尘器	袋式除尘器	电袋复合除尘器
排放浓度	适宜电除尘器收尘的煤质，能保证小于 50mg/Nm³	在滤袋不破损的条件下，能保证小于 50mg/Nm³	在滤袋不破损的条件下，能保证小于 50mg/Nm³
对超细粉尘和重金属的捕集效果	对 1~5μm 超细粉尘的捕集效果差	对 1~5μm 超细粉尘和重金属的捕集效果好	对 1~5μm 超细粉尘和重金属的捕集效果好
发展现状	约 94% 的燃煤机组采用电除尘器	约 5.5% 的燃煤机组采用袋式除尘器	约 0.5% 的燃煤机组采用电袋复合除尘器
新进展	采用高频电源，可节电并可以提高除尘效果	滤袋材质有所改进，成本降低，寿命延长	综合二者的新进展

5.3.3 现存问题及改进空间

5.3.3.1 电除尘器

（1）存在问题

目前，我国部分燃煤电厂电除尘器运行效果不佳的主要原因有以下几方面。

1）燃煤电厂实际燃用煤种与设计煤种偏差很大。为了减少投资，电厂通常提供较好的煤种作为设计煤种，或提供较小的烟气量作为设计参数。一旦实际煤种变化或烟气量超过设计值时，烟尘排放就会超标。

2）电除尘器选型设计不合理。早期对国内有些难收尘煤种认识不足，特别是高硅、高铝、低硫、低钠、含湿量低、比电阻高的煤灰，使电除尘的除尘效果变差。实际上许多制造厂在选型设计时电除尘器容量选择过于"临界"，故而埋下隐患。

3）市场竞争无序低价。以前由于我国粉尘排放标准要求较低，一般电除尘器都能轻易达到排放标准，导致采用先进技术或按高标准设计的企业成本增高，反而成了市场竞争的弱势。市场准入门槛低，"低价中标"误导市场，用户普遍缺乏对电除尘器设计参数和保证值之间关系的认识，错误认为谁的价格低就选谁的。

根据相关单位对电除尘器的调查，目前电除尘器在技术方面存在的问题主要体现在六个方面，即实际燃煤偏离设计值、特殊粉尘、选型偏小、制造安装调试及维护问题、选型失当和其他，如图 5-14 所示。

（2）改进空间

我国电除尘器对煤种适应能力低的主要原因是比集尘面积小，现分别对新建机组和现役机组除尘改造空间进行分析。

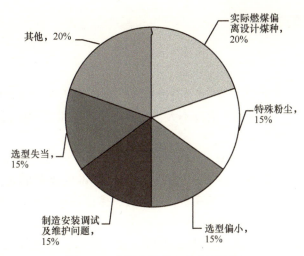

图 5-14　电除尘器存在的主要问题

对于现役机组除尘器改造应根据不同时期建设的电除尘器、烟尘排放状况、场地等实际情况确定，现有电除尘器的改造方式主要有以下三种。

1）对于建成时间较早，烟尘排放浓度较高（排放浓度≥200mg/Nm³），电场数为 3 或 4 个、比收尘面积较小的除尘器，如无场地限制，宜采用增容的方式，包括增加电场数量、提高电场高度等来增加收尘面积。对于受场地空间限制、无法增容的除尘器，可改造成电袋复合除尘器和布袋除尘器。对于尚未建设脱硫设施的现有机组，应综合考虑除尘和脱硫的技术改造。

2）对于排放浓度介于 100～200mg/Nm³ 的除尘器：其电场数大多为 4 或 5 个，比集尘面积平均在 80～100m²/（m³/s）。此类除尘器与 30mg/Nm³ 的排放标准仍有较大的差距，难于通过维修性改造达到目的，宜采用高频电源等除尘新技术或增容的方式。

3）对于烟尘排放浓度 100mg/Nm³ 以下，电场数为 5 个，比集尘面积平均在 100～120m²/（m³/s）的电除尘器，首先应综合考虑湿法脱硫的除尘效果，进行维修性改造，其次可考虑采用高频电源、本体侧分区优化、烟气调质等方式。

对于新建机组在设计电除尘器时，应根据烟尘收集的难易程度选取合理的比集尘面积（表 5-10），根据除尘效率的高低选取合理的电场风速（表 5-11），特殊煤种电场风速应小于 0.8m/s。

表 5-10　烟尘收集的难易程度与比集尘面积的关系

比集尘面积/［m²/（m³/s）］	≥200	≥270～<200	≥140～<170	≥110～<140	≤110
难易性	难	较难	一般	较容易	容易

表 5-11　除尘效率的高低与电场风速的关系

除尘效率/%	<99.0	99.0～99.3	99.3～99.5	99.5～99.8	>99.8
电场风速/（m/s）	1～1.2	0.9～1.1	0.8～1.1	0.8～1.0	<0.9

5.3.3.2 袋式除尘器

(1) 产业层面

1) 袋式除尘行业目前还以中小型企业居多、集中度不够；企业的设备水平和管理水平较低，企业的生产规模和产值都不大，在高端市场还没有形成很强的竞争力，这种现象在滤料生产企业中尤为突出。

2) 袋式除尘行业标准不完善，包括覆膜、涂膜滤料标准，两种及两种以上纤维的复合滤料标准。新技术和新产品不断出现，规范和标准的现状满足不了行业的发展需求。袋式除尘器产品标准体系尚未完善，多部委、多途径同时申报的现象突出，局面混乱，没有做到归口管理。

3) 同样类型的设备、配件和滤料，不同企业产品的质量差异很大，整体质量有待进一步提高。

4) 恶性竞争情况仍然存在，影响了整个行业的发展。

(2) 技术层面

影响袋式除尘器除尘性能的主要因素有烟气温度及成分、粉尘特性、滤料的选择、过滤风速、清灰方式等，其中滤料的选择是影响除尘性能、寿命、造价及运行费最关键的因素。目前燃煤电厂袋式除尘器的滤料以聚苯硫醚（PPS）、聚酰亚胺（P84）、聚四氟乙烯（PTFE）及玻璃纤维为主。我国袋式除尘器在技术层面存在的问题具有自身特点。

1) 总体上看，在我国的电力行业还处于应用的初级阶段，在设计、制造、运行等方面尚需进一步的探索和积累经验。

2) 滤袋寿命短，从运行经验看，滤袋寿命能够达到保证使用寿命 30 000h 的可以说基本没有，个别电厂布袋使用 1 年甚至几个月就需要更换。

3) 除尘效率不稳定，投运初期，袋式除尘器除尘效率高，但运行一段时间后，布袋会破损，而且破损位置比较难于发现，难于在线更换，造成实际烟尘排放浓度升高。

4) 影响除尘效率的敏感因素相对较多，对设计、制造、安装、调试、检修、运行管理等方面要求较高。

5) 检修维护工作较大，运行成本较高，在线检修工作环境较差。

根据相关单位对电除尘的调查，目前袋式除尘器存在的问题主要体现在 5 个方面，即国产滤料质量问题、对烟温和烟气成分敏感性、气流分布及风速、袋笼和其他因素（图 5-15）。

5.3.3.3 电袋复合除尘器

由于电袋复合除尘器是电除尘器与袋式除尘器两者的结合，因此，影响其性能的因素也综合了它们的影响因素。目前仍需解决以下问题：

1) 电区和袋区之间的结合形式、结合间烟气分配的均匀性问题。

2) 供电条件和电极配置结构、结构参数的优化问题。

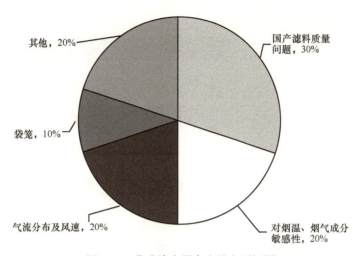

图 5-15　袋式除尘器存在的主要问题

3）选择合理的布袋除尘单元的参数。

4）针对燃煤电厂锅炉烟气特性，建立电袋复合除尘器的控制与运行模式。

5）对于电区放电诱发的原子氧进入袋区后，是否会引起 PPS 滤料的氧化而降低其使用寿命问题。

6）检修困难的问题。

5.3.4　发展方向

根据 GB13223—2011 对烟尘排放的控制要求及从中长期排放标准将进一步严格的现实，结合国内外除尘技术的现状及发展趋势，预计我国烟尘排放控制技术的发展将经历 3 个阶段。

1）2011～2015 年，以当前处于国际领先水平并持续改进的电除尘技术（如极配方式的改进、烟气调质、移动电极、高频电源等）为主，同时规范发展袋式除尘技术和电袋复合除尘技术。

2）2016～2020 年，以更高性能的电除尘技术（如绕流式、气流改向式、膜式、湿式电除尘器等）和改进的袋式除尘技术、电袋复合除尘技术相结合为主，同时快速发展利于烟尘凝聚、超细粉尘捕集的技术。

3）2021～2030 年，以更高性能的袋式除尘技术、电袋复合除尘技术和与烟尘凝聚等技术相结合的电除尘技术为主，同时快速发展更高性能的新型除尘技术。

各种烟尘排放控制技术的发展时间见图 5-16。

5.3.5　PM$_{2.5}$ 控制技术现状及发展趋势

5.3.5.1　PM$_{2.5}$ 现有控制技术

环保部已经把环境空气 PM$_{2.5}$ 浓度将列入空气质量指数（AQI），2013 年至 2016 年会有第一波的 PM$_{2.5}$ 治理高潮。

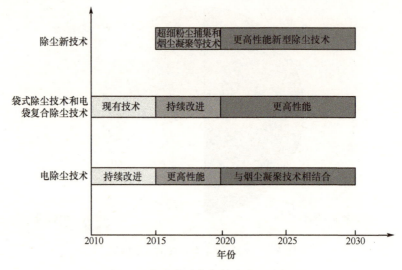

图 5-16　烟尘排放控制技术发展时间图

根据地域不同，燃煤电厂对环境空气 $PM_{2.5}$ 的贡献为 12%~21%，由于燃煤电厂排放的特点为固定点源、大烟气排放量、有组织排放、且为可控排放，故燃煤电厂又将成为 $PM_{2.5}$ 严控的"领头羊"。

燃煤电厂对大气环境 $PM_{2.5}$ 的贡献可分为一次颗粒物和二次颗粒物。二次颗粒物主要是由于燃煤烟气释放的 SO_x、NO_x、NH_3 在大气环境中形成硫酸盐、硝酸盐、铵盐等细微颗粒物。而燃煤电厂排放的一次颗粒物中的 $PM_{2.5}$ 可分为可过滤颗粒和可凝结颗粒，可过滤颗粒与可凝结颗粒的比例约为 1:3。可过滤颗粒为机械性颗粒，可分为亚微米粒子和残灰离子。亚微米粒子（细模态颗粒物），占飞灰总量的 0.2%~2%，主要由无机矿物的气化–凝结机理形成。残灰粒子（1μm 以上的粒子、粗模态颗粒物），主要通过融化矿物的聚合、焦炭及外来矿物破碎等途径形成。可凝结颗粒为气体或蒸汽状态，在环境中再生成 $PM_{2.5}$。燃煤电厂可凝结颗粒物的主要来源是 SO_3 和 NO_x，其中尤以 SO_3 为主。在燃烧过程中，煤中的硫绝大部分转化为 SO_2，目前公认 6%~7% 的 SO_2 会转化为 SO_3。在烟气温度低于酸露点时，烟气中 SO_3 与烟气中水分结合，形成硫酸气溶胶，一般粒径小于 0.3μm。硫酸气溶胶排出烟囱，进入大气后与环境中的正离子反应还可生成二次 $PM_{2.5}$。

针对燃煤电厂形成的大气二次颗粒物的前驱物，目前电厂普遍采用的脱硫和脱硝技术已可对 SO_x 与 NO_x 进行良好控制，可以满足 GB13223—2011 中对新建燃煤电厂的控制需求。

目前，针对燃煤电厂形成一次颗粒物中的 $PM_{2.5}$，没有专门成熟的控制技术，相关控制技术总体上尚处于试验和理论探索阶段。对于一次可过滤颗粒物，电厂现有已成熟运行的大气污染控制设备（APCD）都有脱除 $PM_{2.5}$ 的能力，如静电除尘技术、布袋除尘、电袋复合除尘技术和湿法脱硫技术。对于一次可凝结颗粒物，电厂现有的干法脱硫技术具有较好的脱除效果，如循环流化床烟气脱硫（CFB-FGD）、旋转喷雾干燥工艺（SDA）、烟道吸收剂喷入工艺（DSI）等。静电除尘器（ESP）对于 $PM_{2.5}$ 也能实现有效脱除（>98%）。

5.3.5.2　$PM_{2.5}$ 控制现有技术存在的问题

对于 $PM_{2.5}$ 中一次可过滤颗粒物，现有的静电除尘技术、布袋除尘技术、电袋复合除尘技术脱除效率还是偏低，虽然烟气除尘后，总的烟尘质量浓度较低，但由于 $PM_{2.5}$ 所占的比例高，且由于 $PM_{2.5}$ 的粒径很小，其粒数浓度相当大，可达每立方厘米 $10^5 \sim 10^6$ 个颗粒。

无论是 ESP 还是布袋除尘器，只能脱除可过滤颗粒，对于 $PM_{2.5}$ 中一次可凝结颗粒无能为力。

5.3.5.3　$PM_{2.5}$ 控制现有技术改进建议

(1) 对于 $PM_{2.5}$ 中一次可过滤颗粒物

对于现有电厂除尘器，提高除尘器效率即能提高 $PM_{2.5}$ 的脱除效率。如 ESP 的除尘效率越高，$PM_{2.5}$ 的脱除效率提高越显著。研究显示 ESP 除尘效率为 99.65% 时，$PM_{2.5}$ 的脱除效率为 98.4%；而 ESP 除尘效率提高到 99.88% 时，$PM_{2.5}$ 的脱除效率为 99.26%；ESP 除尘效率提高 0.23%，$PM_{2.5}$ 的脱除效率提高 0.86%。因此尽量提高现有除尘技术的除尘效率是降低 $PM_{2.5}$ 排放的措施之一。

对于静电除尘器，一方面可改进电除尘技术，如采用脉冲高度、宽度及频率均可调整的高频电源技术；采用能将电场的收尘区与清灰区分开的移动极板技术；还可采用改进极配方式、烟气调质等技术。另一方面可发展更高性能的电除尘技术，如绕流式、气流改向式、膜式、湿式电除尘器等。

对于布袋除尘器，其技术的核心在于滤料，其技术发展的核心也在于滤料的改进。美国 GE 公司对三种典型的滤料进行了 $PM_{2.5}$ 通透性试验。这三种滤料为 PC008（PPS 毡料，微焦整理）、RY025（PPS/P84 混合纤维，带 PTFE 涂层）、QR003（PPS 纤维，带 BHA-TEX（ePTFF）覆膜）。GE 公司对布袋滤料试验的结论为常规的针刺毡料对于 $PM_{2.5}$ 有很好的脱除能力，ePTFF 覆膜能极大程度地降低可过滤颗粒的排放，对 $PM_{2.5}$ 的排放要求很容易达到。但是运行对脱除效率有很大的影响，覆膜滤料应始终在一个相对恒定的差压下运行，以免细颗粒在膜下面的纤维上积聚起来。GE 公司建议布袋除尘器可运行在一个很窄的差压窗口（12～25mm 水柱），新的除尘器在建立起要求的差压之前，不应清灰。

对于电袋复合除尘技术，除了电除尘和袋式除尘各自改进技术外，还需进一步改进电除尘和袋式除尘器在除尘过程的协同关系。

(2) 对于 $PM_{2.5}$ 中一次可凝结颗粒物

大力发展湿式电除尘技术，湿式静电除尘器（WESP）是可以发展为以控制细颗粒、SO_3 为目的的专用 APCD 设备。

发展联合脱除技术。现有电除尘、布袋除尘技术及常规湿法烟气脱硫（WFGD）不能有效脱除 SO_3，主流干法 FGD 工艺可以有效脱除 SO_3、HCl 和 HF 等酸性气体。降低目前普遍采用的 WFGD 出口烟气中可凝结 $PM_{2.5}$ 的有效措施除了在 FGD 的下游安装 WESP 外，还可采用联合脱除方式，即在 WFGD 的上游安装干法 FGD。

在可脱除一次凝结颗粒物的联合脱硫除尘系统（图 5-17）中采用干法 FGD 控制硫酸烟雾，其优点是干法 FGD 材料采用碳钢，而 WESP 需用合金钢；干法 FGD 设计简单，建设费用低，现场合金焊接；干法 FGD 的投资和运行费用比 WESP 低。同时由于从 WFGD 中抽取部分脱硫浆液来进行干式 FGD 脱除，WFGD 无需设废水处理系统，而且由于大部分的 HCl 在前面的干式 FGD 中脱除，WFGD 脱硫浆液中的 Cl^- 含量少，脱硫系统可以采用较便宜的防腐方式。

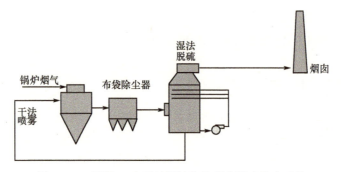

图 5-17 可脱除一次凝结颗粒物的联合脱硫除尘系统

5.3.5.4 $PM_{2.5}$ 控制技术发展趋势

针对燃煤电厂产生的一次颗粒物，$PM_{2.5}$ 控制技术发展趋势如下所述。

持续改进与发展现有电除尘、袋式除尘和电袋复合除尘技术，提高总烟尘脱除效率，以提高 $PM_{2.5}$ 的脱除效率。改进电除尘技术（如极配方式的改进、烟气调质、移动电极、高频电源等），并发展更高性能的电除尘技术（如绕流式、气流改向式、膜式、湿式电除尘器等）。大力改进和发展能脱除可凝结颗粒物的湿式电除尘技术、干式脱硫和现有除尘技术相结合的技术等。

快速发展专门针对 $PM_{2.5}$ 脱除的烟尘凝聚（化学团聚、电凝并、蒸汽凝并、磁凝并、声凝并等）、超细粉尘捕集技术，实现烟尘凝聚与电除尘相结合的 $PM_{2.5}$ 高效脱除技术，同时，快速研发 $PM_{2.5}$ 燃烧过程中协同控制技术及更高性能的新型 $PM_{2.5}$ 烟气脱除技术。

针对燃煤电厂产生的大气二次颗粒物前驱物 SO_x、NO_x 和 NH_3，$PM_{2.5}$ 控制技术发展趋势如下所述。

持续改进与发展现有脱硫、脱硝技术及一体化联合脱除技术，或进一步研发新型更高效、节能经济型的技术，以实现对 SO_x、NO_x、NH_3 的进一步严格控制。

5.4 重金属脱除技术

火电厂的重金属污染主要来自煤的燃烧。煤燃烧过程中，部分易挥发的重金属如汞、Pb、Zn、Ni、Cd、Cu 等极易气化挥发进入烟气，然后随粉煤灰颗粒一起向烟囱移动并逐渐降温，经烟囱随烟气排放到大气中，或被粉煤灰颗粒吸附，经冲灰渣水排至储灰场。可溶的重金属微量元素最终转入水中，对环境水体和生物造成污染。目前，对各种重金属排放的研究较多，但关注最多的还是汞。

5.4.1　技术简介

造成汞环境污染的来源主要是天然释放和人为源两方面。人为排放的约占 3/4，其中燃煤释放的汞占全球人为排放总量的 60%。对于燃煤过程，汞主要是以气态形式排放。汞的电离势高，高电离势决定了汞易变为原子的特性，因而元素汞易迁移难富集，无法利用一般的污染物控制装置进行有效捕捉，进而排入大气。

5.4.1.1　技术及产业发展情况

(1) 控制要求与排放标准

美国和欧盟等已经立法制定了关于在燃煤电厂限制汞排放的具体要求和时间表。2011 年 5 月，美国环境保护署提出燃煤电厂汞脱除效率应大于 91% 的要求。

我国新修订的《火电厂大气污染物排放标准》（GB13223—2011）首次明确，燃煤电厂汞及化合物排放浓度不得超过 0.03mg/Nm³，从 2015 年 1 月 1 日起执行。随着国内日益严格的环保要求，燃煤汞的污染控制已经提上议事日程。我国汞排放控制标准的发展历程如图 5-18 所示。

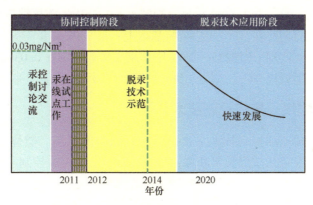

图 5-18　我国汞排放控制标准的发展历程

国务院已通过《重金属污染综合防治"十二五"规划》；环保部组织六大发电集团（16 家电厂）开展燃煤电厂大气汞排放控制试点工作。

(2) 汞的排放现状

目前，我国相关政府部门及行业尚未正式对外发布过汞排放的数据，专家学者虽然进行了相关研究，但都是估算数据。

A. 原煤中汞含量

我国原煤中平均汞含量约为 0.2mg/kg，其主要赋存于黄铁矿内。西南地区较高，尤其是四川、重庆和贵州，均超过 0.3mg/kg；东北地区较低，新疆最低（小于0.05mg/kg）。

B. 影响汞形态转化的因素

对于煤粉炉，煤炭在高温燃烧时，煤中 98%～99% 的汞以气态元素汞的形式释放到烟气中，仅有 1%～2% 进入锅炉底渣。

影响汞形态转化的主要因素有煤中氯含量、溴含量、硫含量、NO 浓度等。其中，氯含量最为关键。我国原煤中平均氯含量为 436mg/kg，低于美国的 628mg/kg，这对我国燃煤电厂汞排放形态有极大影响。

C. 燃煤汞排放情况

燃煤烟气中的汞主要以气态元素态汞（Hg^0）、气态二价汞（Hg^{2+}）和颗粒态汞（Hg^p）三种形态存在。随着烟气的冷却，部分 Hg^0 和 Hg^{2+} 会发生凝聚或者被吸附到颗粒物表面。现有环保设施包括 SCR、ESP 或 FF、FGD 等对烟气汞都有一定的协同控制作用。

目前，我国电力行业尚未公开发布燃煤汞排放的数据。根据中国电力企业联合会与清华大学共同承担的联合国环境规划署《中国燃煤电厂大气汞排放》项目，2005 年中国燃煤电厂大气汞排放估算值为 108.6t，2008 年排放量降至 96.5t。随着《火电厂大气污染物排放标准》（GB13223—2011）的修订颁布，脱尘、脱硫、脱硝效率将在现有的基础上将进一步提高，现有环保设施对汞的协同控制作用将进一步增强。

(3) 我国燃煤电厂汞控制技术发展情况

随着到 2015 年 SO_2、NO_x 排放总量分别削减 8% 和 10% 约束性指标的颁布，我国燃煤电厂对污染物的控制将在"十一五"的基础上，形成以 SCR、ESP/FF、FGD 为主的技术路线。为此，要实现 GB13223—2011 中燃煤汞排放控制在 0.03mg/Nm³ 的要求，燃煤汞排放的控制将形成以 NO_x、烟尘、SO_2 控制设施对汞的协同控制为主。

5.4.1.2 燃煤汞排放控制技术分类

目前，燃煤汞排放的控制技术主要有三种，燃烧前控制、燃烧中控制和燃烧后控制。燃烧前控制主要包括洗煤技术和煤低温热解技术。燃烧中控制主要通过改变燃烧工况和在炉膛中喷入添加剂等。燃烧后控制主要有两种，一种是利用现有非汞污染物控制设施（包括 SCR、ESP/FF、FGD 等）对汞的协同控制作用减少汞的排放；另一种是采用活性炭、金属吸收剂等脱汞新技术/新工艺，实现汞排放的高效控制。燃煤电厂汞排放主要控制技术分类见图 5-19。

5.4.2 典型技术性能

5.4.2.1 燃烧前控制

燃烧前控制是一种新的污染防治战略，是建立在煤粉中有机物和无机物的密度及其有机亲和性不同的基础上的物理清洗技术，主要方法有洗煤和煤低温热解。

(1) 洗煤

微量有害元素富集在煤中的矿物杂质中，如煤中汞与黄铁矿密切相关，根据其间的

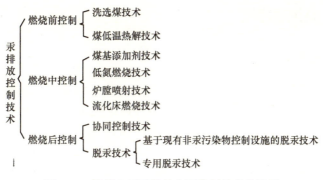

图 5-19   燃煤电厂汞排放主要控制技术分类图

相关性采用传统的重介选、泡沫浮选，以及更先进的洗选煤技术能减少煤中的汞含量，达到减排燃煤汞排放的目的。有研究表明，传统的洗选煤技术能够去除煤中约 38.8% 的汞，而先进的化学物理洗选煤技术对汞的去除率能够达到 64.5%，这与燃烧后净化设备去除相比具有较大的经济效益优势。

（2）煤低温热解

煤低温热解根据汞的挥发特性，在不损失碳素的温度条件下，通过燃煤的低温热解，减少汞的含量，最终达到降低汞的排放量。

5.4.2.2　燃烧中控制

目前，针对燃烧过程中控制汞排放的研究较少，但针对其他非汞污染物而采用的一些控制技术，不同程度地将烟气中元素态汞转化成氧化态汞，从而有利于后续非汞污染物控制设施的吸附和捕集。燃烧中控制的主要技术包括：

（1）煤基添加剂技术

即在煤上喷洒微量的卤素添加剂，利用其在燃烧过程中释放的氧化剂，将元素汞转化为二价汞，为湿法烟气脱硫协同脱汞创造条件。

（2）炉膛喷射技术

即在炉膛的合适位置，直接喷射微量氧化剂、催化剂或吸附剂等，提高 Hg^0 氧化成 Hg^{2+} 的比例或直接吸附汞。

（3）低氮燃烧技术

低氮燃烧技术因其炉内温度相对较低，利于烟气中氧化态汞的形成。

（4）流化床燃烧技术

流化床燃烧技术，一是颗粒物在炉内滞留时间较长，增加了颗粒对汞的吸附作用，二是其炉内温度相对较低，利于 Hg^{2+} 的形成。

5.4.2.3　燃烧后控制

（1）协同控制技术

协同控制技术是利用现有的非汞污染物控制设施（如脱硝、除尘和脱硫设施）对汞的协同控制作用，降低汞的排放。该技术是目前控制汞排放最经济、最实用的技术。典型的 SCR＋ESP/FF＋WFGD 的组合，其对汞的协同控制作用，可减少汞排放为 60%～90%。

例如，以 SCR 为例，利用其催化剂对 Hg^0 的催化作用，可将部分 Hg^0 氧化为 Hg^{2+}，增加烟气中 Hg^{2+} 浓度 25%～35%。也可以利用烟尘颗粒物的吸附作用，使除尘设施具有协同控制汞排放的功能。电除尘器可减少汞排放约 40%，而布袋除尘器的效果优于电除尘器。同时烟尘吸附的 Hg^0 中约有 5% 在烟尘中某些金属氧化物的催化作用下，氧化为 Hg^{2+}。还可以利用低温度条件下 Hg^{2+} 易溶于水的特点，使湿法脱硫设施在洗涤烟气时高效地吸收 Hg^{2+}，其去除率最高可达 80%。

（2）脱汞技术

目前，脱汞技术主要有两类，第一类是基于现有非汞污染物控制设施的协同控制作用，通过添加剂的氧化、吸附、洗涤、螯合、络合等作用，达到更高的汞脱除效果，如脱硝设施中改性催化剂对汞的氧化技术、除尘设施前吸附剂的喷射技术、脱硫设施中稳定剂固汞防逸技术、脱硫废水中络合剂絮凝固汞技术等；第二类是专用的、具有最高脱汞效果的技术，如美国正在研究开发的 Toxecon 技术等。

典型汞排放控制技术的性能比较见表 5-12。

表 5-12　典型汞排放控制技术的性能

分类	控制技术	技术性能	控制成本
燃烧前控制	洗煤技术	汞含量减少 20%～64%	中
	煤低温热解	汞含量减少 60%～90%	中
燃烧中控制	煤基添加剂技术	Hg^0 氧化率提高 60%～90%	中
	炉膛喷射技术	Hg^0 氧化率提高 60%～90%	中
燃烧后控制	协同控制技术	Hg^{2+} 减少排放 30%～90%	低
	脱汞技术： (1) 基于现有非汞污染物控制设施的脱汞技术；	脱除率 90% 以上	较高
	(2) 专用脱汞技术	脱除率 90% 以上	高

5.4.3　现存问题及改进空间

5.4.3.1　存在问题

目前存在的主要问题有：一是对控制汞排放的重要性缺乏深刻的认识，思想不统一，意见不一致；二是尚未摸清汞排放的规律和实际情况；三是尚未形成汞排放控制的指标体系和技术路线、技术指南、技术标准体系等；四是尚未建立汞排放测算、监测、统计和考核体系及相关基础设施；五是尚需加强适合国情的汞排放监测与控制关键技术的研发、试点和应用；六是政府尚未制定积极的支持政策、经济政策、环境政策、管理制度和保障措施等；七是尚需建立完善的国内外技术交流与合作平台。

5.4.3.2　改进空间

按照"立足实情、确立目标、制定计划、有序发展"的总体思路，在摸清汞排放现状、排放规律、中长期预测及汞排放控制渠道、能力和空间的基础上，研究制定汞排放控制指标体系和技术路线，监测、统计和考核办法，技术标准体系等；开展适合国情的汞排放监测与控制技术及装备的研究，并持续加强工程应用的能力建设，包括全尺寸试验、工业试点、工程示范、商业运行等；建立国际领先水平的，集监测、评价、控制于一体的国家级重点研发（实验）中心；为跟踪并超越世界先进水平，形成适合国情的最佳可行技术，培育并健康发展新兴产业提供基础性、应用性的创新服务平台。

5.4.4　技术发展方向

根据当前汞排放的控制要求及中长期将排放标准日趋严格的现实，结合世界上汞排放控制技术的现状及发展趋势，预计我国汞控制技术的发展将经历三个阶段。

1）2011～2015 年，以现有非汞污染物控制设施（包括脱硝、除尘、脱硫设施）对汞的协同控制为主。

2）2016～2020 年，以燃烧前和燃烧中控制汞的生成量和现有非汞污染物控制设施对汞的协同控制为主。

3）2021～2030 年，以脱汞技术包括基于现有非汞污染物控制设施的脱汞技术和专用脱汞技术为主。

各种汞排放控制技术的发展时间图见图 5-20。

5.5　污染物综合控制和利用技术

5.5.1　源头控制技术的发展前景

改革开放以来，我国电力工业发展速度世界罕见，燃煤电厂快速向大容量、低能耗、高参数的超（超）临界机组方向发展，步入大机组、大电厂的新时代。到2010 年年底，300MW 及以上机组的容量超过 70%，供电煤耗为 333gce/（kW·h），比 2005 年下降 37gce/（kW·h），如图 5-21 所示，相当于累计节约标煤约3.2 亿 t，相应减排烟尘约 0.76 亿 t、SO_2 约 500 万 t、CO_2 约 9 亿 t，大大减少了燃煤污染物的排放。

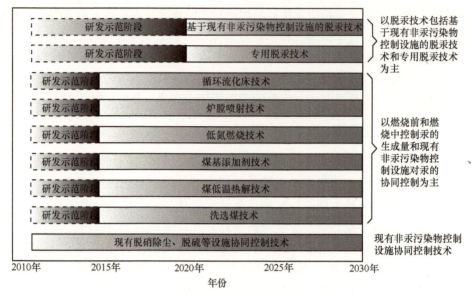

图 5-20　燃煤电厂汞排放控制技术时间图

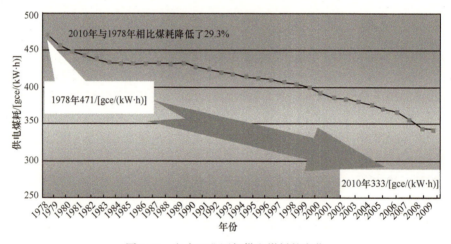

图 5-21　电力工业历年供电煤耗的变化

"十二五"期间,电力工业将按照"优化发展煤电、优先开发水电、大力发展核电、积极推进风电、太阳能等新能源发电"的原则,大力优化火电结构,发展超(超)临界技术、整体煤气化联合循环发电、循环流化床、热电联产,加强现有机组的技术改造,关停高能耗小火电机组,提高煤电机组综合能效,降低燃煤污染物的排放。

预计到 2015 年和 2020 年,煤电容量比例将由 2010 年的 73% 分别下降到 67% 和 65%,供电煤耗分别下降到 330gce/(kW·h)和 320gce/(kW·h)。

5.5.2　IGCC 发电技术对污染物协同控制分析

IGCC 发电技术是电力工业循环经济发展的重要方向之一,它可将煤中的化学能最大限度地转化为电能,实现能量的梯级利用,发电效率能提高到 50% 左右,可大大降低供电煤耗;同时它也是燃烧前脱除污染物的技术之一,环保特性好(烟尘排放可控制在 1mg/Nm³ 左右，易实现 SO_2、NO_x、汞等污染物的排放控制），易于实现 CO_2 接近零排放；且可进一步发展为供电、供热、供煤气和提供化工原料的多联产生产方式，能实现多联产和资源综合利用，具有延伸产业链、发展循环经济的技术优势。

5.5.3　多污染物协同控制技术发展前景

5.5.3.1　常规污染物控制技术之间的协同作用

目前，电力工业已形成了以脱硝、除尘、脱硫相结合的方式，来控制燃煤烟尘、SO_2、NO_x 的排放。研究结果表明，脱硝设施、除尘设施和脱硫设施在脱除其自身污染物的同时，对其他污染物以及汞等重金属均有一定的协同控制作用，见表 5-13。

表 5-13　典型污染物控制技术间的协同控制作用

	脱硝技术			除尘技术			脱硫技术			
	SCR	SNCR	SNCR-SCR	电	袋	电袋	湿法	干法	海水法	氨法
烟尘	o	o	o	√	√	√	●	o	●	●
SO_2	o	o	o	o	o	o	√	√	√	√
NO_x	√	√	√	o	o	o	●	●	o	●
超细颗粒	o	o	o	√	√	√	●	o	●	●
重金属	▲	o	▲	●	●	●				

注：√表示直接作用；▲表示间接作用；●表示协同作用；o 表示基本无作用或无作用。

5.5.3.2　多种污染物协同控制新技术及发展前景

（1）多种污染物协同控制新技术

目前，国外正在研究开发的多种污染物协同控制新技术主要有以下几种。

1）同时控制 SO_2 和 NO_x 的技术，如美国 Mobotec 公司开发的 ROFA 和 ROTIMAZX 技术、THERMALONNO$_x$ 技术、FLU-ACE 技术等。

2）同时控制 NO_x 和汞的技术，如 LoTO$_x$ 低温氧化技术。

3）同时控制 SO_2、NO_x 和烟尘的技术，如 SO$_x$-NO$_x$-RoxBox（SNRB）技术、活性焦技术。

4）同时控制 SO_2、NO_x、重金属汞的技术，如电子束技术、等离子技术、活性炭技术、电催化氧化（ECO）工艺、EnviroScrubPahlman 工艺、LoTO$_x$ 工艺等。

5）同时控制 SO_2、NO_x、烟尘、重金属汞的技术，如活性焦技术。

我国在积极跟踪世界先进技术发展的同时，一方面在外方的技术支持下，开展工业性或示范性试验研究，如电子束同时脱硫脱硝技术、ROFA 同时脱硫脱硝技术、活性焦同时脱硫脱硝脱汞技术等；另一方面，针对燃煤电站烟气 SO_2、NO_x、$PM_{2.5}$、汞等多种污染物以及温室气体 CO_2 的排放，立足现状，着眼未来，组织开展适合国情的燃煤电站多污染物协同控制技术与装备及管理体系研究。其控制技术主要包括：

1）同时脱硫脱硝脱汞技术，包括炉内高温联合脱除、尾部湿法、干法、低温 SCR 等。

2）多污染物与 CO_2 联合控制技术。

3）超细粉尘高效捕集技术。

4）提高现有非汞污染物控制设施对汞协同控制性能技术。

5）硝汞协同控制多效催化剂及其再生工艺。

6）燃煤电厂 NO_x-SO_2-Hg 资源化控制技术。

（2）发展方向

随着环保法规、标准的日趋严格，不仅需要控制的污染物种类不断增加，而且控制的要求也越来越严格，如果每种污染物均设置独立的脱除设施，不仅系统复杂，而且投资和运行成本大大增加。为此，对火电厂多种污染物进行协同控制已成为今后一段时期内电力行业的重要任务。

燃煤电厂多种污染物的控制方式主要有三种：一是从源头进行控制，即减少煤电在电力结构中的比重，扩大清洁能源的比重，同时提高燃烧煤质量、扩大洗煤比例，减少污染元素进入燃煤电厂；二是提高燃煤电厂的煤炭利用效率，即通过火电机组的结构调整，降低燃煤发电煤耗、提高清洁生产水平来减少污染物的产生；三是实施末端治理，利用常规污染物的协同控制作用和专用的多污染物控制设施来减少污染物的排放。

A. 发电技术升级或采用清洁发电技术实现多污染物控制

加快火电技术升级是今后火电技术的发展方向。在洁净煤发电技术中，提高蒸汽参数是提高效率幅度最大、最为基本的发展途径。目前，超超临界发电机组配以高效除尘、脱硫、脱硝装置，既提高能源利用效率，又使常规污染物降低到较低水平，而且技术成熟，是现阶段改变我国火电能源结构的有效措施，也是实现多种污染物联合控制最有效的方式。超临界机组虽效率低于超超临界机组，但技术更为成熟，具有更广泛的适应性，且造价相对较低。

IGCC 在我国仍处于示范阶段，其技术具有发电效率高、环保性能好等特点，如将来 CO_2 受强制性指标限制，IGCC 将可作为很好地解决温室气体问题的有效途径之一。因此，我国的能源结构和可持续发展战略决定我国更需要 IGCC，而它能否被接受和认可取决于其造价的高低、运营成本、可靠性等。即进一步降低造价、提高效率并控制污染物、CO_2 的排放是 IGCC 未来发展的主题。

循环流化床在我国已实现大型化和规模化。从目前情况下，我国新建常规燃煤发电机组已配置脱硫、除尘、脱硝等装置，循环流化床机组在燃烧常规煤种的前提下，相对于配置脱硫脱硝装置的超（超）临界机组已无明显优势，且大型循环流化床机组正在示范，可靠性、经济性仍需提高。由此可见，常规煤粉、循环流化床技术的应用排位已低于 IGCC。但循环流化床机组燃烧劣质煤（如，煤矸石）具有技术优势，且随着超（超）临界循环流化床技术的成熟，循环流化床仍具有较大的应用空间。

其他技术如化学链燃烧等技术有待突破，在系统节能、提高能效利用、减少污染物排放方面有所期待，仍处于比较前沿的阶段。

B. 基于现有污染控制设施改进的多污染物控制技术

结合现有脱硝、除尘和脱硫设施，进行 $PM_{2.5}$、汞等污染物脱除功能拓展，或实现脱硫脱硝脱汞一体化，无需增加太多设备，实现多污染物协同控制是当前重点发展方向之一，现有烟气治理设施技术相对比较成熟，运行、维护、管理已经走上正轨，现有设施上的功能拓展，对场地、一次投资、运行维护费用及管理模式冲击不大，该研究方向对现役机组多污染控制意义重大。今后应通过组建系统的技术攻关，进行多点切入研究，寻求多方面的突破，以期在较短的时间内，形成适合我国国情的自有技术。

C. 资源化技术

在脱除污染物的同时实现其副产物的资源化是循环经济模式下，最具竞争力的发展方向。

5.6 污染物控制综合比较

5.6.1 电力行业燃煤污染控制技术路线

资源和环境的约束是中国经济和社会发展面临的最大挑战之一，而电力工业则处于能源资源、环境、经济这三者之间的关键地位，发挥着关键作用。转变电力发展方式是解决电力工业发展面临的突出问题和矛盾的有效途径，是提高行业发展质量和效益的根本途径。

在持续提高清洁能源比重的同时，优化发展煤电是电力行业今后很长一段时间内的重中之重。

在资源和环境约束条件下，电力工业将持续采用低能耗、低物耗、低污染、低排放，资源利用率高、安全性高、经济性高、环境性高的先进的燃煤污染控制技术，在确保电力安全、可靠、有效供应的前提下，实现电力与环境的协调发展。

5.6.1.1 发电技术

1）对于新建机组，将进一步发展超超临界、循环流化床、热电联产、空冷等高效火电机组，积极推进 IGCC 示范。

2）对于现有机组，将继续推进高能耗机组的关停工作，加强新技术、新工艺的技术改造力度，不断提高存量机组的发电效率，持续降低供电煤耗。

5.6.1.2 污染物控制技术

1）在确保石灰石、石灰、液氨、尿素等资源有效供应的前提下，全面采用技术成熟、性能优越、污染物排放少、环境损害小的最佳可行技术，并持续改进、不断提高污染物的控制性能，特别是控制技术对我国的适应性和控制设施运行的高性能、高可靠性、高经济性。低氮燃烧技术无论是在能耗、环境、资源还是经济方面，其全生命周期分析结果都大大优于 SCR 和 SNCR 技术，应作为火电厂脱除 NO_x 的首选技术。少量牺牲燃烧效率换取更低的 NO_x 排放，从而在保证机组安全性和可靠性的条件下满足环保限值和总量控制的要求，也不失为非重点地区电厂、特别是坑口电厂的最佳选择。

2）充分利用现有污染物控制技术对不同污染物的协同控制作用，通过技术创新，持续提高协同控制污染物的数量和效果，如在脱硫设施的基础上，发展脱硫脱硝一体化、脱硫脱硝脱汞一体化等技术。

3）大力发展资源化技术，在有效控制污染物排放的前提下，实现副产物的资源化。

4）积极开发专用的多污染物协同控制技术，如低温 SCR 联合脱硫脱硝脱汞技术、活性焦脱硫脱硝脱汞技术等，以及超细粉尘、汞、CO_2 专用控制技术。

5）在严格控制燃煤大气污染物排放的同时，深度研发和应用固体废弃物、废水中有害物的处理，以及与先进技术匹配的监测技术。

5.6.2 政策建议

5.6.2.1 完善法规

根据科学发展观及国家节能减排总体要求，不断加强法律法规建设，加快推动《能源法》出台，加紧《电力法》修订工作，适时修订《环境保护法》、《大气污染防治法》，出台应对气候变化的专项法规。根据实际情况，对已颁布的《火电厂大气污染物排放标准》进行评议，根据各地区环境容量，采取分步走战略，科学、有序、积极、稳健地控制煤炭利用过程中污染物的排放。在近期，适当放宽非重点地区的排放限值，使得这些地区的电厂可以利用能源、环境、资源消耗和经济方面性能俱佳的低氮燃烧技术，达到合理的环境标准，缓解我国资源消耗、电厂改造工期和近期脱硝市场供应能力方面的压力。建议将节能减排的理念、指标、制度以及行业监管职责等通过法制化的形式予以确定。应逐步淡化或改变以行政要求为主的强制性节能减排的推进方式，建立法律推进的长效机制。加快完善环境目标制定的科学决策系统，建立科学的目标评估系统。

5.6.2.2 理顺体制

理顺电力行业节能减排管理体制，形成立法、行政、监督有机统一、协调有序的整体。一是切实落实电力行业节能减排的政府管理职能和各方职责，完善执法体系，恢复和完善行业监测、监督体系，加强依法监督和管理。二是进一步发挥行业自律作用，加强电力行业自律管理，明确行业协会在节能减排工作中的作用和职责。

5.6.2.3 加强规划协调

建议加快转变电力发展方式、提高电力发展质量，坚持适度超前的原则，强化电力规划、环保规划、节能规划的相互协调，建立科学的电力规划管理机制。

5.6.2.4 推进市场手段，促进节能减排

1）继续完善脱硫电价补偿机制。对供热电厂的供热部分，老电厂、硫分高的电厂以及由于客观条件导致脱硫成本高的特殊电厂（如煤质很差的坑口电厂）继续合理补偿脱硫电价，满足成本要求。进一步明确脱硫电价核定标准和支付办法，从根本上解决部分电厂脱硫电价不落实的问题。

2）出台鼓励火电厂烟气脱硝的经济政策。一是要综合运用各种经济手段推进火电厂的 NO_x 控制工作，以最小的能源、环境和资源消耗以及经济成本换取最大的环境效益，如推进排污权交易政策。二是要使脱硝的环境保护成本传导到电价中去，鼓励企业建设好、运行好脱硝装置。三是收取的 NO_x 排污费要全部用于 NO_x 的治理，尤其是用于老电厂 NO_x 控制技术改造。四是对一时不能实现国产化的设备及材料要有免税或减税措施。

3）继续推进火电厂烟气脱硫装置建设运行特许经营。

第6章 | 燃煤电厂 CO_2 捕集、利用和封存技术

6.1 概论

6.1.1 中国燃煤发电 CO_2 排放情况

人类活动产生的 CO_2 排放最大的部分来自于燃煤发电，在我国这部分排放占全国 CO_2 总排放量的 40%~50%。按照联合国政府间气候变化专门委员会（IPCC）的排放因子粗略估算，2011 年我国电力行业 CO_2 的总排放量超过 35 亿 t。

根据我国的能源特点，在相当长的时期内，燃煤发电为主的发电结构难以改变，其总量还将有较大的增长。

电厂具有 CO_2 排放量大、集中和持续等特点，在电厂捕集 CO_2 被认为是未来进行碳减排最重要的技术路径之一。大规模减少 CO_2 排放以减缓气候变暖，必须十分关注燃煤电厂的 CCUS 问题。比起传统燃煤电站污染物治理，大规模 CO_2 减排的难度更大。

6.1.2 燃煤发电 CO_2 减排和捕集技术基本特点

燃煤电厂 CO_2 减排和捕集分为燃烧后捕集、燃烧前捕集以及燃烧中富集 CO_2 技术（包括化学链燃烧和富氧燃烧富集 CO_2 技术），CCUS 技术路线流程如图 6-1 所示。

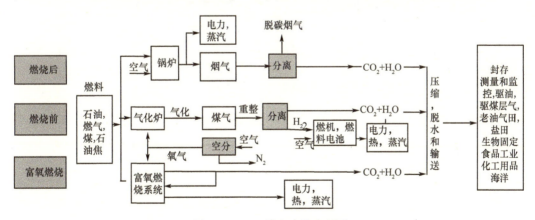

图 6-1　CCUS 技术路线流程图

6.1.2.1 燃烧后捕集技术

从锅炉中出来的烟气首先经过脱硝、除尘、脱硫等净化措施，并调整烟气的温度、压力等参数，以满足 CO_2 分离设备的要求，然后进入 CO_2 吸收装置，烟气中的 CO_2 被

脱除。富含 CO_2 的吸收剂经过解吸后，释放出高纯度的 CO_2，并实现吸收剂的再生（图6-2）。

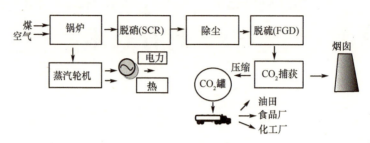

图 6-2　燃烧后 CO_2 捕集技术

6.1.2.2　燃烧前捕集技术

燃烧前捕集技术是指在碳基燃料燃烧前，将其化学能从碳中转移出来，然后再将碳和携带能量的其他物质进行分离，这样就可以将碳在燃料利用前就进行捕集。IGCC 就是最典型的可以进行燃烧前脱碳的煤基电站（图 6-3）。一般 IGCC 系统的气化炉都采用富氧技术，并在较高的压力下进行工作，这使得所需分离气体 CO_2 分压显著变大、体积大幅变小，从而大大降低设备体积和运行能耗。但 IGCC 系统复杂、部分关键技术尚未成熟，总体成本仍较高，因此投运的燃烧前分离系统较少。

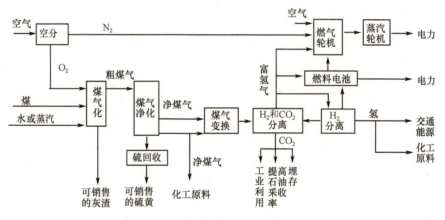

图 6-3　燃烧前 CO_2 捕集技术

6.1.2.3　燃烧中富集 CO_2 技术

燃烧中富集 CO_2 技术包括化学链燃烧和富氧燃烧富集 CO_2 技术。化学链燃烧与传统燃烧有本质区别，是将燃烧分解为两个反应的"无火焰"燃烧，由于燃料与空气不接触，燃烧中就可以生成高浓度 CO_2，因此不需要 CO_2 分离过程，避免了额外的分离能耗。

富氧燃烧技术是利用空气分离系统获得富氧，然后燃料与氧气共同进入专门的富氧燃烧炉进行燃烧。燃烧后的部分烟气重新注回燃烧炉，一方面降低燃烧温度，另一方面

提高 CO_2 的浓度。烟气中 CO_2 的浓度高，处理气体量小，可显著降低捕集 CO_2 的能耗。但它必须采用新开发的富氧燃烧技术，需要专门材料的富氧燃烧设备以及空分系统，这将大幅度提高系统的投资成本和运行能耗。大型的富氧燃烧技术仍处于研究阶段。富氧燃烧 CO_2 捕集技术路线如图 6-4 所示。

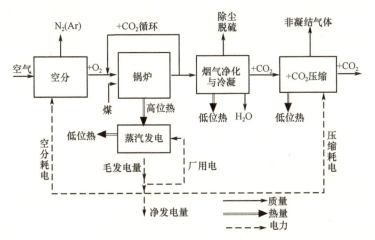

图 6-4　富氧燃烧 CO_2 捕集技术

6.1.3　国内外发展现状和趋势

2003 年，美国首先提出了"未来发电"计划，旨在开发新型的高效率和近零排放的煤基发电技术。此后，欧盟、日本、中国和澳大利亚等也相继提出了类似的计划。这些计划均是基于 IGCC 发电技术，并采用燃烧前脱碳技术。2009 年以后，美国和欧盟分别启动了数个大型的碳捕集利用与封存（CCUS）项目，其中美国有两个项目采用燃烧后捕集技术，一个采用燃烧前捕集技术；欧盟有三个项目采用燃烧后捕集技术，两个项目采用富氧燃烧技术和一个燃烧前捕集技术。从现在来看，三种技术路线各有优缺点，现在呈现一种齐头发展的形式。

6.2　燃煤电厂燃烧后 CO_2 捕集技术

燃烧后 CO_2 捕集指对电厂经过除尘、脱硫后的烟气脱除 CO_2。其基本过程是，从锅炉中出来的烟气首先经过脱硝、除尘、脱硫等净化措施，并调整烟气的温度、压力等参数，以满足 CO_2 分离设备的要求，然后进入 CO_2 吸收装置（如吸收塔），烟气中的 CO_2 被脱除，不含（或者含有少量）CO_2 的烟气通过烟囱排放。富含 CO_2 的吸收剂（或者吸附物质等）经过解吸后，释放出高纯度的 CO_2，并实现吸收剂的再生。高纯度的 CO_2 被捕集后，进行加压液化、运输，最终被封存或者利用。

燃烧后 CO_2 捕集技术的主要优点是适用范围广，系统原理简单，对现有电站继承性好。不过，由于燃烧后烟气体积流量大、CO_2 的分压小，脱碳过程的能耗比较大，设备投资和运行成本较高，因而造成捕集成本较高。

按照吸收过程的物理化学原理（指吸收过程中 CO_2 与吸收溶剂是否发生化学反

应），燃烧后 CO_2 捕集方法主要有化学吸收法和物理吸收法。

6.2.1 对电站系统的影响

传统燃煤电站加装燃烧后 CO_2 捕集装置能够降低 CO_2 排放，但同时也对电站造成一定的影响，主要体现在对电厂效率、设备配置及公用工程需求量的影响。下面从电站空间、烟气系统、汽轮发电机及辅助系统、汽水混合循环系统、冷却水系统及电气系统等进行说明。

6.2.1.1 空间影响

利用燃烧后捕集技术捕集 CO_2，在现场适当的位置对增加的脱碳设备安排充足的空间进行配置，以便能安放附加的 CO_2 捕集装置，并进行发电厂内其他系统的改造（由于脱碳引起的，以满足捕集装置对冷却水、辅助电力配置等的需求）。

1）CO_2 捕集装置。

2）锅炉系统扩建和改建工程（如为在引风机和吸收塔之间形成烟道所需要的空间）。

3）汽机系统扩建和改进工程。

4）再生系统所需低压蒸汽管所需要的空间。

5）发电厂系统辅助装置的扩展和加建，以满足捕集装置的附加要求。

6）为原材料（如吸收溶液）的运输留足空间。

7）考虑到 CO_2 的压缩和封存，以及废弃物的处理空间。

6.2.1.2 烟气系统影响

为了使 CO_2 捕集系统与锅炉烟气系统相互连通，至少需要新管道及引风机安装的空间。

对于具备脱硫装置（FGD）的燃煤电站，一般无需进行较大的改造；如果原有烟气脱硫系统允许在结构或脱硫剂等方面做出改进，则需要以符合 CO_2 捕集工艺对硫氧化物更加严格的限制为基础，对脱硫装置进行必要的改动或升级；如果原有烟气脱硫系统不允许在结构或脱硫剂等方面做出改进，那么将需要增加精脱硫等装置以满足 CO_2 捕集工艺对硫氧化物的更加严格的限制。由于烟气精脱硫装置增加压力降，需要增压风机。因此，必须考虑安装增压风机及有关管道的空间。

对没有任何除硫措施的电厂而言，酌情考虑在适当的位置安装脱硫系统，并且考虑为引风机排气管道进行预留安装空间，与新的引风机/增压风机互连。

6.2.1.3 汽轮发电机及辅助系统的影响

氨法 CO_2 捕集工艺需要加热吸收了 CO_2 的氨溶液，使溶液再生析出 CO_2，这个过程需要大量的热量，即从发电系统抽取一定量的蒸汽。蒸汽的抽取势必影响发电量及发电效率。大量事实证明，最好的供给是在中压（IP）和低压（LP）汽缸之间结合面安装中低压蒸汽管抽取主蒸汽，最佳的供汽压力（考虑管道和阀门压降）约为 3.6 bar（1bar＝0.1MPa）。采用目前技术水平的吸收溶液，约50%的来自蒸汽轮机中压/低压蒸汽管的低压蒸汽将用于溶液的再生，并释放 CO_2。为能够抽取蒸汽用于溶液的再生，中低压缸之间的蒸汽管道需能够安装阀门，以满足抽汽需要。汽机房应预留空间，以保证合理布置大尺寸的低压蒸汽管道。

捕集改造以后，在蒸汽进入汽轮机低压段前，由于近 50% 的蒸汽被抽取供 CO_2 捕集系统使用，蒸汽轮机低压段的流量将会大量减少。蒸汽轮机可以运行于原有设计低压排汽压力（冷凝压力）或者促使达到最完全的冷凝真空度，以维持低压段体积流量尽可能达到其最佳点。

6.2.1.4　汽水混合循环系统影响

在捕集改造之后，通过工艺及运行集成，将低温热从捕集装置回收到汽水混合循环系统，这样将使捕集 CO_2 的损失减到最小。电厂的几个给水加热器需要预留旁路，用于回收凝结低温热水。

6.2.1.5　冷却水系统影响

脱碳系统增加的换热器及 CO_2 压缩机等需要冷却水冷却，增加了电厂的总冷却负荷，为此需要增加公用系统抽水量。但同时需要注意的是，由于脱碳系统从低压缸抽取了蒸汽，进入凝汽器的蒸汽量减少，凝汽器所需的冷却水量相应减少。

在加装 CO_2 捕集系统以后，由于近 50% 的蒸汽在进入汽轮机低压段前被抽取供捕集系统使用，蒸汽轮机低压段的流量大幅减少。蒸汽轮机可以于原有设计低压排汽压力（冷凝压力）下运行或者促使其达到最好的真空度，以维持低压段容积流量尽可能达到其最佳点。增加 CO_2 捕集系统后，凝汽器可以有两种运行方式：以凝汽器原有设计压力运行，可减少流向凝汽器的冷却水流量；以凝汽器原有设计的冷却水流量（以较低温升通过冷凝器）或以减少的冷却水流量，来达到运行于能实现的最佳冷凝器压力。无论哪种情况，主凝汽器冷却水流量均不增加，而唯一需要满足的是 CO_2 捕集系统增加的冷却负荷。

对在捕集改造前后运行于原有设计低压排汽压力的蒸汽轮机，通过使用可以从主汽轮机冷凝器中获得的多余冷却水和适当的冷却水方案，预计可以使整个电厂的总冷却水流量（非冷却负荷）在捕集改造前后保持稳定并使冷却效果相对稳定。然而，由于更多热量被排放到冷却水系统中，电厂冷却水系统的冷却负荷增加。

6.2.1.6　电气系统影响

引入的 CO_2 捕集系统以及烟气冷却器、烟气精脱硫（如果有）、增压风机和 CO_2 压缩装置将导致电气负荷大量增加，因此要求加建较大的发电厂辅助电力分配系统及相应配置：预留增加的装置辅助变压器的空间；准备母线槽，以供辅助变压器和附件的配电使用；准备地下电缆沟和地上电缆槽，供增加的电缆使用；预留低压（LV）和高压（HV）开关装置的扩充空间，以适应增加的新装置、馈线和马达控制中心（MCC）。

6.2.2　中国 CCUS 技术发展情况

与国外发达国家相比，我国 CCUS 技术研发工作起步较晚，但近年来发展迅速。在国家相关科技政策的引导下，国内一些高校、科研院所、企业等已经围绕 CO_2 封存、利用和埋存开展了许多研究和示范工作，在部分领域，技术水平、示范规模及运行效果甚至已经走在世界前列。近年我国企业围绕重点关注领域，在燃烧后捕集方面开展了一些探索和尝试，一些工业级试验和示范正在开展。但也需要看到，我国在 CCUS 方面的投入及研究工作的深度和广度方面都和发达国家存在较大差距，大幅度降低 CCUS 成本的难度很大，还需要政府部门大力加强对 CCUS 研究和工程示范的投入。

6.2.2.1 华能 3000t/a 捕集试验

2008 年，华能集团在华能北京热电厂建成投产了年回收能力达 3000t 的燃煤电厂烟气 CO_2 捕集试验系统（图 6-5）。投运以来，该系统各装置运行稳定可靠，技术经济指标均达到设计值，CO_2 回收率大于 85%，CO_2 纯度达到 99.997%，并全部实现了再利用。

图 6-5　华能北京热电厂 3000t/a CO_2 捕集试验示范装置

6.2.2.2 中电投重庆双槐电厂 1 万 t/a 碳捕集示范

2010 年 1 月，中电投集团投资建设的重庆合川双槐电厂 CO_2 捕集工业示范项目正式投运。每年可处理 5000 万 Nm^3 烟气，从中捕集 1 万 t 浓度在 99.5% 以上的 CO_2，CO_2 捕集率达到 95% 以上。

6.2.2.3 石洞口第二电厂 12 万 t/a CO_2 捕集示范

2009 年，华能集团在上海石洞口第二电厂启动了 12 万 t/a CO_2 捕集示范项目，使用的是具有自主知识产权的燃烧后 CO_2 捕集技术。该项目是上海石洞口第二电厂二期两台 660MW 国产超超临界机组的配套工程，年 CO_2 捕集能力为 12 万 t。该项目于 2009 年 7 月在上海开工建设，2009 年 12 月底完成调试工作投入示范运行，捕集的 CO_2 经制精提纯后用于食品行业。该示范工程为目前世界上最大的燃煤电厂烟气 CO_2 捕集装置之一，见图 6-6。

图 6-6　华能上海石洞口第二电厂 12 万 t/a CO_2 捕集示范项目

6.2.3　CCUS 技术面临的挑战与发展趋势

国际能源署（IEA）关于 CCUS 技术路线图指出，CCUS 是低成本温室气体减排组合方案中的重要组成部分。如果没有 CCUS，到 2050 年使温室气体减半的总成本将增加 70%。路线图预想到 2020 年左右在全球实施 100 个 CCUS 项目；到 2050 年达到 3000 个。而作为 CCUS 最重要且是短期内能大规模应用的技术手段，燃烧后 CO_2 捕集技术相比其他技术手段将承担更多的市场份额。

6.2.3.1　CO_2 捕集

燃烧后 CO_2 捕集技术涉及能源领域的工程热力学、燃烧学、气动力学和传热学，以及化工领域的化工分离、化学反应、化工系统和化工设备等各专业学科，涵盖领域广，属于集成类技术学科。在目前，其广泛应用会大大降低发电厂或者其他工业过程的整体效率。如何进行大规模、低成本的捕集 CO_2 有待更进一步的研究。大规模部署的先决条件是对现有技术及其经济可行性进行示范。同时，要对整个 CCUS 技术链如何降低成本、提高效率进行全面研究，特别是捕集过程。

燃烧后脱碳技术是最成熟、最可能在近期进行大规模示范应用的碳捕集技术，可运用于现有几乎所有电厂以及主要的冶炼、化工和水泥行业。我国在该技术的基础研究已有了多年的积累，并进行电厂工业级示范工程。但是，能耗过高仍是该技术发展的瓶颈。加快低能耗、低成本燃烧后捕碳技术开发，降低其能耗和成本，推进商业级别的示范工程是近中期发展的重要路线。

（1）吸收剂开发

在化学吸收法整个工艺流程中，吸收剂的再生能耗在整体能耗中占绝大比重，而吸收剂在运行过程中因为蒸发、降解而造成的损失也是成本控制中的重点。因此开发新型的吸收剂是公认的优化 CO_2 捕集工艺的重点课题。研发方向是重点进行高吸收效率、低解吸能耗的化学吸收剂的开发；进行特大型系统的高效新型吸收工艺及其关键技术的开发。

(2) 脱碳与电站系统的集成优化

由于 CO_2 捕集系统对电站系统的影响较多，如何将两套系统合理集成，降低系统能耗是技术发展和进步的方向，重点是进行脱碳系统自身优化技术的开发，进行脱碳系统与电站蒸汽系统和公用工程系统的集成技术开发。

6.2.3.2　CO_2 压缩与电站系统的整合

CO_2 被捕集后，为了便于运输和封存，捕集的 CO_2 通常需要进行高浓度压缩。目前，管道是一种成熟的市场技术，并且是运输 CO_2 最常用的方法。典型的做法是将气态 CO_2 施加 8MPa 以上的压力进行压缩，旨在避免两相流和提升 CO_2 的密度，因而便于运输和降低成本。同时为了维持 CO_2 输送压力，需要在管程中配置若干中程（增压器）压缩站。

由于 CO_2 压缩机需要较大的初投资与运行电耗，CO_2 捕集及压缩将使电厂效率降低 $7 \sim 11$ 个百分点，因此对 CO_2 压缩机的要求是具有高效率、高可靠性，如何降低压缩电耗、降低对电厂效率的影响是 CO_2 压缩系统的研究方向。一般来说，将 CO_2 压缩有效集成到发电系统最佳的方法是将压缩机级间余热回收至热力系统，回收压缩机系统内余热。因此，要满足热交换器要求并产生有用的热能，必须使热交换达到一定的温度水平，这需要对压缩机中间冷却器进行重新设计。当然，重新设计所产生的更高平均压缩比的工况会带来更多的能耗，但相对热回收及与电厂的热力集成，后者还是具有更低的能耗。这种热回收设计将对压缩机的设计、转子动力学和材料选择产生较大的影响。

6.3　燃烧前 CO_2 捕集技术

6.3.1　燃烧前 CO_2 捕集技术特点与现状

燃烧前捕集适用于 IGCC 以及部分化工过程，进入分离装置的混合气中 CO_2 的浓度为 $15\% \sim 60\%$（干基），总压一般为 $2 \sim 7$MPa，CO_2 的分压为 $0.3 \sim 4.2$MPa。由于在合成气变换之前一般需要进行严格的净化措施，因此进入分离装置的合成气粉尘、硫化物的含量都很低。燃烧前 CO_2 捕集的这些优点，使得捕集系统可以采用的分离工艺比较广泛，分离设备尺寸可以较小，所以分离过程的能耗较小。但燃烧前分离系统复杂、部分关键技术尚未成熟，且 IGCC 建成电厂少，总体成本仍较高。

6.3.1.1　工业规模燃烧前 CO_2 捕集技术的进展

截至 2012 年，在电厂中还没有此类工业规模的示范项目。在化工领域，燃烧前捕集技术已得到商业化应用，但其仅在水煤气变换和 CO_2/H_2 分离两个部分与燃煤电厂中的燃烧前捕集技术重叠。该技术能耗增量较低，美国、欧盟、日本、澳大利亚在 2005

年之前均提出了基于该技术的煤基近零排放发电计划。由于经济、技术和其他问题，截至 2011 年，计划中的很多项目都推迟或者取消。我国企业也提出了相似的计划——绿色煤电计划，将分三期建成基于 IGCC 的燃烧前 CO_2 捕集近零排放的煤基电厂。

八国集团联盟（G8）已宣布在 2020 年建成 20 个大规模的 CCUS 项目。截至 2009 年年底，美国 DOE 已批准投入 10 亿美元，支持三个燃煤电厂 CCUS 项目，其中一个基于 IGCC；欧盟批准投资 10 亿欧元，支持六个燃煤电厂 CCUS 项目，也有一个基于 IGCC。"十一五"期间，在"863"计划重大项目的支持下，我国第一个大型 IGCC 发电系统在华能绿色煤电项目中进行建设，项目已于 2012 年建成投产。这为我国开展基于 IGCC 的 CCUS 研究提供了基础。

6.3.1.2　中试规模燃烧前技术进展

国际社会非常重视从燃煤电厂中进行大规模 CO_2 减排技术的开发，截至 2011 年，西班牙、荷兰和日本等国，都在现有的 IGCC 电厂后，利用旁路建设和试验 CO_2 捕集和处理系统，其中，西班牙从 300MW 级 IGCC 旁路中抽取热功率为 14MW（占 2%~3%）的合成气，荷兰则从 250MW 级 IGCC 中抽取 2.5% 的合成气，开展基于 IGCC 的 CCUS 技术研究。我国基于华能绿色煤电在天津的 IGCC 项目，利用旁路，建设热功率为 30MW 的中试系统，进行 CO_2 捕集、利用和封存。该项目已获得国家"863"计划重点课题的支持。CO_2 捕集中试项目汇总见表 6-1。

表 6-1　CO_2 捕集中试项目

项目名称和地点	电厂和燃料类型	建成试验时间	项目规模	CO_2/H_2 分离技术	年捕集 CO_2 量/万 t
绿色煤电实验室（天津）	IGCC/煤	2011 年启动/2015 年建成	热功率 30MW	物理吸收法	6~10
Nuon Buggenum（Buggenum，荷兰）	IGCC/煤和生物质	2010 年	热功率约 16MW	物理吸附和化学吸收	1
Elcogas Puertollano（西班牙）	IGCC/煤和石油焦	2010 年	热功率 14MW	商业吸附剂	3.5

6.3.2　CCUS 对电站系统的影响

增加 CCUS 后，除了输运与封存外，系统的主要耗能增加来至以下几个方面。

（1）水气变换放热反应使能级降低

水气变换反应是放热反应，将具有较高品质的燃料化学能转变为具有较低品味的热能，即使采取热回收，也会造成大量的能耗。

（2）水气变换反应需要蒸汽

为防止 CH_4 的生成，H_2O/CO 摩尔比应大于 2，对于水煤浆气化来说，一般能满足这个要求，而对于干煤粉气化如 Shell 炉和 TPRI 的两段式干煤粉气化炉，需要从蒸汽循环中抽取一定的蒸汽注入水气变换模块，这将直接造成发电效率的降低。IEA 对一个案例研究的报告表明，利用 GE 气化炉的 IGCC 系统进行 CO_2 捕获，效率（LHV）仅有 6.5% 的降低（从 38.0% 降低到 31.5%），而同样情况下 Shell 炉的 IGCC 系统则有 8.6% 的损失（从 43.1% 到 34.5%），这主要就是由于蒸汽消耗的不同造成的。

（3）捕集 CO_2 需要耗功

若选用吸收法，能耗主要来自再生吸收液所需的蒸汽、吸收液循环以及使煤气提高压头通过吸收塔所需的泵功；若选用吸附法，主要来自变压变温过程产生的压力和热能的损失；采用膜过滤主要来自于过滤过程中的压差。

（4）输运 CO_2 需要压缩和干燥功

捕获获得的较高浓度的 CO_2 必须先压缩成液态，然后采用管道、火车、汽车或者 CO_2 罐船输送到封存地。由于输送的路程一般较长，很难控制温度的变化，而温度的变化很可能导致两相流的产生，从而使得管道堵塞或者压力激增。所以需要将 CO_2 进行大幅度压缩。这将消耗大量的压缩功，从而降低发电效率。

以上几个方面产生的能耗，也是 CCUS 系统增加发电成本的主要部分。下面介绍中国的绿色煤电计划。

2000 年以后，全球变暖得到越来越多国家的关注和重视，近零排放发电成为各国争相发展的技术，除我国外，美国、欧盟、日本、澳大利亚以及英国等国家和地区的企业相继提出和开展了近零排放发电计划，这些计划均采用了基于 IGCC 发电技术的燃烧前捕集 CO_2 的技术路线。但这些计划大部分由于技术和经济原因搁置。我国自主提出的绿色煤电计划，已完成第一阶段工作，第二阶段绿色煤电实验室建设已启动。

（1）发展绿色煤电计划的背景

我国电力结构中，火电占总发电量的约 80%。火电厂是温室气体 CO_2 的主要排放源。随着温室效应对气候影响日益显现，捕集和封存 CO_2 的呼声越来越高，清洁、高效和低碳将成为未来煤电技术的主要发展方向。

（2）绿色煤电计划的总体目标

绿色煤电计划是开发以煤气化制氢和氢能发电为主、并对 CO_2 进行分离和处理的煤基能源系统。绿色煤电计划在发电过程中仅产生少量的 NO_x，产生的硫和烟尘等污染物将被高效脱除并综合利用。而氢能燃烧产生的是洁净的 H_2O，可使燃煤发电达到污染物和 CO_2 的近零排放。绿色煤电采用燃料电池和燃气轮机复合循环发电，可大幅提高燃煤发电效率。其高效率和近零排放符合燃煤发电可持续发展的要求。

绿色煤电计划的目标是研究开发和示范推广以 IGCC 为基础，以煤气化制氢、氢气轮机联合循环发电和燃料电池发电为主，并进行 CO_2 分离和处理的煤基能源系统；大幅度提高煤炭发电效率，使煤炭发电达到污染物和 CO_2 的近零排放；掌握核心技术、支撑技术和系统集成技术，形成自主知识产权的绿色煤电技术；并使其在经济上可接受，逐步推广应用，实现煤炭发电的可持续发展。

（3）绿色煤电计划技术路线

图 6-7 所示为绿色煤电计划项目流程简图，项目分为空分单元，气化单元，煤气净化单元，燃机、燃料电池和汽机联合循环单元，CCUS 单元等，同样是基于 IGCC，通过变换与分离，利用燃料电池燃机汽机联合循环提高发电效率，利用 CCUS 减少 CO_2 的排放。该项目的 CO_2 将进行石油开采、地质封存以及综合利用。

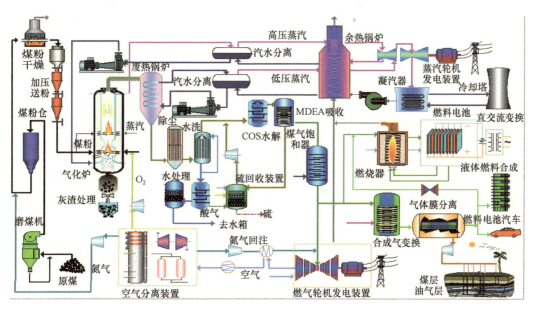

图 6-7 绿色煤电计划项目流程简图

（4）绿色煤电计划发展规划

绿色煤电计划发展规划如图 6-8 所示。

图 6-8 绿色煤电计划发展规划

绿色煤电计划主要涉及以下几个关键技术：大型高效煤气化技术、煤气净化技术、氢气轮机发电技术、燃料电池发电技术、膜分离技术、CO_2 储存技术、系统集成技术。绿色煤电计划分为三个阶段，将用十余年的时间完成。不同的阶段将集中精力对上述关键技术进行研发，并应用于绿色煤电示范电站。

IGCC 示范电站阶段：图 6-9 所示为绿色煤电计划第一阶段示范工程原则流程图。本阶段拟重点解决的关键技术问题是具有自主知识产权的干粉加压气化炉放大到 2000t/d；大型高温煤气净化技术的验证；250MW 煤电化多联产系统集成技术以及绿色煤电实验室的建立。

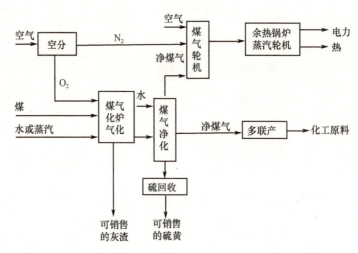

图 6-9　绿色煤电计划第一阶段示范工程原则流程图

技术的完善和发展阶段：该阶段主要任务是完善和推广 IGCC 多联产系统集成技术，获得稳定运行的经验；从技术和经济上验证气化炉放大到 3500t/d 或者 2×2000t/d 的运行方式。由于第一阶段任务完成后，可以产生净煤气，因此，本阶段拟重点解决的关键技术为制氢、H_2 和 CO_2 分离以及燃料电池发电，对其进行研发和工业试验，为绿色煤电第三阶段示范工程做好准备。

示范项目实施阶段：本阶段完成 400MW 级大规模煤制氢、燃料电池发电、氢气燃气轮机联合循环发电和 CO_2 分离等技术的工程化研究开发；建成 400MW 级绿色煤电示范工程，形成系统和关键设备的设计集成技术；达到能源转化的高效和近零排放，提高绿色煤电系统的技术经济性，为大规模商业化做好技术准备。

（5）绿色煤电计划的组织实施

绿色煤电计划首先由华能集团于 2004 年提出、积极倡导并组织实施。2005 年 12 月 23 日，绿色煤电公司发起单位在人民大会堂举行了"绿色煤电有限公司发起单位协议签字仪式"。中国华能集团联合中国大唐集团、中国华电集团、中国国电集团、中电投集团、神华集团、国家开发投资公司和中国中煤能源集团公司组建绿色煤电有限公司，共同实施绿色煤电计划。2007 年年底，美国最大的煤炭企业博地能源公司也正式加入到绿色煤电公司股东行列。项目第一阶段 250MW IGCC 项目已于 2006 年正式确定在天津临港工业区，并作为示范工程获得了国家科技部"863"计划重大项目的支持，项目于 2012 年年底调试运行。

6.4　燃煤电厂富氧燃烧富集 CO_2 技术

6.4.1　技术特点与现状

富氧燃烧技术又称 O_2/CO_2 燃烧技术，是采用烟气再循环的方式，用空气分离获得的纯氧和一部分锅炉排烟构成的混合气代替空气作为燃烧时的氧化剂，以提高燃烧排烟中的 CO_2 浓度（一般 CO_2 浓度可提高到 90% 以上），进而可不必分离直接将锅炉排出的烟气冷却净化并压缩得到液态 CO_2。富氧燃烧 CO_2 捕集技术的原理如图 6-10 所示。

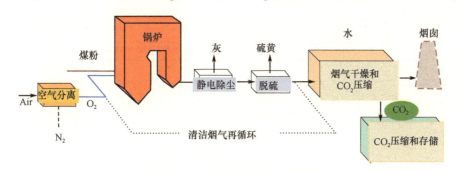

图 6-10　富氧燃烧工艺流程示意图

由于富氧空气的助燃，其中惰性气体成分减少，炉内气体 CO_2 和 H_2O 的含量增高，导致气体辐射率升高，增加了燃烧反应的反应物浓度和活化分子的有效碰撞次数，因此导致传热效果增强。提高理论燃烧温度，烟气的辐射能力增强，即相同的受热面积，传热量增多。富氧燃烧经过烟气再循环后，N_2 量减少，最终烟气排放体积减小 80% 左右，炉内气体流量减少，使得燃料在炉内有更长的停留时间，燃烧更加充分。同时，火焰温度随着 O_2 浓度的提高而提高，温度的提高也有助于燃烧反应完全，降低机械不完全燃烧损失，达到节能的效果。

目前研究成果表明，现有燃煤电厂采用富氧燃烧技术是可行的，作为一种节能且对环境实现零排放的清洁燃烧技术，现已处在中试规模试验中示范，部分独立组件在所需规模下已实现商业化运行。

6.4.2　对电站系统的影响

从经济上讲，富氧燃烧方式比较适合于煤的燃烧。富氧燃烧技术的烟气量仅为常规燃烧方式的 1/5，简化了烟气处理系统，电厂占地面积与常规电厂相当。富氧燃烧技术使火电厂的热效率下降 6%~10%，使电能生产成本增加 30%~80%。富氧燃烧技术不仅能使分离收集 CO_2 和处理 SO_2 容易进行，还能减少 NO_x 排放，是一种能够综合控制燃煤污染物排放的新型洁净燃烧技术。

6.4.3 国内外工业级示范项目

富氧燃烧技术由 Horne 和 Steinburg 于 1981 年提出，美国阿贡国家实验室的研究证明，只需将常规锅炉进行适当的改造即可采用此技术。阿贡国家实验室还在美国加利福尼亚州建立了一个 2.94MW 规模的试验系统，以证实空气燃烧和 O_2/CO_2 燃烧热传递行为的相似性、燃尽率和烟气稳定性的变化，试验获得的最大 CO_2 浓度超过 90%。

富氧燃烧技术的发展历经 30 年，经历了实验室规模和初试规模的研究开发，取得了重要的成果。美国、欧洲等国家与地区处于领先地位，目前开展了一些工业级示范项目。美国 Babcock Wilcox 公司 30MW 富氧燃烧装置于 2007 年开始运营，法国 Alstom 公司也进行了 15MW 富氧燃烧的测试。目前世界最大的富氧燃烧装置为英国 Doosan Babcock 公司领导的 Oxy-Coal UK 项目中 40MW 的中试装置。国外主要工业级富氧燃烧示范项目汇总见表 6-2。

表 6-2　目前国外主要工业级富氧燃烧示范项目

项目名称/公司	地点	规格/MW_{th}	启动时间
Babcock Wilcox	美国	30	2007 年
Jupiter	美国	20	2007 年
Doosan Babcock	英国	40	2009 年
Alstom	美国	15	2009 年
Vattenfall	德国	30	2008 年
Total，Lacq	法国	30	2009 年
CIUDEN-PC	西班牙	20	2010 年
CIUDEN-CFB	西班牙	30	2010 年
ENEL HP OXY	意大利	48	2012 年

我国清华大学、华中科技大学和浙江大学近年来也开展了对该项技术的研究，清华大学搭建的 25 kW O_2/CO_2 燃烧试验台为中国首台长期持续运行的一维炉 O_2/CO_2 燃烧装置，燃烧后烟气中 CO_2 的体积百分比达到 82%。华中科技大学开发的 300 kW 污染物控制的富氧燃烧系统和浙江大学针对富氧燃烧应用方面开发的多功能循环流化床试验台，在试验阶段均取得一定经验。

6.4.4 技术面临的挑战与发展趋势

作为一种新型的燃烧技术，富氧燃烧不仅具有低成本分离回收 CO_2 的特点，而且具有较低的 NO_x 排放和高的脱硫效率，具有一定的应用前景和优势。同时，由于是新型技术，也面临着技术上的挑战，其主要是如何进一步降低空气分离制氧和 CO_2 压缩的能耗，对于大规模的使用氧气是一个重要的问题。目前，低温空气分离是一项成熟的大规模制氧技术，但对于商业化运行，能耗仍然较大。供应商正在进行内部研发，希望能将能耗显著降低。

综合目前研究成果可以认为，现有火电厂采用富氧燃烧和 CO_2 捕捉技术是可行的，作为一种节能且对环境能实现近零排放的清洁燃烧技术，现已在中试规模试验中示范，部分独立组件在所需规模下已实现商业运行。

富氧燃烧技术目前处于产业示范阶段，距离大规模工业化应用还有一定距离，但具有应用前景。当前面临的主要问题在于制氧所需空分系统运行成本较高，但随着渗透膜技术和分子筛技术的进步，此问题有望得到解决。富氧燃烧的另外一个问题是燃烧温度很高，对燃烧设备的材料要求也很高。

6.4.5　CO_2 输运前处理技术

CO_2 在输送前需要进一步提纯和压缩，一般来说，电厂捕集的 CO_2 量非常巨大，必须经过压缩干燥后，再长距离输运到目的地。输运方式一般根据距离、输运量以及封存地来进行选择。富氧燃烧锅炉排出的烟气逐级加压到临界压力 7.3MPa 以上，并维持温度在 30℃ 左右。

输运要求的压力一般在 10~15MPa；如果 CO_2 中有水分存在，那么当温度小于 10℃ 压力大于 1MPa 时，容易形成类似冰的固体颗粒，将会造成管道输送的堵塞，所以必须在输运前进行干燥脱水，一般采用加压冷凝液化脱水、吸附脱水两级脱水工艺。除此之外，输运对气体成分的要求是 CO_2 含量不小于 95% 、总硫含量的体积分数 $<1500\times10^{-6}$、$N_2<4\%$、碳氢化合物不超过 5% 、露点低于 $-30℃$ 。一般采用加压液化的方法脱除 SO_2，液化后的 SO_2 从罐底排出并收集回收。与常规空气燃烧相比，NO_x 的排放量少，是常规空气燃烧的 25% ，这是由于燃烧中不存在大量 N_2，且烟气再循环燃烧，可能使已生成的 NO_x 在炉膛内发生还原反应。如果再结合低 NO_x 燃烧技术，有可能不用或少用脱氮设备。

6.5　燃煤电厂 CO_2 捕集系统的环境影响和选址制约

6.5.1　CO_2 捕集技术的环境影响

在采用 CO_2 捕集技术后，除了 CO_2 排放量有明显下降外，燃煤机组其他环境排放指标也会有所变化。美国国家能源技术实验室（NETL）详细研究了美国主流化石燃料发电技术采用 CO_2 捕集前后的性能指标。尽管 NETL 报告是以美国为背景，但中美煤电在技术性能、环境排放和资源消耗等方面相差不大，其结果对预测我国煤电 CO_2 捕集系统性能具有一定的参考价值。这里以 NETL 报告为基础分析燃煤机组采用不同 CO_2 捕集技术的环境排放性能。图 6-11 所示为燃煤机组捕集前后的 CO_2 排放量，图 6-12 所示为燃煤机组捕集前后的 SO_2 排放量，图 6-13 所示为燃煤机组捕集前后的 NO_x 排放量，图 6-14 所示为燃煤机组捕集前后的颗粒物排放量，图 6-15 所示为燃煤机组捕集前后的汞排放量（均基于机组净功率）。

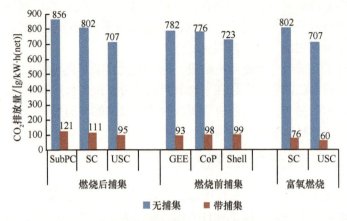

图 6-11　燃煤电厂 CO_2 排放量

注：SubPC：亚临界机组；SC：超临界机组；USC：超超临界机组；GEE：通用气化炉 IGCC；

CoP：CoP E-Gas 气化炉 IGCC；Shell：壳牌气化炉 IGCC；g：克；kW·h：千瓦时；net：基于机组净功率

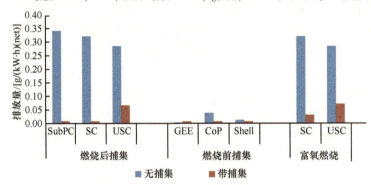

图 6-12　燃煤电厂 SO_2 排放量

注：SubPC：亚临界机组；SC：超临界机组；USC：超超临界机组；GEE：通用气化炉 IGCC；

CoP：CoP E-Gas 气化炉 IGCC；Shell：壳牌气化炉 IGCC；g：克；kW·h：千瓦时；net：基于机组净功率

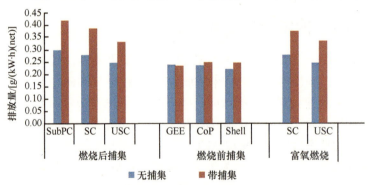

图 6-13　燃煤电厂 NO_x 排放量

注：SubPC：亚临界机组；SC：超临界机组；USC：超超临界机组；GEE：通用气化炉 IGCC；

CoP：CoP E-Gas 气化炉 IGCC；Shell：壳牌气化炉 IGCC；g：克；kW·h：千瓦时；net：基于机组净功率

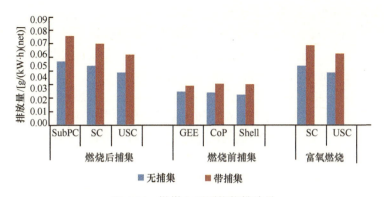

图 6-14　燃煤电厂颗粒物排放量

注：SubPC：亚临界机组；SC：超临界机组；USC：超超临界机组；GEE：通用气化炉 IGCC；CoP：CoP E-Gas 气化炉 IGCC；Shell：壳牌气化炉 IGCC；g：克；kW·h：千瓦时；net：基于机组净功率

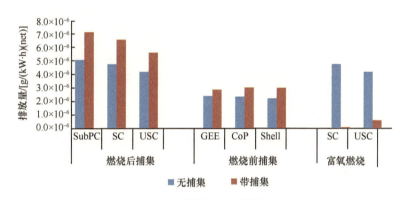

图 6-15　燃煤电厂汞排放量

注：SubPC：亚临界机组；SC：超临界机组；USC：超超临界机组；GEE：通用气化炉 IGCC；CoP：CoP E-Gas 气化炉 IGCC；Shell：壳牌气化炉 IGCC；g：克；kW·h：千瓦时；net：基于机组净功率

分析图 6-11～图 6-15，可以得出以下结论。

1）相比于未实施捕集的机组，燃烧后捕集系统、燃烧前捕集系统和富氧燃烧系统的单位 CO_2 排放量都显著下降。由于富氧燃烧系统除了深冷提纯设备外无其他 CO_2 外泄口，与其他捕集系统相比，其能够较容易实现更高的 CO_2 捕集率和更低的单位 CO_2 排放量。

2）除 GEE 燃烧前捕集系统外，其他捕集系统的 SO_2 排放量均比捕集前有所减少。由于新增的 Selexol 脱碳装置在脱碳的同时会脱除部分硫分，燃烧前捕集系统的单位 SO_2 排放略有减少。而燃烧后捕集系统的 SO_2 排放量下降很大，与燃烧前捕集系统排放水平相当。这主要是因为在燃烧后捕集系统里，烟气在进入脱碳单元前必须进行精脱硫（脱硫效率为 98%～99%），以防止吸收溶剂与 SO_2 发生化学反应而失效。由于 SO_2 可与 CO_2 实现共同封存，富氧燃烧系统可不必脱除烟气中的 SO_2 成分，因而其 SO_2 排放量也大幅下降。

3）除 GEE 燃烧前捕集系统外，其他捕集系统的 NO_x 排放量均比捕集前有所增加。单位 NO_x 排放量升高主要是由于捕集系统供电效率下降所致。由于燃烧前捕集系统供电效率下降幅度相对较小，因而其 NO_x 排放量增幅不大。

4）无论燃烧后捕集系统、燃烧前捕集系统还是富氧燃烧系统，其单位颗粒物排放量都要高于不捕集 CO_2 的情况，这主要是由于实施 CO_2 捕集后发电煤耗都有所升高的缘故。其中，燃烧前捕集系统的单位颗粒物排放量最小。

5）富氧燃烧系统的单位汞排放量比捕集前有所减少，其燃烧产生的汞主要随 CO_2 一起被封存。而燃烧后捕集系统和燃烧前捕集系统的单位汞排放量却要高于不捕集碳的情况，其产生的直接原因是实施碳捕集后发电煤耗都有所升高。但燃烧前捕集系统只是略有增加，而燃烧后捕集系统则增加了 20%~40%。

2011 年 7 月，我国环境保护部颁布了新的标准《火电厂大气污染物排放标准》（GB13223—2011），对我国火电厂污染物排放限额做了更严格的规定，该标准已于 2012 年 1 月 1 日生效。新建燃煤、燃油发电机组排放标准为：SO_2 含量 ≤100mg/Nm^3，NO_x 的含量 ≤100mg/Nm^3，烟尘的含量 ≤30mg/Nm^3，汞及其化合物含量 ≤0.03mg/Nm^3。新建燃气发电机组排放标准为：SO_2 含量 ≤35mg/Nm^3，NO_x 的含量 ≤100mg/Nm^3（天然气锅炉）或 50mg/Nm^3（天然气燃气轮机），烟尘的含量 ≤5mg/Nm^3。上面的分析表明，采用捕集技术后，除了单位 SO_x 排放大幅降低，单位 NO_x 排放、单位粉尘排放和单位汞排放都有所上升，如何降低这些污染物的排放将是燃煤电厂捕集技术所必须解决的问题。

同时，捕集设备所使用的溶剂会随净化后的烟气排放到大气中，会随着降解废液、多余的水分排出，也会在更换、清洗溶剂过滤器时散逸到大气中。若这些溶剂有毒有害，当 CO_2 捕集大规模实施时，则会危及人员生命安全、破坏周围环境。欧洲在《东北大西洋海洋环境保护公约》（简称《奥斯陆-巴黎公约》）中依据物质的生物可降解性和毒性，将物质分成无危害的、可用的、逐步禁止或替代的、不可用的四类。其中，MDEA、DMPDA、DMPA、DIPA、DEPA 等胺被列为需逐步禁止或替代类的。我国也应逐步对这些溶剂的排放加以限制。

通风不良的情况下，CO_2 能够在较低的地方聚集并达到危险的浓度；H_2S、SO_2 和 NO_2 是剧毒物质，即使在空气中的含量很低，也会对人体造成伤害；CO 由于会阻碍人体血红蛋白与 O_2 的组合而造成人体缺氧，也具有一定的毒性。因此，国际上的很多国家都对这些有毒气体在劳动场所内的含量做了限定。中国国家标准 GB16201—1996 规定，车间中 CO_2 的最高容许浓度为 10 000ppm 或 18 000mg/Nm^3；标准 TJ36—79 规定车间空气中有害物质的最高容许浓度：CO 为 30mg/Nm^3（约 24ppm），H_2S 为 10mg/Nm^3（约 7ppm），SO_2 为 15mg/Nm^3（约 5ppm），NO_2 为 5mg/Nm^3（约 2.5ppm）。所以，实施燃煤电厂 CO_2 捕集时一定要严格遵守这些标准的规定。

6.5.2 燃煤电厂 CO_2 捕集的选址制约

6.5.2.1 CO_2 捕集的资源消耗

燃煤发电机组在运行中消耗的最主要的资源是煤炭和水，除煤和水以外，其他物质消耗都较少。FGD 单元的脱硫过程和 SCR 单元的脱硝过程分别需要消耗一定量的石灰石。在实施 CO_2 捕集的情况下，少量的吸收溶剂会随放空的脱碳尾气、CO_2 产品气或是废水流出脱碳单元；另外，少量的吸收溶剂会和烟气中的 SO_2 气体生成热稳定盐，造成损失。精脱硫过程会消耗一定量的 NaOH，此外，包括 SCR 单元在内的很多反应器的催化剂也有所消耗。

煤耗与供电效率成反比。图 6-16 所示为燃煤电厂采用 CO_2 捕集技术前后的电厂供电效率，可以看出采用 CO_2 捕集技术后燃煤电厂供电效率下降明显。

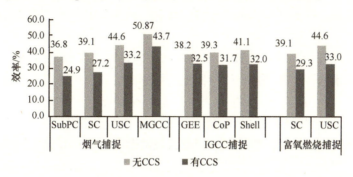

图 6-16　燃煤电厂效率（HHV）

注：SubPC：亚临界机组；SC：超临界机组；USC：超超临界机组；GEE：通用气化炉 IGCC；
CoP：CoP E-Gas 气化炉 IGCC；Shell：壳牌气化炉 IGCC

图 6-17 为 NETL 报告中美国电厂的水消耗量。采用燃烧后捕集技术后，亚临界、超临界和超超临界机组的单位水耗都几乎翻了一番。这主要是由于采用 CO_2 捕集后，生产单位电力所需的冷却量大幅增加（一方面效率下降导致供应单位电力所需蒸汽量增加，从而冷却水量增加；另一方面捕集系统需要新增大量冷却量），从而导致占水耗主导地位的冷却水消耗激增。IGCC 燃烧前捕集系统单位水耗量较捕集前升高了 45%~75%，富氧燃烧系统的单位水耗量升幅为 22%~44%，但都明显比燃烧后捕集系统的单位耗水量少。

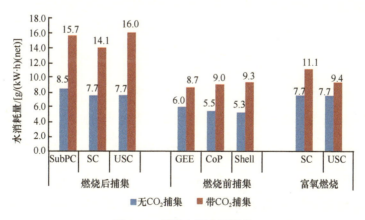

图 6-17　燃煤电厂水消耗量

注：SubPC：亚临界机组；SC：超临界机组；USC：超超临界机组；GEE：通用气化炉 IGCC；
CoP：CoP E-Gas 气化炉 IGCC；Shell：壳牌气化炉 IGCC；g/min：克/分钟；MW：兆瓦；net：基于机组净功率

6.5.2.2 CO_2 捕集的选址制约

CO_2 的捕集既可针对新建电厂，也可针对现有的燃煤电厂改造实现。

进行 CO_2 捕集的新建电厂选址，除了使用现有行业通用的选址规范和流程外，还需对原料（煤、水）、产品（电）和 CO_2 的综合运输成本进行优化，以确定经济性最优的电厂地址。从长期运行的经济性角度分析，带 CO_2 捕集的燃煤电厂的选址应更靠近 CO_2 封存地为宜。

但我国适宜进行 CO_2 封存的地区普遍水资源比较匮乏，而采用 CO_2 捕集后的电厂的用水量会大幅增加，尤其采用燃烧后捕集的单位耗水量几乎增长了一倍。我国对于在缺水地区新建发电厂项目以及改/扩建发电厂有明确的规定，严格禁止使用地下水作为冷却水源。同时，耗水量较小的 CO_2 捕集系统（如燃烧前捕集系统和富氧燃烧系统等）成熟度不高，缺乏大规模推广的基础。因此，我国燃煤电厂 CO_2 捕集的选址受水资源分布的严重制约。同时，采用 CO_2 捕集后，单位煤耗也会大幅上升，如何解决煤炭运输问题也是电厂选址需要重点考虑的问题。

对于现有电厂的改造还涉及新增设备的用地问题。相对来说，富氧燃烧系统要比燃烧后捕集系统新增用地要少，所以对于用地受限的燃煤电厂可考虑采用富氧燃烧系统。

6.6 CO_2 输运、利用和封存

6.6.1 CO_2 输运技术

CO_2 输运是连接回收与永久储存地点的一个重要环节。按照 CO_2 的存在状态，可以分为液态、固态和气态输运。商品 CO_2 的输运是以液态或固态形式进行的，气态 CO_2 多数采用管道输运。按照输运方式，可分为管道输运、海运、铁路输运和公路输运。根据输运容器的不同可分为非绝热高压钢瓶装运、低温绝热容器装运（CO_2 专用槽车或槽罐）及 CO_2 专用管道输运。现将各输运方式介绍如下。

6.6.1.1 管道输运

对于大规模长距离的输运任务，管道输运是最为经济的方法。由于 CO_2 的临界参数较低（临界温度为 304.25 K，临界压力为 7.29MPa），极易发生相态变化，其管道输运可分为气态、液态以及超临界态三种方式。

气态 CO_2 在管道内的最佳流态处于阻力平方区，液态与超临界 CO_2 则在水力光滑区。对三种管道输运工艺的对比研究表明，超临界输运方式从经济性和技术性两方面都明显优于气态输运和液态输运。超临界输运相对于气态输运而言，在成本上要节约近 20%。另外，超临界输运管道末端的高压，可以使管道内 CO_2 在某些情况下直接注入地层，无需增设压缩机。但是，近来又有新的观点认为，液态输运对能量的消耗少于超临界输运，因此，两者的经济性尚有待进一步研究。

图 6-18 表示了 250 km 标称距离管道的输运成本，每吨 CO_2 的输运成本为 1~8 美

元。该图还表示了 CO_2 的质量流量对于管道成本的影响，即 CO_2 的质量流量越大，管道成本越低。钢材成本占管道成本的比重较大，因此钢材价格的波动（如 2003~2005 年期间钢材的成本翻了一番）也影响管道的总体经济性。

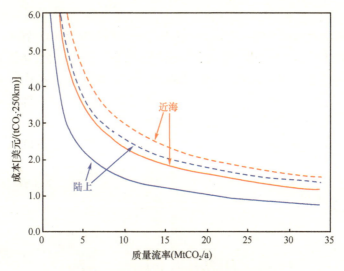

图 6-18　沿岸管道和沿海管道的输运成本

注：以美元为单位按每 250km 每 t CO_2 计算。

本图显示了高估算值（点线）和低估算（实线）

据统计，世界上约有 3100 km 的 CO_2 输运管道，其总输量达到了 44Mt/a，主要是采用超临界输运技术。其中，绝大多数管道修建于美国西部，总长超过 2500 km；另外在加拿大、挪威和土耳其也有总长近 200 km 的管道。中国的 CO_2 管道输运技术起步较晚，尚无成熟的长距离输运管道，仅个别油田利用自身距 CO_2 气源点较近的优势，采用气态或液态管道输运 CO_2 至注入井，达到提高油田采收率的目的。

6.6.1.2　海运

现有的海运技术主要是用来输运压力为 1.4~1.7MPa、温度为 -25~-30℃ 的液态 CO_2。尽管 CO_2 的密度较大，但较高的压力使容器的尺寸过小，不足以具有输运与 CCUS 规模相匹配的能力。对于大规模的海运而言，借鉴液化石油气（LPG）海运的类似经验，采用半压/全压冷藏气体运输船可以实现 CO_2 的大规模输运（压力为 0.7MPa、温度为 -50℃）。据介绍，中海油（海南）环保气体有限公司已开发出新的运输模式，即罐式集装箱，在液体 CO_2 储罐外面采用合乎集装箱规格的边框，可以当作集装箱搭乘轮船运输，费用比汽车运输便宜 50% 以上，且可以运送到比较远的地区。

6.6.1.3　铁路输运

长期以来，铁路输运是大宗廉价材料的一种主要运输形式。一节典型的轨道车可容纳压力为 2.4MPa 的液态 CO_2 约 80t。CO_2 铁路输运的费用主要取决于输运路线，此外还包括轨道车的租赁费用等。如果轨道无法连接到 CO_2 埋存点，还需要辅以其他运输方式。同时，由于输运过程中温度升高使压力增加，需进行泄压处理，因此铁路输运并不是一种理想的输运方式。

6.6.1.4 公路输运

公路输运由于其灵活性和可靠性，一直用于小规模的液态 CO_2 输运。在输运过程中压力和温度分别为2MPa与−10℃左右。一辆储罐拖车可以运输22t液态 CO_2（图6-19）。输运费用主要包括拖车、牵引机及装卸费用等。公路输运是最容易实现的一种运输方式，但是需要做一些物流工作，如优化拖车的数量和每辆拖车的装卸量及选择合适的路线等。公路输运通常要比铁路和管道输运昂贵得多。

CO_2 各种运输方式优劣势的比较见表6-3。每吨 CO_2 公里运输价格估算比较见表6-4。

图 6-19　CO_2 专用槽车或罐车

表 6-3　CO_2 各种输运方式优劣势比较

运输方式	适合条件	优势	劣势
公路输运	小批量、非连续性	规模小、投资少、风险低、运输方式灵活	运输量小、距离短，费用高
铁路输运	运输量大、运输距离远且管道运输体系还未建成的情况	运输量较大、运输距离远、可靠性能高	铁路运输调度和管理复杂、受铁路接轨和铁路专用线建设的限制、需要相关的接卸和储运配套
管道输运	适合大容量、长距离、负荷稳定定向输运	输运量大、输运稳定、受外界影响小、运行可靠性高	若运输距离相对较长，则管道投资大、成本高
海运	大规模、超长距离或海岸线运输	输运量大、目的地灵活、可超远距离运输	需要配套的储库和接卸设备，受气候条件影响大

表 6-4　CO_2 吨公里运输价格估算比较　［单位：元／（t·km）］

运输方式	容器	条件	100km	300km	500km
公路输运	高压钢瓶	散装	18.00	14.00	9.60
	罐式集装箱	20尺柜低温绝热	6.00	4.67	3.20
	低压罐车	5m³低温绝热	6.00	4.67	3.20

续表

运输方式	容器	条件	100km	300km	500km
铁路输运	高压钢瓶	20 尺柜	0.186	0.168	0.166
	罐式集装箱	20 尺柜低温绝热	0.049	0.044	0.043
	低压槽车	机械冷藏车	0.087	0.086	0.086
海运（内河）	高压钢瓶	散装	0.329	0.313	0.310
	罐式集装箱	20 尺柜低温绝热	0.031	0.027	0.027
	低压罐车	$5m^3$低温绝热	0.110	0.104	0.103
管道输运	液体	不到汽车运输成本的 10%			

　　注：①汽车输运价格含运输途中过路、过桥、过渡费，含运费发票凭证税金、货运代理费，但不含货物保险费。货保由委托方货主根据货物实际价值委托承运方代理保险或保价。②火车输运所提供的运价为适用该运价号的货物以 60t 整车运输时的运费。该费用仅包含铁路货物运费、铁路建设基金、电气化附加费，新路新价均摊运费等，不包含保价费、装卸费及其他杂费和服务费。③海运不包含保价费、装卸费及其他杂费和服务费。④以上运价表根据运输紧贴市场发展的原则，按单程计算运价，没有考虑回程费用，按运输行情淡旺季可上下浮动，大吨位可适当优惠。

6.6.2　CO_2 大规模利用技术

　　CO_2 的利用是指通过有关技术将捕集的 CO_2 作为原料或产品创造环境或经济效益的过程。CO_2 的利用涉及多个工程领域，包括石油天然气开采，煤层气开采、化工和生物利用等。通过利用技术可部分抵消 CO_2 的捕集成本甚至创造额外的经济效益，积极推动 CO_2 利用技术的进步能够促进 CCUS 技术系统的发展。

　　CO_2 驱油技术在国外已有约 60 年的发展和应用，运营的 CO_2 驱油项目超过 100 个，技术趋于成熟。中国自 20 世纪 60 年代开始关注 CO_2 驱油技术及其应用，已经开展了 CO_2 驱油关键技术攻关和工业规模的试验，与国外相比主要差距在工程经验和配套装备等方面。

　　CO_2 驱煤层气技术的研究始于 20 世纪 90 年代初，众多理论研究结果显示其具有显著的 CO_2 封存和煤层气增产潜力，但为数不多的几次现场试验结果差异较大。中国已在煤质条件较好的沁水盆地开展了单井现场试验，需开发适合中国普通低渗透软煤层的成井、增渗及过程控制等技术。

　　CO_2 化工和生物利用技术是国内外 CO_2 利用的研究热点，部分化工利用技术已进入大规模产业化。中国在 CO_2 化工和生物利用方面开展了深入研发工作，在 CO_2 合成可降解共聚塑料、CO_2 合成碳酸酯类化学品等方面已进入规模化示范阶段，同国外差距较小；在 CO_2 合成甲醇、CO_2 生物利用等方面目前处于技术研发或小规模示范阶段。我国陆上油田 CO_2 驱油试验情况见表 6-5。

6.6.3　CO_2 地质封存技术

　　CO_2 地质封存技术是指通过工程技术手段将捕集的 CO_2 储存于地质构造中，实现与大气长期隔绝的过程，按照不同的封存地质体划分，主要包括陆上咸水层封存、海底咸水层封存、枯竭油气田封存等技术。图 6-20 列出了世界上主要的 CO_2 盐水层封存项目进展分布图。有些情况下封存的 CO_2 气体中含一定量的 H_2S 等酸性气体杂质，对封存有特定的技术要求，较典型的有酸气回注技术。目前，长期安全性和可靠性是 CO_2 地质封存技术发展的主要障碍。

表 6-5　我国陆上油田 CO_2 驱油试验情况

油田	井区	时间	CO_2 注入量/t	增油量	备注
大庆	萨南东部	1990~1995 年	$0.4×2pV$	增采 1t 原油注气 2200m³	提高采收率6.0%。非混相驱油
	宋芳屯油芳 48 井区	2003~2006 年	20 239	5 井计 8960t	采收率比注水高4%~6%
胜利	滩坝砂油藏高 89	2008~2009 年	13 515	年增油 13 400t	—
	郑411		200	周期产油 1 983t	辅助蒸汽吞吐
	东辛37、38、139	2000 年开始	145	累积增油 5 287t	—
吐哈	吐哈葡北油田	2007 年开始	90m³ 液体 CO_2	—	—
克拉玛依	九区	2009 年	—	—	CO_2 吞吐试验
辽河	茨榆坨	2002 年10月开始	—	累积增油 158t	—
吉林	大情字井区红 75、红 87	2005~2007 年	6 000	净增 6 180t	—
	大情字井区黑 59、黑 79	2007 年	—	—	混相
	新立油田新 228 区	2002 年	1 500	净增 1 653	吨 CO_2 换油 1.03
大港	孔店油田	2002 年开始		恢复出油，日产2~10t	含水由90%下降到60%
中原	文 65~84 井	1997~1998 年	试验	单井增产油量200t	缺乏充足廉价的 CO_2 气源而停工
	文 38~16 井	2003 年	218	170t	因油稠无法正常生产，混相驱油
	濮城沙	2008~2009 年	7 201t	累增油 3 050t	—
江苏	草舍油田泰州组	2005~2009 年 2009~2014 年	5 842 万方 24.7 万吨	累积增油 3 万 t 增油 26.29 万 t	提高采收率2% 比标定采收率提高 16.77%
	苏北盆地洲城	2000 年 2002 年	380 760	1076t 油井产量重新恢复	—
	富民油田 48 井	1996~2002 年	6516 万	累计增油 9 270t	CO_2 吞吐
长庆油田	—	2010 年	—	—	室内岩心驱替实验

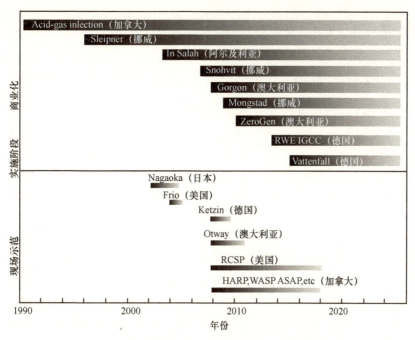

图 6-20 世界上主要的 CO_2 盐水层封存项目进展分布图

陆上咸水层封存所需技术要素几乎都存在于油气开采行业，油气行业已有技术要素能够部分满足示范工程的需求。对中国而言，陆上咸水层封存各技术要素的发展程度很不一致，其中监测与预警、补救技术等还仅处于研发水平。目前，中国正在开展 10 万 t/a 规模的咸水层封存示范，相关技术和经验还在积累过程中。

海底咸水层封存与陆上咸水层封存有一定相似性，但工程难度更大，国际已有多年工程实践经验，但在中国尚无示范先例。枯竭油气田封存与咸水层封存也很相似，原有注采井的完整性等对枯竭油气田封存的安全性影响很大。酸气回注的特殊性在于酸气的腐蚀性，国外已有 60 多个商业项目正在运行，国内还没有进行过工程示范。

中国已启动全国范围的系统 CO_2 地质封存潜力初步评价，但由于地质数据匮乏等限制，目前尚未完成。有部分国内外学者利用不同的评估方法学对中国部分区域尺度的 CO_2 地质封存潜力进行了初步的理论评估。

6.6.4 小结

1) 在 CO_2 各种输运方式中，对于大容量、长距离稳定负荷运输，管道输运成本最低。对于小规模输运，公路输运灵活性较好。铁路输运和海运需要考虑相关的配套设施建设。

2) 尽管已有相对大规模的 CO_2 利用途径，但相比于碳捕集过程中产生的 CO_2 量，比重仍然很小，迫切需要研发新的利用途径。利用盐水层和枯竭油井对 CO_2 进行地质封存，对于实现有效的碳减排，具有很重要的意义，建议加大投入力度，做好必要的技术储备。

6.7　燃煤电厂 CCUS 发展技术路线图

6.7.1　形势与挑战

据 IPCC 和 IEA 测算，为实现 2050 年全球升温控制在 2℃ 的目标，全球的 CO_2 仅能排放 140 亿 t/a，即人均 1.6t/a。为实现这个目标，CCUS 已被明确作为一种重要的实现技术手段。我国对碳捕集与封存技术给予了积极的关注和高度重视。《国家中长期科学和技术发展规划纲要（2006—2020 年）》在先进能源技术重点研究领域提出了"开发高效、清洁和 CO_2 近零排放的化石能源开发利用技术"；《中国应对气候变化科技专项行动》明确将开发 CO_2 捕集、利用与封存技术作为控制温室气体排放和减缓气候变化的重要任务。2009 年年底，我国宣布在 2020 年比 2005 年单位国民生产总值 CO_2 排放下降 40%~45%，CCUS 技术被明确列为加强研发和产业化投入的重点方向。

燃煤电厂是我国工业最大的排放源，2011 年的排放量超过 35 亿 t，占我国人为碳排放量的 40% 以上。我国以煤为主的能源结构长期难以改变，煤电的主导地位将长期难以改变，我国的电力需求仍将快速增长，降低煤电的比例将是一个长久的任务。风电和太阳能等迅速发展，但价格高，资源受时空限制严重，将长期作为辅助电力。节能提效具有良好的资源和环境效益，但减排 CO_2 的空间有限。煤电进行 CCUS 具有集中、规模大和稳定等特点。我国电力体制改革滞后，扭曲的电价机制已经使得发电企业大面积亏损，开展 CCUS 增加的电价成本，国家和社会将更加难以接受。另外，未来控制全球变暖的大背景与我国所处的发展阶段和未来的发展任务矛盾非常突出，国际减排压力将越来越难以回避。所以，若我国要进行大规模的 CO_2 排放控制，在煤电厂开展 CCUS 是必然选择。而 CCUS 带来的巨大的资源和成本增量，将严重影响燃煤发电的可持续发展，影响国家的能源安全。

八国集团已经在燃煤电厂 CCUS 技术研究和示范方面进行了大规模的投入，已有近十个分布在欧洲和美国的大型 CCUS 项目获得政府的大额资助，还有更多的项目将在 2020 年前在政府的资助下进行示范。我国在电厂 CCUS 技术方面也具有一定的优势。在研究领域，我国众多的高校和研究机构已进行了多年的研究，在工程领域，我国已建成三个工业级的试验示范工程。其中，华能集团建成的上海石洞口第二热电厂 12 万 t/a CO_2 的捕集项目，是截至 2011 年 10 月已报道的世界上最大的燃煤电厂燃烧后 CO_2 捕集装置，而华能集团已启动的绿色煤电实验室，将在 2015 年建成世界最大的燃烧前 CO_2 捕集系统。

6.7.2　愿景与目标

燃煤电厂 CCUS 作为一种大规模的 CO_2 减排技术，在燃煤电厂一侧最大的发展瓶颈是 CO_2 捕集所带来的巨大的资源和成本增量，而国内外减排政策的不确定性，将给技术发展的路线制度带来不确定性。开始大规模进行 CCUS 的时间，将由国际减排政策确定，而该技术带来的资源和成本增量水平，则直接影响该政策的确定。所以，开展 CCUS 将由技术和政策共同确定。

因此，燃煤电厂 CO_2 捕集技术的总体愿景是：通过自主研发，大幅降低 CO_2 捕集和封存的投资与运行成本，在满足我国可持续发展战略需求的前提下，具备开展大规模 CO_2 捕集的能力和条件，为应对气候变化提供技术可行和国民经济发展可承受的技术选择，确保国家能源安全和煤电的可持续发展。为此，需降低碳捕集能耗和成本，使有碳捕集的燃煤电厂的供电煤耗达到 2010 年全国平均水平的 335 g/（kW·h），系统建设成本降低到对应电站投资成本的 1/4 以下，从而保证我国经济可持续发展，并应对气候变化压力。这是 CCUS 技术可能推广运用，成为减排温室气体重要技术的前提，也是我国 CCUS 捕集技术发展的主要目标。

为实现总体愿景，路线图识别出我国在该技术的发展路线：一方面是以大幅度降低资源和成本增量为目标，在实验室开发新型的吸收（附）剂或其他先进的捕集技术，即先进技术开发；另一方面是启动几个中至大规模的示范项目，通过试验示范，降低投资成本和能耗，并使我国具备 CCUS 的大型化能力，为应对随时可能出现的大规模减排要求，为国家和国际社会提供技术和工程产品。

6.7.3　技术现状

燃烧后捕集技术发展相对比较成熟，已具备了技术可行性，其技术核心是高效低能耗的吸收剂，其次是工艺过程和热集成技术。国内外在燃烧后捕集技术方面的差距不大，工程方面国内已达到世界领先水平；燃烧前捕集包括低能耗水煤气变换、CO_2/H_2 分离、中高温大规模燃料电池发电、富氢燃机发电等关键技术。其中，前面两项技术是实现能耗降低的关键，技术较难，国内与国际的差距不大；后两项技术难度极大，欧美等国已开展了多年研究，但未取得大规模应用示范突破，中国开展研究相对较晚，与国际先进水平有较大差距；富氧燃烧富集 CO_2 的关键技术包括低能耗大规模制氧技术、富氧锅炉和燃烧系统改造技术以及系统集成与耦合优化技术。低能耗大规模制氧技术是技术难点，中国在该领域开展的工作较少，与国外差距较大；锅炉和燃烧系统改造的技术内容较多，中国在该领域进行了研究，但国内仍未有大型设备制造商开展该技术的研发和示范工作，而欧美几大设备制造商则已经完成了该技术的研发工作，并已建有示范工程。

6.7.4　行动与节点

6.7.4.1　燃烧后捕集技术

按照增加 CO_2 捕集后，电厂供电煤耗将与 2010 年水平 [335 g/（kW·h）] 相当，CO_2 捕集能耗使电厂发电效率降低 10% 以下。为此，需从两方面开展工作，一方面是围绕关键技术开发，降低能耗；另一方面是逐步开展规模级示范工程的研究，以具备产业化设计、建设与运营的能力。

为此，燃烧后捕集技术分三个阶段，共 20 年，按图 6-21 所示的路线图达到预定目标。

（1）2011~2015 年：关键技术研发、集成、中试和示范

阶段目标：CO_2 减排能耗导致投煤量增加约 20%，捕集每吨 CO_2 投煤量为 3GJ 左右（常压，>99%）；发电成本增加 30%~40%；建成可长期运行的规模级实验示范系统，形成完整的燃烧后 CO_2 捕集基础研究与技术开发平台；建立起具有国际竞争力的研究团

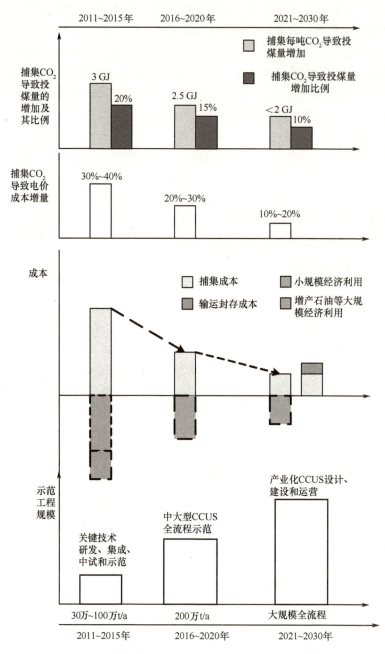

图 6-21 燃煤电厂燃烧后 CO_2 捕集技术发展路线图

队，掌握主要关键技术和该技术的经济和技术特性。

阶段任务：研究新型吸收剂和吸收工艺，大幅降低 CO_2 捕集的能耗；建立和示范验证 30 万~100 万 t/a 的 CO_2 捕集系统，部分 CO_2 进行小规模高附加值经济利用和部分增产石油，以实现示范过程成本降低或零成本；在实验室对核心技术进行开发，围绕示范项目，组织关键技术研发；示范关键技术，获得长期的技术、经济和环境评估。

（2）2016~2020 年：中大型 CCUS 全流程示范

阶段目标：CO_2 减排能耗导致投煤量增加约 15%，捕集每吨 CO_2（常压，>99%）投煤增量为 2.5GJ 左右；发电成本增加 20%~30%；形成系统的自主知识产权体系及部分产业标准，形成自主的 CO_2 捕集和封存的成套技术。

阶段任务：开发和验证新型吸收剂和吸收工艺，大幅降低 CO_2 捕集的能耗；建立和示范验证 200 万 t/a 的 CO_2 捕集系统，并通过增产石油进行经济利用或者地质储存，建立自主知识产权体系及产业标准，掌握关键设备的自主设计、制造和安装能力。

（3）2021~2030 年：具备大规模全流程商业化开发条件

阶段目标：CO_2 减排能耗导致投煤量增加约为 10%，捕集每吨 CO_2（常压，>99%）投煤增量小于 2 GJ；发电成本增加 10%~20%；形成完备的自主知识产权体系及产业标准，形成主要设备的自主设计、制造和安装能力；具备大规模全流程商业化开发条件。

阶段任务：开发和示范先进吸收剂和吸收工艺，大幅降低 CO_2 捕集的能耗和吸收剂成本；建立大规模的燃烧后 CO_2 捕集示范工程，并进行商业化示范运行；系统化燃烧后捕集的知识产权体系，建立系统和主体设备的设计、制造、安装和调试技术的人才和产业化体系。

6.7.4.2　燃烧前捕集技术

燃烧前捕集技术可分三个阶段，共 20 年，按图 6-22 所示路线图接近目标。

（1）2011~2015 年：关键技术研发、集成、中试和示范

阶段目标：CO_2 减排能耗导致投煤量增加约 15%，捕集每吨 CO_2 投煤增量为 2.5GJ 左右；发电成本增加 40%~50%；建成可长期运行的中试实验系统，形成完整的燃烧前 CO_2 捕集基础研究与技术开发平台；建立起具有国际竞争力的研究团队，掌握主要关键技术和该技术的经济和技术特性。

阶段任务：建立 10 万 t/a 级燃烧前 CO_2 捕集系统，为了降低示范成本，示范项目将采用小规模经济性利用，部分进行增产石油等实验利用，以获得经济汇报，回补捕集带来的成本增加；在实验室对核心技术进行开发，围绕中试系统进行关键技术研究，核心设备开发；依托中试系统建立产学研结合的试验研究平台和技术联盟；围绕中试系统，组织关键技术研发，集成技术的开发和示范。

（2）2016~2020 年：中大型 CCUS 全流程示范

阶段目标：CO_2 减排能耗导致投煤量增加约 10%，捕集每吨 CO_2 投煤增量为 2GJ 左右（换算为常压相当，>99%）；发电成本增加 20%~30%；形成系统的自主知识产权体系及部分产业标准，形成自主的 CO_2 捕集和封存的成套技术。

阶段任务：建立 100 万 t/a 级燃烧前 CO_2 捕集系统，示范项目将采用大规模经济性利用和储存，即增产石油和地质封存等，以获得经济回报，回补捕集带来的成本增加，降低示范门槛；在中试系统对核心技术和主要设备进行研究和开发，通过示范项目进行

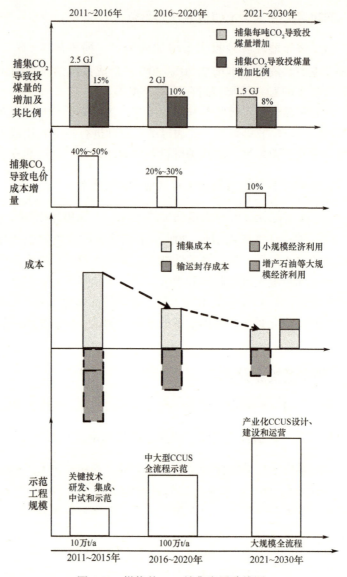

图 6-22　燃烧前 CO_2 捕集发展路线图

示范验证；依托示范系统建立产学研结合的产业化联盟；示范关键技术，获得长期的技术、经济和环境评估；掌握核心设备的自主知识产权以及设计、生产制造技术。

（3）2021～2030 年：具备大规模全流程商业化开发条件

阶段目标：CO_2 减排能耗导致投煤量增加小于 8%，捕集每吨 CO_2 投煤增量为 1.5 GJ 左右（换算为常压相当，>99%）；发电成本增加约 10%；形成完备的自主知识产权体系及产业标准，形成主要设备的自主设计、制造和安装能力；具备大规模全流程商业化开发条件。

阶段任务：建立大规模的燃烧前 CO_2 捕集示范工程，并进行商业化示范运行；系统化燃烧前捕集的知识产权体系，建立系统和主体设备的设计、制造、安装和调试技术的人才和产业化体系，建立完备的自主知识产权体系及产业标准。

6.7.4.3 富氧燃烧技术

富氧燃烧技术可分三个阶段，共 20 年，按图 6-23 所示路线图接近目标。

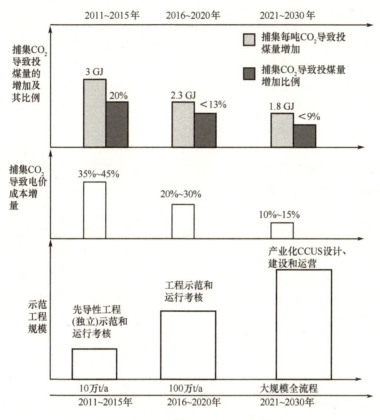

图 6-23 富氧燃烧技术研发路线图

1）2011~2015 年：完成 10 万 t/a 级捕获的先导性工程（独立）示范和运行考核，实现工业装置上烟气 CO_2 浓度不低于 80% 的高浓度富集；自主研发富氧燃烧的锅炉与燃烧系统、烟气净化、压缩纯化与 SO_x/NO_x 资源化回收利用等重大关键技术，形成一批核心技术与专利。

2）2016~2020 年：完成 100 万 t/a 级捕获与埋存的工程示范和运行考核，实现全厂热力系统的耦合优化，捕集（换算为常压相当，>99%）导致投煤量的增加不超过 13%；具备富氧燃烧完整的研究—开发—示范能力，完成从相关技术的转移和产业化开发。

3）2021~2030 年：捕集（换算为常压相当，>99%）导致投煤量的增加不超过 9%；一批新的制氧技术和富氧燃烧系统进入可商业化应用阶段；相关技术研发和应用达到国际领先水平。

6.8 结论与建议

6.8.1 结论

1）燃煤电厂 CCUS 已被明确作为减缓气候变化的一种重要的实现技术手段。我国有超过 35 亿 t 的 CO_2 排放来自于燃煤电厂，开展 CO_2 捕集和封存，是燃煤发电可持续发展和保障我国能源安全的重要措施。

2）我国当前的研究任务是紧跟世界先进国家研究的步伐，为国家应对气候变化谈判提供后盾和支撑。中长期的任务是研究开发低能耗、长期安全封存的技术，为我国应对气候变暖提供技术的战略储备。

3）美国、欧盟已进行了大量研究和投入，在燃烧后、燃烧前和富氧燃烧几个方向，启动了十个左右的大型示范项目。我国非常重视该技术的发展，大学、科研院所和企业已经形成了技术研发到试验示范的体系，整体与欧美技术的差距并不大，在工程示范方面走到了前列。

4）CCUS 技术当前面临的最主要问题是巨大的能源消耗增量和封存的长期安全性。按照当前技术水平，燃煤电厂 CO_2 捕集，将使得单位发电的煤耗增加 20%，加上输运和封存，会带来更多的能源消耗。该技术的发展目标是通过燃煤发电效率的提高和 CO_2 捕集能耗的降低，使得增加 CO_2 捕集的燃煤电厂的供电煤耗与 2010 年燃煤发电平均供电煤耗水平［333 g/（kW·h）］相当，系统建设成本降低到对应电站投资成本的 1/4 以下，从而保证我国经济可持续发展，并能够应对气候变化压力。为此，我国在该技术领域的研发重点一方面是实验室内开发创新型的低能耗的捕集技术，另一方面是进行工程规模的示范，通过核心技术的改善和规模化降低能耗水平。由于电厂 CO_2 捕集处理量较大，当前，仅有在枯竭油田增产石油和深层煤层气开发可以作为 CO_2 捕集后大规模利用的领域。为此，初期可以通过增产石油等利用方式，产生效益，降低示范运行的费用。

5）要在电厂进行 CCUS，还受到环境、封存地等条件的限制，相关的法规、标准还需建立和完善，特别是没有资金和政策支持机制，制约了该技术的发展。

6.8.2 建议

CCUS 是大规模减排 CO_2 的一种重要技术，是保证燃煤发电可持续发展的技术支持，是涉及国家应对气候变化和能源安全的重要战略技术，应以国家牵头组织，作为国家战略技术，推动发展。

1）由科技部牵头，制定并推动实施 CCUS 技术发展路线图和实施方案，组织企业、科研院所和高校，形成研究联盟，集中资金和研究力量，对主要技术路线开展研究和示范工作，为 CCUS 的大规模推广提供技术储备。

2）由国家发展和改革委员会、能源局和科技部协调，组织企业联合科研院所，对部分技术进行率先示范，并进行 CCUS 有关标准和规范的编制，一方面验证技术大型化的经济性和可靠性，另一方面，展示我国碳减排的行动和决心。

3) 由财政部、科技部、发改委、能源局和环保部协调，对碳捕集电厂给予补贴上网电价，对利用燃煤电厂捕集的 CO_2 进行增产的石油，减免资源税，鼓励企业在该领域进行投资和实践，降低技术的投资，推进技术发展。

4) 由环保部和科技部组织研究实施 CCUS 相关的环评和长期监测法规，为 CCUS 的工程实施和运行奠定法律基础。

5) 由国家发展和改革委员会和相关机构，推动 CCUS 减排 CO_2 作为碳减排份额，进入碳资产交易，以建立长期有效的金融支持机制。

第 7 章 　 电厂燃煤稳定供应策略研究

7.1 　 电厂燃煤供应对煤炭清洁高效利用的影响分析

7.1.1 　 煤质资料对电厂设计的影响

7.1.1.1 　 煤质对电站锅炉选型的影响

煤质资料是锅炉及辅助系统设计选型的依据。在锅炉选型和系统设计前，均应针对所采用的设计煤及校核煤，全面而准确地掌握其燃烧及结渣特性，并据此选择适合的燃烧方式、合理的炉膛容积和制粉系统等共用系统。

目前，大容量电站燃煤锅炉在条件适宜时优先选用固态排渣煤粉燃烧锅炉。对于严重结渣性煤种，经过环境及投资经济性等方面的综合评价认可，可考虑采用液态排渣煤粉炉；对于燃用煤矸石燃料或其他技术经济比较合理时，可采用循环流化床锅炉。

对于大容量固态排渣炉，可供选择的燃烧方式有切向燃烧（角式燃烧）、墙式燃烧（多为前后墙对冲燃烧)、拱式燃烧（一般采用"W"火焰双拱燃烧）三种方式。一般而言，对于中等着火煤，如烟煤和水分不太高的褐煤，宜优先选用对冲或切向燃烧方式；对于高水分褐煤，宜选用多角切向燃烧方式；对于较难着火煤，如无烟煤，宜采用双拱燃烧方式。

锅炉炉膛特征参数的选择也与煤质紧密相连，除燃烧方式外，煤质的结渣特性也很重要。以炉膛容积热负荷为例，炉膛热负荷选取直接影响锅炉的容积，影响锅炉的几何尺寸和造价。一般条件下，其取值不宜过高或过低。过高会影响燃尽，导致炉膛出口烟温过高以致受热面局部结渣；而过低则会使蒸发或过热受热面分配失衡，影响锅炉运行性能。对于结渣严重煤，需要选择较低的炉膛热负荷参数、较大的炉膛容积；对于低结渣煤，则可选用相对较高的热负荷参数、较小的炉膛容积。

锅炉设计须适应燃用煤种的煤质特性及现行规定中的煤质允许变化范围，锅炉设计应该是针对该锅炉的煤质条件而量身定做的。当实际燃用的煤质与原设计和校核煤种有较大的变化时，锅炉将偏离设计值，影响机组运行的可靠性和经济性，严重时甚至影响机组运行的安全性。

锅炉实际效率与实际燃用煤质情况和当地气象条件有关，影响锅炉实际效率的因素有煤质发热量、灰分、水分、氮、氢、氧、硫等含量，以及空预器进风温度、空气绝对湿度等。其中，煤质发热量，灰分含量，水分含量的影响相对较大。根据锅炉厂提供的某工程条件下性能考核试验锅炉效率修正曲线，可得到发热量、灰分和水分变化后锅炉实际效率的影响趋势（图 7-1~图 7-3）。

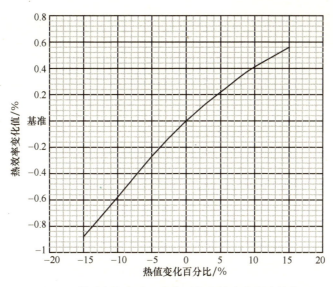

图 7-1　煤质高位发热量变化对锅炉效率的影响趋势

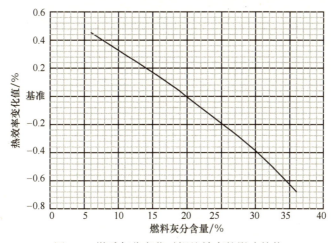

图 7-2　煤质灰分变化对锅炉效率的影响趋势

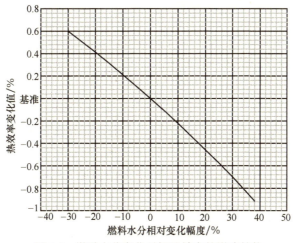

图 7-3　煤质水分变化对锅炉效率的影响趋势

可以看出，煤质发热量降低将使锅炉效率有所降低，灰分含量和水分含量增加也将使锅炉效率有所降低。

另外，当原设计煤种为较高挥发分煤质，而实际燃用煤种为低挥发分煤质时，锅炉会出现点火和燃烧不稳定的问题；当原设计煤种灰熔点较高，而实际燃用煤种为低灰熔点煤质时，炉膛会出现结焦等问题，影响锅炉的安全运行。

7.1.1.2 煤质对制粉系统选型的影响

火力发电厂制粉系统形式应根据煤种的煤质特性、可能的煤种变化范围、负荷性质、磨煤机的适用条件，结合锅炉炉膛结构和燃烧器结构形式等因素综合确定。

煤质对磨煤机和制粉系统选型的影响很大，煤的可磨性和磨损特性影响磨煤机的研磨能力和磨损程度，煤的水分影响磨煤机的干燥出力。对于大容量机组，可供选择的磨煤机有中速磨煤机、风扇磨煤机（高速磨）和钢球磨煤机（低速磨）。在煤种适宜时，宜优先选用中速磨煤机；燃用高水分、磨损性不强的褐煤时，宜选用风扇磨煤机；燃用低挥发分贫煤、无烟煤或磨损性很强的煤种时，宜选用钢球磨煤机，目前大多选用双进双出钢球磨煤机。

当采用中速磨煤机、风扇磨煤机、双进双出钢球磨煤机时，宜采用直吹式制粉系统；当采用常规钢球磨时，宜采用储仓式制粉系统。

与锅炉一样，磨煤机和制粉系统的设计须适应燃用煤种的煤质特性及现行规定中的煤质允许变化范围。虽然通常磨煤机选型计算中均留有一定裕度，可以承受煤质在一定范围内的变化。以轮式中速磨煤机为例，磨煤机实际出力为磨煤机标准出力与各修正系数的乘积，如哈氏可磨性系数（HGI）、煤粉细度（R_{90}）、煤粉水分（M_t）、煤粉灰分（A_{ar}）对磨煤机出力的修正系数 f_H、f_R、f_M、f_A 的影响趋势见图7-4。

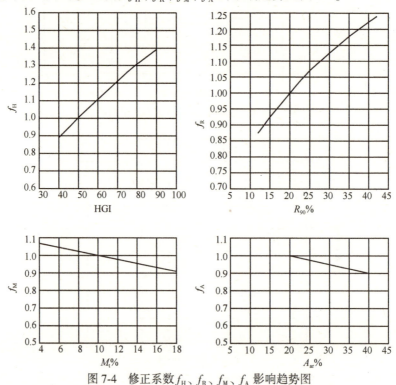

图7-4 修正系数 f_H、f_R、f_M、f_A 影响趋势图

当实际煤种煤质变差，发热量降低、灰分或水分含量增加时，一方面锅炉燃煤量增加，需要的磨煤机出力随之增加，另一方面，灰分、水分的增加使磨煤机实际出力有所降低，两方面的因素使磨煤机和制粉系统将出现出力不足的问题。当实际煤种磨损性增加较多时，会引起磨煤机寿命下降；当原设计煤种挥发分较低，而实际燃用煤种为高挥发分时，还会带来防爆等问题。

7.1.1.3　煤质对烟气污染物排放控制设备的影响

火力发电厂的建设均须通过环境评价，取得烟气污染物排放的指标，需要设置除尘器、脱硫装置和脱硝等装置，以控制烟气污染物——粉尘、SO_2 和 NO_x 等的排放。

除尘器、脱硫装置和脱硝装置等均是根据煤种的煤质特性、烟气特性来选择的。煤质中含尘量和含硫量，直接影响除尘器和脱硫装置的选型和设备参数；煤的燃烧特性对锅炉燃烧方式有所影响，进而影响脱硝装置的选择。例如，烟煤锅炉 NO_x 排放可控制在 $400mg/Nm^3$（干基 $6\%\ O_2$），而无烟煤 "W" 火焰锅炉的 NO_x 排放可达 $1100mg/Nm^3$。煤质改变会带来燃烧的调整，有可能影响锅炉低 NO_x 燃烧的效果。

7.1.2　燃煤发电机组运行期间的供煤状况

1994 年煤炭价格市场化改革，2004 年煤炭产运需衔接改革等，注重发挥市场配置资源的基础性作用，逐步形成了在国家宏观调控指导下，企业自主衔接资源、协商定价的新机制。2009 年，国家发展和改革委员会发布《关于完善煤炭产运需衔接工作的指导意见》（发改运行〔2009〕3178 号），取消了由来已久的一年一度的煤炭订货会，明确煤炭产运需衔接采取网上汇总的方式，政府发布产运需衔接原则、政策和运力配置意向框架，不再干涉电、煤契约谈判，继续推进煤炭订货改革，鼓励供需双方签订长期契约。由于铁路运力不足等原因，导致形成了计划煤和市场煤双轨制的供应体系。

项目核准前（可研阶段）取得的供煤协议，因项目核准时间、建设工期和投产时间存在不确定性，故均未明确供煤起止时间和供煤价格，目前，在电厂建成后供煤协议已缺乏约束力和可操作性，电厂需根据市场情况与煤炭企业签订供销合同。

7.1.2.1　电厂运营来煤情况

目前电厂运营取得的燃煤一般分为计划煤、交易煤和市场煤，价格依次增加。计划煤指在国家发改委指导下定价统调的动力煤，交易煤指电厂与国有大型矿业公司年度定量、月度定价的准计划煤，市场煤指市场现货交易煤。计划煤、交易煤均是与国有大型矿业公司签订供销合同，供销合同均为一年一签。

较大的发电集团公司，实际燃用计划煤的比例大多在 25%~30%，低于绿皮书指导量，其他电厂的比例甚至更低。以某电厂为例，该电厂年需燃煤 450 万 t，实际到厂煤分为计划煤、交易煤和市场煤。其中发改委绿皮书统配计划煤（大中型煤炭企业统调）约 220 万 t，但实际到厂的计划煤只有 60 余万 t，造成实际到厂计划煤煤量减少的原因是中间环节过多，其中尤以铁路运力的影响最大；到厂交易煤量 50 余万 t；剩余 330 万 t 煤均需采购现货交易、价格较贵的市场煤。

考虑到燃煤来源和燃煤价格，一些距离煤源较远的发电公司已开始着眼海外，购入越南、印度尼西亚等国的动力用煤，以缓解电力企业用煤的压力。也有的发电集团购入煤矿，其所属电厂尽量使用自己煤矿的煤，有时会造成运输距离过长的局面，并且不得不对设备进行相应改造。

7.1.2.2 电厂实际燃煤煤质

由于电厂运营来煤较为复杂和不确定，燃煤发电机组运行时实际燃用煤质与前期工作确定的煤质存在不同程度的差异，电厂尽量维持实际煤质在允许的变化范围内，但由于煤炭运输和煤炭价格等原因，部分电厂实际煤质的变化较大，甚至产生煤种变化的情况，近年来这种情况越加严重，举例如下。

（1）大同第二发电厂

该厂总装机容量为3720MW。一期工程安装6台200MW机组，1984~1988年投产；二期工程安装两台600MW机组，2005年投产；三期工程安装两台660MW机组，2009年投产。锅炉设计燃用大同本地优质烟煤。2008~2010年，所燃用的煤种均为烟煤，但由图7-5可见，总的趋势是实际燃煤发热量普遍比设计煤种低，而且呈逐年降低的趋势。

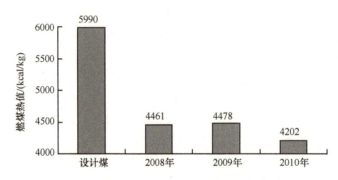

图7-5　2008年以来平均入炉煤质与设计煤对比

（2）河津发电分公司

该厂装机容量为1300MW，一期工程两台350MW燃煤发电机组为日本三菱公司设备，分别于2000年8月和11月投产发电；二期工程安装两台300MW燃煤空冷发电机组，由哈尔滨三大动力厂提供设备，分别于2005年6月和9月投产发电。

锅炉设计燃用烟煤，为晋中与陕西的原煤与洗中煤的混煤，设计煤低位发热量为20 941kJ/kg、收到基灰分为30.88%、收到基含硫量为0.55%。实际煤源较复杂：一是省内重点煤，占5%~10%，合同签订率低、兑现率也低；二是地方铁路煤，占25%~30%，地方铁路煤供省外较多，省内供应不足；三是市场公路煤，约占70%，煤源主要以陕西渭南、铜川地区地方煤矿为主。目前，供应商供给公司的电煤主要是将原煤和市场上的劣质中煤、煤泥掺配后的混煤，发热量只能达到4100kcal/kg左右，而且难以保证数量，入厂标煤单价达到770元/t左右。

以2010年为例，入炉煤低位热值为17 481kJ/kg，较设计煤质降低3460kJ/kg，灰分为40.77%，较设计煤质灰分升高9.89个百分点，硫分为2.5%，较设计值升高1.95

个百分点。"十一五"期间实际燃煤的发热量变化情况如图7-6所示。

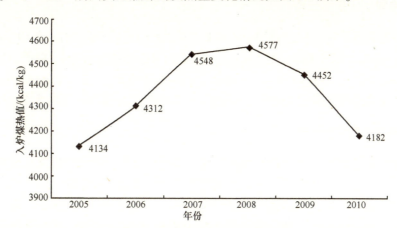

图7-6　河津发电分公司燃煤发热量

（3）韶关发电厂

韶关发电厂总装机容量为600MW，锅炉为亚临界压力"W"火焰锅炉。每炉4台FW公司双进双出钢球磨煤机，直吹式制粉系统。

锅炉设计煤为本地无烟煤，热值约4500kcal/kg，V_{daf}为7%~8%，含硫量$S_{t,ar}$低于1%。随着国家对煤炭资源进行整合，自2005年起，广东省关停本地所有煤矿，江西、湖南的小矿也相继关停，电厂燃用的无烟煤无法购得。目前电厂来煤主要是火车煤、港口（广州黄埔港）汽车来煤。煤种包括澳洲煤、越南无烟煤、秦皇岛港来烟煤等（表7-1）。由于无烟煤紧缺，且亏损严重。目前正尝试"W"火焰煤粉炉燃烧烟煤。

表7-1　韶关发电厂设计煤种及实际燃煤发热量

设计煤种	实际煤种（kJ/kg）					
	2005年	2006年	2007年	2008年	2009年	2010年
20 097	19 130	18 930	18 870	18 380	18 310	19 130

7.1.2.3　发电集团公司的燃煤管理

经过调研，部分发电集团公司的燃煤供应总体状况简述如下。

（1）中国华电集团公司

中国华电集团公司安全生产部是集团公司燃料管理的归口管理部门，负责指导、监督、检查、考核燃料工作等，华电煤业集团有限公司是内部供应商和专业服务机构，其目的是发挥规模集约采购优势，目前华电煤业采购的燃煤比例约为55%。中国华电集团公司设立了专门机构华电电科院，负责电厂配煤掺烧的技术指导工作。

近期，中国华电集团公司实际来煤比例为：计划煤（统配煤）约占30%，交易煤（准计划煤）约占20%，市场煤约占50%。计划煤到厂率约为67%。

（2）中国华能集团公司

中国华能集团公司运营部负责集团公司燃料采购和管理的协调工作，集团燃料公司负责水和煤的统一采购、统一调运、统一结算等业务，可发挥集团总体优势，降低市场风险。

中国华能集团公司 2011 年 1~7 月累计的实际来煤比例为：计划煤（统配煤）占30%，交易煤（准计划煤）占 16%，市场煤占 54%。计划煤到厂率约为 78.3%。

（3）中国大唐集团公司

中国大唐集团公司本部现设有燃料管理部与燃料公司，燃料管理部从宏观上对燃料计划、采购、调度、质量监督、成本控制等工作进行全面协调管理，燃料公司从事燃料市场化营销；分子公司目前多数采用燃料管理中心与燃料公司两块牌子一套人马的管理模式，少数改为分设模式；基层电厂全部设有燃料管理（供应）部，全面负责燃料相关工作，部分电厂将燃料验收工作独立出来，设计煤质检验中心。

近期，中国大唐集团公司实际来煤比例为：计划煤（统配煤）约占 25.9%，交易煤（准计划煤）约占 26.4%，市场煤约占 47.7%。计划煤到厂率约为 77.49%。

（4）中国国电集团公司

中国国电集团公司现设有燃料管理部，对电厂的燃料进行组织、协调、监督和管理。以厂为实体，电厂自行采购燃煤。

近期，中国国电集团公司实际来煤比例为：计划煤（统配煤）约占 21.8%，交易煤（准计划煤）约占 18%，市场煤约占 60.2%。计划煤到厂率约为 52.6%。

（5）中电投集团

中电投集团打通煤—电—铝—路—港—航—储备煤中心产业链，相应建设了褐煤提质工程、赤大白铁路、锦赤铁路、锦州港项目，并在沿海、沿江建设江苏滨海、广东竭阳、重庆涪陵、江西九江等储配煤中心。按照管控一体化要求，燃料供应管理由煤炭与物流部、物流贸易公司负责，入厂燃料管理由火电部燃料处负责。2010 年，燃煤管理机构采购的燃煤量为 5035 万 t，占总煤量的比例 39.7%。

2010 年实际到厂煤为 1.34 亿 t。其中，计划煤 4162.82 万 t，占总煤量的 31.1%；交易煤 3870.4 万 t，占比 28.9%；市场煤 5357.8 万 t，占比 40.0%。2011 年 1~7 月实际到厂煤 8870.1 万 t。其中，计划煤 2846.84 万 t，占总煤量的 32.1%；交易煤 2415.8 万 t，占比 27.2%；市场煤 3607.5 万 t，占比 40.7%。

7.1.3 燃煤变化对机组安全可靠性的影响

7.1.3.1 国内调研电厂机组设备状况

（1）大同第二发电厂

因燃煤煤质变差对安全经济运行的影响有以下几方面。

1）对安全经济指标的影响：因煤质下降，锅炉燃烧不稳，受热面结焦、"四管"腐蚀磨损加剧，助燃用油增大，灰渣处置费用增大，检修维护成本增加。例如，2010年电厂入炉煤平均热值为4276kcal/kg（较设计煤种下降30%），影响灰渣处置费、检修及设备磨损费用增加约3600万元，因煤质变差而损失电量4.02亿kW·h。全年因煤质下降较设计煤种发电成本上升19 852万元，按2010年发电量199.45亿kW·h计算，发电成本升高0.01元/（kW·h）。

2）由磨煤机磨损、受热面磨损加剧对检修成本的影响：电厂一期钢球磨煤机在磨制热值为5500~6000kcal/kg煤种时，波浪衬瓦（双金属）使用寿命为10~11年，端衬瓦使用寿命为8~9年；在磨制热值为4500~5500kcal/kg煤种时，波浪衬瓦（双金属）作用寿命为7~8年，端衬瓦使用寿命为5~6年；在磨制热值为3000~4500kcal/kg煤种时，波浪衬瓦使用寿命为4~5年；端衬瓦使用寿命为2~3年。二、三期中速磨煤机磨制热值为5000~5500kcal/kg煤种时，磨辊套及磨盘衬瓦使用寿命为18个月左右，粗粉导流环使用寿命为2~3年；磨制热值为4500~5000kcal/kg煤种时，磨辊套及磨盘衬瓦使用寿命约为12个月，粗粉导流环使用寿命为2年；磨制热值为3000~4500kcal/kg煤种时，磨辊套及磨盘衬瓦使用寿命为6~7个月，粗粉导流环使用寿命为1.5年。一期钢球磨及受热面防磨治理费2010年投入500万元，二、三期中速磨及受热面防磨治理费2010年投入900万元。另外，又投资数百万元增加预热器激波吹灰装置，以降低灰分增大对预热器积灰的影响。今年来先后投入数千万元对电除尘系统进行提高出力改造，同时为了保证除尘效率、控制粉尘的排放，电除尘耗电率较燃用设计煤种时升高较多。

3）对环保减排的影响：由于煤质变差，锅炉燃烧向大气排放的烟尘、SO_2、NO_x以及排放的固体废渣、冲灰水等均相应增加。为保证脱硫效率，脱硫系统的石灰石耗量、浆液循环量、耗水量增大，相应的风机、电机等均需连续高负荷运行。制粉单耗和维护费用升高。

4）对发电出力和供热能力的影响：煤质下降的直接结果是磨煤机出力不足，严重影响机组的带负荷能力。二、三期锅炉设计六台磨煤机，五台运行，一台备用，在当前煤质下六台磨煤机全部运行，在全负荷运行时只能带到设计容量的90%左右。由于锅炉带不满负荷，低负荷燃烧又不稳，机组调峰能力受限，近年来受华北电网"两个细则"考核，被"罚款"近2000万元/a。近年来，由于煤质下降，部分时段机组出力受限，抽汽供热能力也受到限制，不能足额满足大同市供热需求。

电厂针对煤质下降采取的主要措施有：

1）对煤种掺配进行精细化管理：对制粉系统实施分仓、分层配煤，根据电网日负荷曲线，在负荷高峰时启动相应制粉系统掺烧热值高的煤尽全力满足电网需要，在负荷低谷时全部燃用劣质煤以节约高热值煤。

2）针对煤质现状加大检修维护力度：以二、三期磨煤机为例，燃用设计煤种时检修周期为18~24个月翻一次磨辊，但目前煤质下检修周期为6~8个月，致使配煤系统、输煤系统、制粉系统、除灰系统等设备维护费用较设计煤质条件下增加3倍以上，同时检修人员劳动强度非常大。目前电厂被迫采用设备无计划检修，节假日低负荷"抢修"的方式达到维护的要求。

(2) 河津发电分公司

入炉煤质偏离设计值较大，对锅炉运行产生较大影响，集中体现在：一是锅炉受热面及除灰系统磨损加剧，对锅炉安全运行造成较大影响，尤以省煤器磨损最为突出，被迫于2009年对两台锅炉省煤器进行了改型，增加了技术改造费用。另外，维护工作量增加，每次停炉检修对四管、制粉系统、除灰系统的修复是检修重中之重。二是低热值、高灰分的入炉煤使得锅炉燃烧烟气量增加，锅炉排烟热损失增加，锅炉效率降低，经测算入炉煤热值较设计值降每低1MJ/kg，锅炉效率降低0.31个百分点，煤耗升高约1 gce/（kW·h）。三是六大风机、磨煤机、除灰系统等设备单耗升高，导致厂用电率升高。四是高硫分对锅炉受热面的腐蚀加重，尤以水冷壁和空预器最为突出，后屏的高温腐蚀使其寿命由20年降为5年。此外，高硫分对脱硫系统的耗电量影响较大，脱硫耗电率升高。

燃煤发热量大于20MJ/kg时，锅炉最低不投油稳燃负荷约40%锅炉最大连续蒸发量（BMCR）；若发热量低于17MJ/kg时，一期机组锅炉最低不投油稳燃负荷高于50% BMCR，二期机组锅炉最低不投油稳燃负荷高于60% BMCR。为保证不灭火，电厂须经常投油助燃，全年燃油耗量较高。

针对煤质情况，电厂进行了大量的工作，如加强燃烧调整，关注入炉煤质，运行人员每隔1h监测原煤耗（单位发电量的原煤耗量），如原煤耗高于2.67gce/（kW·h）即必须投油助燃（电厂经验）；在煤场对不同热值的燃煤进行分类堆放，保证热值稳定，甚至掺烧泥煤；燃用高灰分、低热值的煤种必须加强设备的检修、维护和保护措施，如受热面防磨喷涂、省煤器更换等，电厂增加了大量技改投资。

(3) 韶关发电厂

韶关发电厂煤炭经过掺配，可达到尽量接近设计煤种，发热量在4400~4600kcal/kg，但没有无烟煤，锅炉对煤种不适应，必须进行掺烧烟煤工作。因煤种与炉型不匹配，锅炉效率仅达到88%~90%的水平。但辅机运行状态较好，脱硫系统入口SO_2浓度为1650mg/Nm^3，出口为93mg/Nm^3，脱硫效率达93.5%~94.5%，NO_x排放值为790mg/Nm^3，在无烟煤锅炉机组中处于中下等水平。

因广东地区购不到无烟煤，该电厂计划进行炉型改造，目前正在进行改造成流化床锅炉的可行性研究论证，估计每台炉改炉型费用约需2亿元。另外，为执行"上大压小"的政策，两台200MW锅炉政策性关停，计划新增两台660MW超临界烟煤锅炉机组。

7.1.3.2 煤质变化对发电机组安全可靠性的影响分析

(1) 发热量变化对机组设备的影响

热值变化直接影响制粉系统出力、一次风量（速）等，并进一步影响机组带负荷能力，由此导致很多机组在用电高峰期无法带到额定负荷。例如，山西太原第一热电厂4×330MW机组在很多时候负荷带不到300MW。

热值降低后，需要更多的一次风量，导致一次风速的提高。假设锅炉氧量维持不变，则二次风量必须相应降低。燃烧器出口一、二次风比例产生变化，偏离设计工况较多时会导致炉膛燃烧不稳定，甚至结焦。灰分/发热量变化对机组运行的影响如表 7-2 所示。

表 7-2　灰分/发热量变化对机组运行的影响分析

项目	灰分/发热量	
	高/低	低/高
炉膛、水冷壁	着火、燃尽变差和燃烧温度降低，造成燃烧不稳等，水冷壁结渣沾污加重，须增加吹灰	炉内着火和燃尽改善，燃烧温度升高，炉膛结渣加重
高温对流受热面	沾污、结渣、磨损加重；超温爆管可能性增加，须增加吹灰	可能出现受热面超温和高温腐蚀
低温对流受热面	沾污、积灰、磨损加重，须增加吹灰，引起工质损耗和电耗增加	
除尘、输灰系统	造成系统出力不足、电耗增加，影响设备安全、降低设备使用寿命，增加检修维护成本	负担减轻，能耗减少，设备寿命延长
排渣系统	造成出力不足、电耗增加，设备安全隐患增加、检修维护成本增加	负担减轻，能耗减少，设备寿命延长
磨煤机及制粉系统	燃料的输送、破碎、制粉电耗升高；降低设备寿命，增加检修维护成本；制粉系统出力不足，影响锅炉带负荷能力	高挥发分煤的爆炸
送、引风机	烟风量增大，增加辅机电耗	降低
脱硫系统	灰量增加，燃料量必增加，则硫排放增加（相当于硫总量增加），增加脱硫系统负担，降低脱硫效率	负担减轻，能耗减少，设备寿命延长
NOₓ 排放	/	炉内烟温升高导致 NO_x 生成增加
粉尘排放	增加，可能被罚款	/
可燃物含量	增加	降低
排烟温度	不一定高，但排烟损失增加	升高
锅炉效率	降低，影响带负荷甚至灭火	增加
其他	增加运输成本；需要更大的灰场且造成扬尘污染	煤价高，燃料生产和使用成本增加
适宜值	设计值；对贫煤和无烟煤，A_d 要求在 20%~30%，最高不宜超过 35%；$Q_{ar,net}$ 控制在 19 000kJ/kg，最低不低于 16 700kJ/kg	

注：表中的"高"与"低"表示各指标相对设计值的变化；"/"表示指标变化与相应系统无直接相关性或影响不大。

（2）挥发分变化对机组设备的影响

从对国内电厂的调研来看，目前火电机组燃用煤质变化主要存在如下几种情况。

1）设计燃烧烟煤的机组燃用挥发分更高的褐煤。

2）设计燃烧无烟煤的机组实际燃用挥发分较高的烟煤。

3）设计燃烧烟煤的机组掺烧品质较低的泥煤等情况。

高挥发分的煤质着火点较低，挥发分含量>40%的煤品，着火点仅为250℃左右，而磨煤机入口温度通常在300℃左右，如果制粉系统再出现局部积粉，导致热风直接加热煤粉，在一定风粉浓度下就会发生爆炸事故。

高挥发分的煤粉会导致燃烧器出口着火提前，燃烧器周围温度上升，引起燃烧器挂渣、燃烧器周围结焦现象。同时过高的烟气温度还可能会造成燃烧器出口被烧裂，影响机组的安全运行。由于着火提前，炉膛火焰中心会相应下降，增加水冷壁蒸发区的换热，炉膛出口烟气温度降低，导致主蒸汽温度和再热蒸汽温度下降，影响机组的运行经济性，同时对机组出力也有一定影响。

对于高挥发分和低挥发分煤形成的混煤，由于不同煤质在一起掺烧，往往导致燃烧器出口火焰不稳定、容易存在灭火等现象。挥发分变化对机组运行的影响见表7-3。

表7-3　挥发分变化对机组运行的影响分析

项目	挥发分（V_{daf}）	
	高	低
炉膛、水冷壁	如V_{daf}提高不是由于灰分增加造成，则煤的着火变好，燃烧稳定性提高；对于优质烟煤，V_{daf}提高有烧坏燃烧器喷口、炉膛结焦的危险*	着火变差，燃烧稳定性降低，不投油稳燃负荷变高；若跨煤种V_{daf}降低（由烟煤变为贫煤、无烟煤等），有灭火危险**×
高温对流受热面	/	/
低温对流受热面	/	/
除尘、输灰系统	/	/
排渣系统	/	/
磨煤机及制粉系统	储存时易氧化自燃，储存期煤质下降；易造成磨煤机着火或爆炸*	安全
送、引风机	/	/
脱硫系统	/	/
NO_x排放	/	/
粉尘排放	/	/
可燃物含量	降低	若低负荷投油助燃则飞灰可燃物增加
排烟温度	/	/
锅炉效率	/	/
其他	挥发分是反映煤燃烧性能的最重要指标，对燃用同一类煤的锅炉，挥发分高一些利于煤的着火、稳燃和燃尽；如果挥发分跨煤种变化，如烧贫煤的锅炉燃用烟煤，则可能烧喷口、引起炉膛结焦、高过超温等问题；如果反过来，则易引起灭火放炮或点火助燃油量增加等问题	
适宜值	设计值	

注：表中的"高"与"低"表示各指标相对设计值的变化；"/"表示指标变化与相应系统无直接相关性或影响不大；"×"表示指标影响机组运行的经济性；"*"表示指标影响机组运行的安全性；"**"表示指标变化过大可能影响机组的安全经济运行。

（3）灰分变化对机组设备的影响

灰分的提高主要会引起磨煤机出力下降、炉膛积灰、结渣等问题。灰分增大后，炉膛及烟道受热面的磨损会更加严重，也增加烟道运行阻力，导致风机电耗的上升，除渣系统电耗和水耗增加。灰熔点及可磨性变化对机组运行的影响见表 7-4。

表 7-4　灰熔点及可磨性变化对机组运行的影响分析

项目	灰熔点（ST）		哈氏可磨性指数 HGI	
	高	低	高	低
炉膛、水冷壁	结渣趋势降低	结渣趋势增加	/	/
高温对流受热面	结渣、沾污趋势降低	趋势增加	/	/
低温对流受热面	较好	沾污、积灰	/	/
除尘、输灰系统	/	/	/	/
排渣系统	/	/	/	/
磨煤机及制粉系统	/	需要降低煤粉细度	制粉电耗低，煤粉易磨细	制粉电耗高，煤粉易变粗
送、引风机	/	/	/	/
脱硫系统	/	/	/	/
NO$_x$ 排放	/	若造成结渣，则 NO$_x$ 升高	煤粉细，利于降低 NO$_x$	/
粉尘排放	/	/	/	/
可燃物含量	/	/	低	高
排烟温度	/	结渣可使排烟温度升高	/	/
锅炉效率	/	降低	高	低
其他	烧低 ST 的煤种，锅炉须布置较多的吹灰器，增加初投资、工质损失和电耗		HGI 影响磨煤机电耗，HGI 越低煤越难磨	
适宜值	高于 1350℃，越高越好		高于 60，越高越好	

注：表中的"高"与"低"表示各指标相对设计值的变化；"/"表示指标变化与相应系统无直接相关性或影响不大。

（4）硫分变化对机组设备的影响

烟气中 SO$_2$ 与水蒸气结合可产生硫酸蒸气（H$_2$SO$_4$），当它凝结在尾部受热金属表面时会发生酸性腐蚀，严重的时候几个月就要更换空气预热器受热面，造成巨大经济损失。空气预热器腐蚀洞穿后会增加漏风损失、降低热空气温度、排烟损失增加、影响磨煤机出力。凝结在金属表面的硫酸液与受热面上的积灰产生化学反应，引起积灰硬化，会进一步导致堵灰，增加烟道阻力。严重的还可能导致引风机出力下降，难以维持炉膛负压，恶化燃烧等。硫分变化对机组运行的影响见表 7-5。

表 7-5 硫分变化对机组运行的影响分析

项目	硫分 ($S_{t,ar}$)	
	高	低
炉膛、水冷壁	加重炉膛结渣和水冷壁腐蚀 *	结渣和腐蚀减轻
高温对流受热面	加重结渣和腐蚀，有堵塞烟气通道的可能 *	减轻
低温对流受热面	受热面腐蚀、堵灰 *	腐蚀、堵灰趋势降低
除尘、输灰系统	降低灰的质量	利于灰的利用
排渣系统	/	/
磨煤机及制粉系统	使煤易自燃；煤中除不尽的硫化铁加重磨煤机碾磨件磨损	自燃程度低；对磨煤机影响小
送、引风机	/	/
脱硫系统	电、水、石灰石消耗增加，脱硫效率降低，设备出力降低，设备寿命降低	电、水、石灰石消耗减少，脱硫效率提高
NO_x 排放	如炉内结渣则导致 NO_x 生成增加	/
粉尘排放	/	/
可燃物含量	如炉内结渣则可使飞灰可燃物降低	/
排烟温度	升高	/
锅炉效率	/	/
其他	燃煤 $S_{t,ar}$ 高使 ST 降低； 排入大气中的硫、氮氧化物形成酸雨，污染大气、建筑物、危害人的健康； 电厂排放 SO_2 超标将须缴纳排污费	/
适宜值	越低越好，否则或为设计值或低于设计值。 $S_{t,ar}$ 低于 1.5%，不会明显的腐蚀与堵灰；1.5%~3.0%，明显的腐蚀与堵灰；大于 3%，严重的腐蚀与堵灰，不建议使用	

注：表中的"高"与"低"表示各指标相对设计值的变化；"＊"表示指标影响机组运行的安全性；"/"表示指标变化与相应系统无直接相关性或影响不大。

(5) 水分变化对机组设备的影响

对于制粉系统来说，水分的增加会导致煤粉仓内煤粉被压实结块，堵塞落粉管，使得煤粉输送困难。运行中，原煤水分增大，将使干燥出力下降，磨煤机出口温度降低，为了恢复干燥出力和磨煤机出口温度，可增加热风数量，如果热风门开大满足不了干燥所需要的热风数量时，只能减少给煤量，降低磨煤出力。

另外，烟气中水分的增加会提高尾部烟道水蒸气的分压，在同样的 SO_2、SO_3 分压下会提高露点，增加烟气低温腐蚀的危险性。水分变化对机组运行的影响见表 7-6。

表 7-6　水分变化对机组运行的影响分析

项目	水分（M_t）	
	高	低
炉膛、水冷壁	对煤粉的悬浮燃烧起催化作用； 增强炉内火焰辐射； 构成锅炉受热面腐蚀的外部条件	
	降低炉内燃烧温度水平	
高温对流受热面	如遇高硫煤，加重腐蚀 *	/
低温对流受热面	如遇高硫、高灰煤，加重腐蚀和堵灰；如装有烟气脱硝系统，对其后受热面腐蚀更重 *	/
除尘、输灰系统	对装有烟气脱硝系统锅炉，影响灰的品质和疏运特性	/
排渣系统	/	/
磨煤机及制粉系统	造成落煤管和给煤机堵塞并降低磨煤机出力；一次风管结露等 *	利于提高磨煤机出力
送、引风机	增加烟气量，增加电耗	降低烟气量并降低风机电耗
脱硫系统	/	/
NO_x 排放	/	/
粉尘排放	/	/
可燃物含量	/	/
排烟温度	升高	降低
锅炉效率	降低	升高
其他	增加煤炭运输与经济负担；但水分高利用缓解煤场扬尘	一般煤场对煤堆要进行适当喷淋
适宜值	6%~8%，最好在 10% 以下	

注：表中的"高"与"低"表示各指标相对设计值的变化；"＊"表示指标影响机组运行的安全性；"/"表示指标变化与相应系统无直接相关性或影响不大。此处水分的影响应包括吹灰工质和空气带入的水分影响。

7.1.4　燃煤变化对机组经济性的影响

7.1.4.1　国内调研电厂煤质变化对电厂经营状况的影响

（1）大同第二发电厂

由于煤炭价格不断上涨，质量不断下降，电厂已连续三年亏损。2008 年电厂亏损 6 亿元；2010 年燃煤平均热值降到 4276kcal/kg，而标煤单价上涨到 610 元/t，电厂亏损 2 亿元。

表 7-7 所示为 2010 年 1 月与 4 月指标比较。由于燃煤热值下降，硫分增加，2010 年 4 月比 1 月少消耗燃煤近 5 万 t，但石灰粉却多消耗 7959t，4 月消耗石灰粉 28 g/（kW·h），1 月消耗石灰石粉 16 g/（kW·h）。如果按照每吨石灰粉 170 元计算，则 4

月比 1 月多支出金额 135 万元。

表 7-7　2010 年 1 月与 4 月指标比较

月份	硫分/%	石灰粉消耗/t	燃煤量/万 t	发电量/（MW·h）
1	0.99	10 774	42.02	672 890
4	1.66	18 733	37.20	672 080

此外硫分增加，造成补浆量增加，液气比增大，浆液蒸发量相应增加，同时浆液还存在着潜在性的劣化危险。以 2010 年 4 月为例，一期脱硫出现了数次浆液劣化排浆置换的问题，这样就增加了脱硫水耗，4 月与 1 月相比增加用水量 8 万 t，仅一个月就增加水费 20 万元左右。

2010 年，电厂运行维护检修成本升高约 1 亿元，2010 年电厂脱硫成本约 1.05 亿元，按 0.015 元/（kW·h）计脱硫电价电厂并不划算。电厂含脱硫在内上网电价为 0.348 元/（kW·h），而仅单位燃料成本已达到了 0.21 元/（kW·h）。

大同第二发电厂担负着向北京供电的重任，煤电机组利用小时数为 5300h 以上，电厂盈亏平衡的煤价在 500 元/t，而山西市场煤价为 625 元/t。据该电厂财务分析：若电厂燃用 4500kcal/kg 的煤，按当前的运行费用将亏 3.9 亿元；若燃用 5000kcal/kg 的煤，亏 6.1 亿元；若燃用 5500~6000kcal/kg 的煤，亏 6.1 亿元以上（表 7-8）。2010 年 1000 万 t 煤的采购中只有 87.6 万 t 是计划煤，其他全是市场煤，目前大同本地电厂"买不到煤，也买不起煤"，燃烧劣质煤是电厂非常无奈的选择。尽管如此，由于大同地区靠近内蒙古，可以买到内蒙古的低价煤，比山西其他电厂还要好一些。

表 7-8　大同第二发电厂生产经营数据

指标		单位	年份					
			2005	2006	2007	2008	2009	2010
总装机容量		MW	2 400	2 400	2 400	2 400	3 720	3 720
总发电量		亿 kW·h	—	—	154.57	119.57	126.7	199.45
锅炉及附属设备技改投入		万元	—	—	—	10 682	7 852	8 766
汽机及附属设备技改投入		万元	—	—	—	6 785	9 811	28 834
煤粉炉发电利用小时		h	—	—	6 440.42	4 982.08	5 279.17	5 361.56
折算标煤量		万 t	—	—	—	388.49	386.22	635.65
收到基低位发热量		MJ/kg	—	—	—	18 679	18 831	17 593
电煤价格	一期	元/t	—	—	—	576.61	524.35	607.24
	二、三期		—	—	—	611.18	538.99	611.94
供电标准煤耗	一期	[gce/（kW·h）]	—	—	361.92	359.7	350.9	354.1
	二期		—	—	349.15	353.6	346.5	336.2

（2）河津发电分公司

受煤炭市场影响，"十一五"期间电厂入厂标煤单价变化情况如图 7-7 所示。2011

年1~2月，入厂标煤单价已涨到778元/t。2010年电厂亏损1.5亿元，2011年1~2月亏损3000多万元，电厂拖欠煤款1.8亿元，材料款0.7亿元。

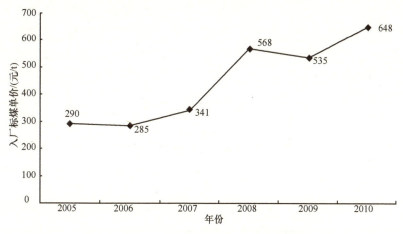

图7-7 "十一五"期间电厂入厂标煤单价变化

河津地区含税电价为0.326元/（kW·h），单位燃料成本为0.253元/（kW·h），电厂计算的发电成本比电价高出0.048元/（kW·h），燃料成本占供电成本的80%以上（表7-9）。

表7-9 河津发电分公司生产经营数据

指标	单位	年份					
		2005	2006	2007	2008	2009	2010
总装机容量	MW	700	700	700	700	700	700
总发电量	亿 kW·h	46.13	50.36	42	34.2	42.15	45.1
锅炉及附属设备技改投入	万元	196	103	45	998	880	48
汽机及附属设备技改投入	万元	25	85	38	52	154	40
煤粉炉发电利用小时	h	6590	7195	6001	4891	6021	6443
折算标煤量	万 t	142.6	154.7	128.7	105.9	128.2	136.3
收到基低位发热量	MJ/kg	17.36	17.74	19.08	19.24	18.68	17.47
电煤价格（入厂价）	元/t	199.21	199.75	252.24	420.53	388.58	456.39
发电标准煤耗	gce/（kW·h）	309	307	306	309	304	302
供电标准煤耗	gce/（kW·h）	328	325	325	332	329	327

（3）韶关发电厂

韶关发电厂属老电厂，退休人员多，现有职工1200人，退休职工1600人，2008年亏损，2009年微利，2010年继续亏损，见表7-10。

2008年，韶关发电厂入厂天然煤价格720元/t，而2007年仅为450元/t，2009年降至503元/t，2010年又上涨至671元/t。

表 7-10　韶关电厂生产经营数据

指标	单位	年份					
		2005	2006	2007	2008	2009	2010
总装机容量	MW	1150	1050	1000	1000	600	600
总发电量	亿 kW·h	57.06	67.29	63.65	54.2	34.48	33.17
锅炉及附属设备技改投入	万元	—	—	—	—	—	—
汽机及附属设备技改投入	万元	—	—	—	—	—	—
煤粉炉发电利用小时	h	6133	6739	6431	5455	5766	5535
折算标煤量	万 t	208	233	221	182	112	109
收到基低位发热量	MJ/kg	18.52	19.13	18.93	18.87	18.38	18.31
电煤价格（入厂价）	元/t	—	—	—	—	—	—
发电标准煤耗	gce/（kW·h）	365	346	347	336	324	328
供电标准煤耗	gce/（kW·h）	393	372	378	366	354	358

韶关上网电价含税为 0.51 元/（kW·h），单位发电成本含税为 0.5154 元/（kW·h），送电成本已超过电价，燃料成本已超过 0.40 元/（kW·h）。锅炉采用 3 台电动给水泵，厂用电率较高，脱硫岛耗电高于 1.5%，电厂测算电价须提高 0.06 元/（kW·h）才能达到平衡。

7.1.4.2　煤质变化对机组经济性的影响

燃煤质量指标与锅炉设计指标偏差大，给燃煤电厂机组运行的经济性带来一系列负面影响，具体表现为锅炉效率下降、辅机设备电耗增大、脱硫系统电耗增大、脱硫效果变差、供电标准煤耗增大等。锅炉进行多煤种掺烧时，因燃用煤种波动较大，给运行调整带来一定困难，使锅炉经济性降低，同时锅炉灭火、爆管事件频发，机组可靠性降低。

近几年来，燃煤发电企业普遍出现经营困难的现象。亏损已由个别电厂发展到区域性大面积亏损的情形，部分电厂长期连续亏损，面临资金链断裂的威胁，由经营困难转化为生存困难，既不利于煤炭的清洁利用，也影响用电安全。

（1）灰分变化的影响

当燃用燃料灰分较设计煤种高时，锅炉空气量要偏大于设计值，排烟损失较设计值要大，同时燃烧过程中灰分阻碍可燃物与空气的接触，不但降低燃烧效率，而且影响燃尽。煤中灰分含量越大，煤的发热量越低。同时，灰分还造成受热面积灰、结渣，影响锅炉换热效率，导致锅炉效率严重降低。研究表明，灰分每增加 5% 将导致锅炉效率降低 1%。大同第二发电厂二期 2×600MW 机组设计入炉煤收到基灰分为 15.18%，锅炉热效率为 93.97%，2010 年实际入炉煤收到基灰分升高到 29.16%，锅炉热效率下降到 91.27%，下降近 3%。调研电厂的研究数据分析表明，入炉煤灰分每增加 1 个百分点，锅炉热效率下降 0.08% 左右。

灰分增加还会引起磨煤机电耗、风机电耗、引风机电耗和电除尘电耗等增加，从而厂用电率增加。研究表明，对应含灰量在 10%~15% 灰分的烟煤，每增加 1% 的灰分将导致厂用电率增加 0.02%。河津发电分公司 2×350MW 入炉煤灰分从 30.88% 上升到 38.30%，厂用电率从 7.26% 增长到 7.64%，增加 0.38 个百分点。大同第二发电厂一期 6×200MW 机组设计煤灰分 7.36%，2010 年入炉煤灰分为 29.2%，实际厂用电率比设计值高 0.62 个百分点；二期 2×600MW 设计煤灰分为 15.18%，2010 年实际入炉煤灰分为 29.2%，实际厂用电率比设计值高 0.48 个百分点。

灰分与供电标准煤耗成正比例变化，灰分越高，供电标准煤耗越高。大同第二发电厂 6×200MW 机组设计入炉煤收到基灰分为 7.36%，2009 年实际入炉煤灰分达 27.4%，比设计值高约 20 个百分点，供电标准煤耗比设计值高 6.4 gce/（kW·h）；2010 年实际入炉煤灰分达 30%，供电标准煤耗比设计值高 8.5 gce/（kW·h）。该电厂二期 2×600MW 机组 2008 年入炉煤灰分比设计值高 20.62 个百分点，供电标准煤耗比设计值高 8.37 gce/（kW·h）。调研电厂的数据分析表明，入炉煤灰分增加 10 个百分点，供电标准煤耗增加 2~5 gce/（kW·h）。

(2) 发热量变化的影响

当燃用燃料热值较设计煤种高时，锅炉空气量要偏小于设计值，排烟损失较设计值要小，通过调整煤粉细度等调整手段确保机械不完全燃烧热损失保持在设计值。一般来讲，燃料热值的升高对锅炉效率应该起到提高的作用。同时实际运行中燃料热值的增加对锅炉辅助设备保持经济运行相当有利。但过高的热值会引发锅炉断面热负荷超标，易造成锅炉结焦（特别是循环流化床锅炉），所以燃用燃料的热值不宜超过设计值过高。燃用热值较差的煤种将导致锅炉空气量较设计空气量增加，排烟热损失增加。大同第二发电厂一期 6×200MW 机组设计入炉煤低位热值为 6384kcal/kg，锅炉效率为 92.31%，2010 年实际入炉煤低位热值仅为 4229kcal/kg，锅炉效率为 90.26%，下降 2.05 个百分点；二期 2×600MW 机组设计入炉煤低位热值为 5990kcal/kg，锅炉效率为 93.97%，2010 年实际入炉煤低位热值仅为 4202kcal/kg，锅炉效率为 91.27%，下降 2.7 个百分点。河津发电分公司 2×350MW 机组设计入炉煤热值 5000kcal/kg，实际入炉煤平均热值为 4174kcal/kg，实际锅炉效率比设计值下降 1.076 个百分点。调研电厂数据分析表明，入炉煤热值每降低 1000kcal/kg，锅炉热效率降低 1~1.5 个百分点。

一般而言，厂用电率随着热值的降低而增加。大同第二发电厂三期 2×660MW 机组入炉煤热值从 4420kcal/kg 增加到 4938kcal/kg，厂用电率下降 0.13 个百分点，若增加到设计的 5454kcal/kg，厂用电率下降 0.32 个百分点。河津发电分公司 2×350MW 发电机组入炉煤热值从 4174kcal/kg 增加到设计值 5000kcal/kg，厂用电率下降 0.38 个百分点。根据调研电厂数据分析，入炉煤热值每增加 500kcal/kg，厂用电率下降 0.14~0.19 个百分点。

山西大同第二发电厂 2010 年入炉煤平均热值为 4276kcal/kg，设计入炉煤热值为 5559kcal/kg，实际供电标准煤耗比设计值升高 8.2 gce/（kW·h）。对 600MW 级发电机组，入炉煤热值从 4200kcal/kg 增长到 4500kcal/kg，供电煤耗下降 1.4~1.7 gce/（kW·h）；若入炉煤热值从 4500kcal/kg 增长到 6000kcal/kg，供电煤耗下降 8.5~8.9 gce/（kW·h）。

(3) 水分变化的影响

燃料量水分增加会使锅炉需要的空气量和产生的烟气量增加：总空气量和总烟气量增加，则炉膛中的气流速度增加，使燃料在炉膛内的停留时间下降，烟气量的增加，特别是其中水分比例增加，会使烟气的热容量增加，因而使炉内的温度水平下降。上述作用的结果是化学不完全燃烧损失和机械不完全燃烧损失增加。烟气热容量的增加还会使传递同样热量的温度降低，排烟温度升高、排烟量增大、排烟热损失增大，使锅炉效率下降。锅炉效率的降低会使燃料量进一步增加，与排烟温度相似，热风温度也会上升，同样会影响制粉系统。

当原煤含水量高时，煤的黏度就越大，煤粒与煤粒及煤粒与原煤仓煤斗壁面结合就越紧密，煤的流动性相对减少，制粉系统中堵煤和积煤的概率增大，一旦发生篷煤和堵煤现象必将造成磨煤机单耗上升。原煤含水量高时，在制粉系统运行的情况下，热风温度及通风量一定时，磨煤机出口温度因干燥能力不足而下降。为提高此温度，因受到系统通风量的限制，单一的开大热风调节门效果不明显，最后势必要降低给煤机的出力，以保证磨煤机的干燥出力，从而增加制粉耗电，严重时会使锅炉的出力受到限制。江苏华电扬州发电有限公司的研究数据表明，入炉煤水分从 9.26% 增加到 10.55%，厂用电率增加 0.003 个百分点，变化比较小。

燃料水分增加又使送、引风机电耗增加，磨损增加，沿程阻力、局部阻力损失加大。因为水分增加，总的空气量和总的烟气量增加，送、引风机电耗将增加。

(4) 挥发分变化的影响

在一定范围内挥发分的增加对于提高锅炉效率是有益的，挥发分的高低对于煤的着火性能影响很大。挥发分含量较高的煤种着火温度较低，所需着火热较少，可以迅速燃烧并且燃烧稳定，燃烧热损失较小。挥发分越高的煤种其火焰传播速度越快、越稳定。相反，挥发分较少的煤种其着火温度较高，煤粉进入炉膛后，加热到着火温度所需要的热量较高，时间较长、着火速度较慢，也不容易燃烧完全，煤粉来不及燃烧即排出炉外，飞灰可燃物增加。挥发分每减少 1%，飞灰可燃物增加 0.113%。

(5) 硫分变化的影响

煤中的硫分是煤中的有害物质，燃烧产物主要为 SO_2，同时伴有 SO_3 的形成。其两种硫的氧化物极易与烟气中的水汽结合形成硫酸或者亚硫酸蒸汽并在低温受热面上凝结，严重腐蚀设备。对于一般的煤粉炉，当煤中的含硫量小于 1.5% 时，尾部受热面不会发生明显的堵灰与腐蚀情况，当煤中含硫量达到 1.5%~3.0% 时，如不采取措施锅炉尾部受热面会出现明显的腐蚀和堵灰情况，从而大大缩短空预器的使用寿命，严重影响锅炉安全经济运行。而要杜绝低温腐蚀需要采取提高预热器的进风温度和排烟温度等减轻硫腐蚀，然而采取以上措施必将导致锅炉效率的降低。

燃料中硫分的增加直接增加了脱硫成本，石灰石用量、制浆电耗、浆液循环泵电耗、氧化风机电耗、石膏排放成本也随之增加。在保证脱硫效率一定的前提下，烟气中

SO_2 的增加必将导致净烟气中 SO_2 排放量的增加。

7.1.5　发电企业因燃煤改变而进行的改造情况

7.1.5.1　调研的发电企业因燃煤变化而进行的改造情况

燃料的发热量、灰分、水分和硫分等主要指标与制粉系统和锅炉设备的安全稳定运行密切相关，燃煤质量指标偏离设计指标会对制粉系统和锅炉设备产生一系列不利影响。同时，各地市场煤掺假非常严重，掺入大量的石块和杂物，导致燃料接卸系统故障。为应对煤炭质量变化对设备的不利影响，各电厂不得不针对锅炉燃烧系统、制粉系统、燃料接卸系统投入大量技改资金进行改造，火电企业付出了巨大的代价。

下面是几家调研电厂为应对煤质变化所进行的有关改造情况。

1）湛江发电厂进行制粉系统改造，总投入 6700 万元。实际燃用煤种设计煤种不一致时，对锅炉安全运行的影响极大，改造所需要付出的代价更大。

2）韶关发电厂为进行"W"火焰炉改烧烟煤的改造，每台炉改造费用高达 1 亿元左右。

3）大同第二发电厂投资近 1500 万元对 7#、8#炉磨煤机进行提高出力改造；先后投资近 2000 万元对 6#、7#、8#汽轮机通流部分实施高效化检修和汽封改造，通过改造分别减低机组供电煤耗为 8gce/（kW·h）、6gce/（kW·h）、12gce/（kW·h）；先后投资近 4000 万元对灰场实施改造增大库容（占地 3870 亩）以满足排灰需求；投资近 3 亿元对 1#~6#机组进行脱硫改造；投资近 2.5 亿元对 1#~10#机组进行抽汽供热改造；为节约用水，电厂进行中水工程改造；根据国家宏观调控，2011 年电厂必须进行烟气脱硝工程改造。

4）河津发电分公司燃煤硫分增加，脱硫使煤耗增加 5~6 gce/（kW·h），脱硝也将增加电厂厂用电与煤耗，电厂增加烟气脱硝系统需 5000~6000 万元/台机组。

7.1.5.2　五大电力集团因煤质变化所进行的技改投资情况

2009 年、2010 年我国五大电力集团公司因为煤质变化投入的技改资金巨大，平均每个集团公司分别投入 55 598.4 万元和 82 077.8 万元，五大发电集团公司因煤质变化在发电厂各系统投入技改资金情况如表 7-11 所示。

表 7-11　五大电力集团因煤质变化投入技改资金表　　（单位：万元）

序号	内容	华能集团		大唐集团		国电集团		华电集团		中电投集团	
		2009 年	2010 年	2009 年	2010 年	2009 年	2010 年	2009 年	2010 年	2009 年	2010 年
1	锅炉燃烧系统	11 812	14 407	8 172	9 271	904	2 216	950	1 000	12 465	14 825
2	锅炉制粉系统	22 265	21 438	3 062	—	3 311	7 302	5 500	7 000	3 705	4 653
3	燃料接卸系统	5 713	12 783	4 536	—	7 854	14 222	850	1 000	3 066	3 770
4	燃料输送系统	2 845	3 568	2 369	373	2 593	7 268	1 500	2 100	1 981	2 430
5	脱硫系统	26 555	28 859	15 000	36 320	58 369	74 122	15 000	30 000	31 562	46 000
6	除灰输灰系统	1 611	3 341	7 954	6 912	12 358	16 310	1 000	9 00	3 130	38 000
	总计	70 801	84 395	41 093	52 876	85 389	121 440	24 800	42 000	55 909	109 678

(1) 锅炉燃烧系统

锅炉燃烧系统受煤质变化影响较大的设备主要有燃烧器、受热面等。

燃烧器：由于燃料的挥发分变化，燃烧器效率降低或者烧损，为了适应燃料变化对燃烧器进行改造是必须首先要考虑的，每一层燃烧器改造的费用在 50 万元以上，一台锅炉需要 300 万元以上。

受热面：燃料灰分增加导致锅炉受热面磨损加快，锅炉"四管"泄漏事件发生频繁，受热面管道更换改造时间长、费用大。

(2) 锅炉制粉系统

锅炉制粉系统受煤质变化影响的设备主要有原煤仓、给煤机、磨煤机等。

原煤仓：由于燃料流动性变差，原煤仓中煤炭不能顺利落入给煤机中，导致堵煤、断煤，直接影响锅炉的稳定燃烧。许多发电厂在原煤仓上增加清堵装置，使用中速磨的电厂平均每台机组投资在 100 万元以上。

给煤机、磨煤机：煤炭中大量的石子是造成设备快速磨损的主要原因，维修维护费用大量增加，因企业经营压力，大量维修费用以各种理由列入技改费用，使用中速磨的电厂平均每台机组投资在 300 万元以上，而且是周期性的投资。

煤粉输送管道：同样因为磨损，煤粉管道改造力度更大，各种耐磨煤粉管都有应用，平均费用在 100 万元以上，同样是周期性投资。

(3) 燃料接卸系统

燃料接卸系统由于煤质变差，煤中大石块和杂物增多，破碎清堵装置、除杂物装置大量使用，技改平均费用在 100 万元以上。

(4) 燃料输送系统

燃料输送系统由于煤炭流动性差，产生大量的堵煤现象，特别是在各转运站堵煤现象更为严重，消耗大量人力和物力。为了改变这种被动局面，各单位都投入了大量资金对转运站进行改造，每个转运站的改造费用平均在 50 万元以上。

(5) 脱硫系统

由于煤炭平均含硫量上升，为了达到国家环保排放要求，脱硫系统投入的资金是最大的。特别是，贵州、四川、重庆等地区脱硫系统二次技改投入巨大，给本来就经营困难的火电厂带来了更大的压力。脱硫系统增容改造的平均费用在 1000 万元以上甚至更多。

(6) 除灰输灰系统

煤炭灰分增加，导致的直接结果就是电除尘效率下降和输灰系统出力满足不了要求，粉尘排放超标。

电除尘：主要进行电袋改造和增加电场改造，提高除尘效率；600MW 机组改造费用平均在 3000 万元以上。

输灰系统：灰量大是输灰系统需要解决的主要问题，增大输送罐和增加管道输送能力是技改投入主要考虑的解决方案，平均改造费用在 200 万元以上。

（7）燃煤变化影响数据分析

电站锅炉及辅机的选型均须适应燃用煤种的煤质特性及现行规定中的煤质允许变化范围。而对于具体项目，锅炉和辅机的选型又应该是针对其煤质条件而量身定做的。锅炉实际燃用的煤质与原设计和校核煤种有较大的差别时，锅炉及辅机将偏离设计值，影响机组运行的可靠性和经济性，严重时甚至影响机组运行的安全性。

煤质变化对电厂运行经济性的影响体现在电厂供电煤耗的变化和相关技改费用的增加。供电煤耗与发电煤耗与厂用电率有关，由于电厂来煤质量参差，以及电厂可承受的煤炭价格有限，目前电厂实际燃用煤质大多比设计煤种发热量低，相应的灰分或水分有所增加，使得锅炉效率下降。同时煤质变差后，输煤、除灰、脱硫、制粉系统等的厂用电率增加。以典型的晋北烟煤（收到基低位发热量为 5367kcal/kg，全水分为 9.61%，灰分为 19.77%）为基准，参考图 7-1 ~ 图 7-3 的效率进行测算，并与实际调研数据比对，煤质变化后对电厂供电煤耗的变化趋势见表 7-12。

表 7-12　煤质变化与供电煤耗关系表

项目	单位	煤质 1	基准煤	煤质 2	煤质 3	煤质 4
煤质发热量	kcal/kg	5617	5367	5117	4867	4617
煤质发热量变化值	kcal/kg	+250	基准	−250	−500	−750
估算对锅炉效率的影响	%	+0.26	基准	−0.29	−0.64	−1.01
估算对厂用电率的影响	%	−0.06	基准	+0.07	+0.14	+0.23
估算对额定工况发电煤耗的影响	gce/（kW·h）	−0.79	基准	+0.91	+1.99	+3.14
估算对年均供电煤耗的影响	gce/（kW·h）	−1.06	基准	+1.23	+2.69	+4.26

拟合出的煤质变化与供电煤耗关系曲线如图 7-8 所示。

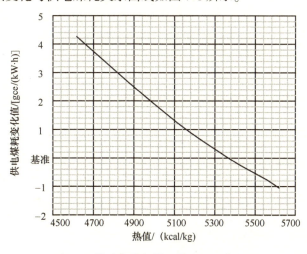

图 7-8　煤质变化与供电煤耗关系曲线图

需要说明的是，不同的电厂建设条件和基准煤质，煤质对供电煤耗变化的具体数据也不同。表 7-12 及图 7-8 的曲线仅表示煤质变化对年均供电煤耗的影响趋势，具体工程的数据应根据不同电厂建设情况核算。

此外，煤质变差后，相关的输煤、除灰、脱硫、制粉系统等均受到影响，往往需进行一定的改造，煤质变化过大时，还会引起锅炉燃烧器、受热面的改造。从调研情况看，五大发电公司与煤质变化有关的年技改费用平均投入为 82 078 万元，折合 2.31 元/kW。按照 2010 年全国火电装机容量 7.1 亿 kW 计算，相当于全国因与煤质变化有关的年技改费用投入为 16.2 亿元。

7.2　国外电厂燃煤供应情况分析

7.2.1　国外发电公司燃煤供应情况介绍

7.2.1.1　德国四大发电公司

德国作为发达的西方国家，在欧洲的社会经济发展中具有一定的代表性。德国的大型电力公司经过市场经济长时间的磨砺，各方面都已经形成体系、发展模式逐步走向成熟，在稳定电厂燃煤供应方面积累了大量的经验、有一套行之有效的应对策略。学习和借鉴德国大型电力公司成熟的经验和做法，对我国发电公司十分有益，对决策部门也是重要参考。

德国国内共有四家大型电力公司，原来火力发电的燃料主要为德国本土烟煤，基本都是签订长期供煤合同，合同期可以达到二三十年，可以保证电厂燃煤的稳定供应。这种情况在 20 世纪 90 年代被打破，随着世界经济的迅猛发展和能源紧张程度的不断加剧，德国本土烟煤已经不能满足德国电力公司电厂燃煤供应的需求，迫使德国电力公司不得不到国际市场寻找煤源，如南非、哥伦比亚等，现在德国电力公司燃煤当中大部分为进口煤，本土烟煤的比例已经降至 50% 以下。

进口燃煤的燃烧特性与原德国本土烟煤相差很大，对发电机组的安全性、可靠性和经济性等方面造成了很大的影响。为了应对由于煤质变化带来的不利影响，德国四家大型电力公司相继组建了专门的燃料管理部门，构建起燃料管理体系，积极采取应对策略稳定燃煤供应。

德国电力公司的燃料管理部门是独立的燃料管理机构，负责全公司燃料的统一采购、调配、调度、供应等方面的管理，利用公司的燃料管理体系，保障不会因运输、煤源变化等因素影响中断供煤。部门内部设有研究中心，专门负责采购燃煤的煤质研究、建立公司煤质数据库、平衡全公司所有机组燃煤的煤质，针对每台锅炉研究确定各种燃煤的掺烧方案，制定掺烧比例标准，实现燃料效益的整体最大化。

目前，德国电力公司的燃煤大部分是海外进口的各种复杂煤质，少部分是德国本土烟煤，同时用国际煤炭期货市场进行调节，可以保证电厂燃煤的稳定供应。

7.2.1.2　日本 J-POWER 公司

日本是个群岛国家，四面环海、经济发达、资源匮乏，日本国内没有石油、天然

气、煤炭等能源资源，社会经济发展所需能源全面依靠进口，因此稳定的能源资源供给
对日本的社会经济发展至关重要。

J-POWER 公司是日本十大电力公司之一，拥有 7 个燃煤火电厂，均沿海分布，装
机容量为 8412MW，年销售额为 3500 亿日元，占公司总销售额的 60%。J-POWER 公司
在日本的电力公司当中具有代表性，分析研究 J-POWER 公司燃煤供应情况对我国各发
电公司具有一定的借鉴意义。

J-POWER 公司的燃煤全部来自海外，主要是澳大利亚煤，也有少部分来自印度尼
西亚、南非、中国等地的煤炭。燃煤采购合同多样化，有 10 年及以上的长期合同、2~
3 年的短期合同和当年的现货合同等。J-POWER 公司的燃煤合同中大部分为长期合同，
合同签订后，双方每年在 3 月之前协商一次，确定当年的煤炭价格。合同价格与发送煤
炭港口的价格指数相挂钩，进行联动。燃煤价格的变动，又通过日本国内的"燃料费调
整制度"迅速转移到电力终端消费者，确保稳定的煤源供应。

日本的电力公司从几十年前就开始在世界范围采购煤炭，已经有丰富的经验，对贸
易风险、各种不可抗力的影响都非常了解，对于如何规避风险、控制风险有着成熟的经
验和可行的预案。

近年来，国际煤炭资源供应日益紧张，煤炭价格也变化较大，为了确保电厂燃煤的
连续和稳定供应，J-POWER 公司逐步涉足煤炭行业，在澳大利亚已经参股 4 座煤矿。
J-POWER公司参股煤矿最大的目的不是为了开采煤炭的利润，而是成为煤矿的股东获得
采购煤炭的优先权，确保电厂燃煤的供应，由此可见稳定的煤炭供应对日本电力公司至
关重要。

公司签订煤炭采购合同均为卖方国家港口的装船价，运输由 J-POWER 公司自己承
担。J-POWER 公司长期租赁电煤运输船队，电厂燃煤可以直接船运至电厂附近码头。

J-POWER 公司设有专业的燃料管理机构，由三十多人的团队组成，负责公司电厂
燃煤商务和技术的全面管理。日本的环保要求比较严格，电厂燃煤都是低硫煤，热值都
在 6000kcal 以上。目前由于国际煤炭市场供应紧张情况的加剧，J-POWER 公司准备研
究降低一些效率，加入 10% 的混煤进行掺烧，同时也在考虑其他的一些应对措施。

7.2.1.3　美国电力公司

美国电力公司的燃煤主要来自国内。美国煤炭储藏量充裕，运输业发达，没有煤炭
运输瓶颈。煤炭行业和电力行业均高度市场化。美国通过稳定国内煤炭市场供应和价
格，控制了电价的大幅波动。在经济发展周期的不同阶段中，美国煤电市场和电价基本
保持稳定。

（1）有效的电煤交易机制

较为合理的煤电市场结构和有效的电煤交易机制促进了美国煤炭市场的稳定发展，
丰富的交易品种为提高煤炭交易的效率创造了条件。

为了保证煤炭市场的平稳运行，美国制定了标准的煤炭交易合同，供需双方只有签
订标准的煤炭交易合同才能进行交易。在交易时，供需双方必须遵守管理规定，煤炭交
易市场还会对参加交易的企业进行信用等级评定。

（2）多种可供选择的煤炭交易品种

根据合同周期的不同，美国煤炭市场的煤炭交易可分为不同的品种，包括现货市场、短期合同和长期合同交易。

1）现货市场。在美国东部地区内存在大量煤炭供应商，有不同质量的煤炭供应可供选择，灵活性高，电力公司在订购煤炭的同时确定运输工具和计划，并与铁路方面和船舶公司制定各种运输协议。在这些地区，开展煤炭现货市场交易是一种经济的选择。

2）短期合同市场。在美国存在一定量煤炭供应商、煤炭供应弹性高的地区，交易时有多种选择，多个电力公司可选择性购买煤炭，铁路运输存在两种及以上的不同路径，在这种情况下，煤、电企业一般采用短期合同交易。

3）长期合同市场。若电厂只能从一个或两个特定的煤矿获得煤炭供应，并依赖一条或者两条铁路运输煤炭，一般采用长期合同交易。在某一地区，短期内来自其他煤矿的煤炭非常有限，发电企业和煤炭企业之间一般签订超过五年的长期供货合同，以控制煤炭价格变动，减少价格风险。

（3）煤电一体化

煤电一体化是美国西部煤矿广泛采用的一种运营机制。煤电一体化可保证煤炭企业有计划地组织生产，并可促进投资得到有效利用。发电企业通过加强与煤矿的协调，利用先进技术提高煤炭产量和质量，制定开采规划等，满足电厂对煤炭的需求，有利于降低发电成本，提高企业效益。

（4）建设坑口电厂

建设坑口电厂的好处是能最大限度地降低燃料运输成本；煤矿生产的煤炭就近供应坑口电厂，坑口电厂发出的电能通过大容量输电线路输往负荷中心。在良好的煤炭市场环境下，坑口电厂运行经济效果很好。

7.2.1.4 其他国家发电公司

南非本身煤炭资源丰富，主要依赖燃煤发电。南非主要电厂均建在煤矿的坑口，几乎不存在煤炭运输的瓶颈问题。当出现煤价上涨情况，电力公司不能自行调整电价，要经过电力监管部门的批准才可以。

英国电力供应价格完全由市场调节。英国有关监管部门对电力价格既不定价，也不规定最高价格限额。英国煤炭市场与电力市场是各自独立的市场，煤炭供应价格与电力价格同样完全由市场来决定。决定某个电厂电价的因素包括煤炭价格、运输成本、环保投入、人员费用等。

澳大利亚、印度尼西亚等国发电公司均签订长期供煤合同，以保证煤炭的稳定供应。其中，印度尼西亚在项目启动初期就与印度尼西亚国家电力公司（PLN）签署有关电价结算办法的PPA协议。在PPA协议中，明确在电厂运行结算期间装机容量购买价、能源购买价的结算办法，以及各种市场波动情况下购买价的调整办法。根据PPA协议，上网电价采取两部制电价模式，分为容量电价和电量电价两部分。容量电价指净可靠装机容量购买价，包括电价 A 和电价 B 两部分。电量电价指净电力输出付款，即能源购买价，包括电价 C 和电价 D 两部分。容量电价决定投资收益，印度尼西亚两部制电价构成中容量电价包含投资回收和固定的运营维护费（即电价 A 和部分电价 B）。容量电价取决于机组的净出力和可用率，即与机组健康水平、运行可靠性水平紧密相关；与实际发电量和年利用小时数没有直接关联。如果实际可用率不能完成计划值，根据签订的 PPA 协议，部分电价 A 将被扣罚。

7.2.2 其他地区长期供煤合同主要条款介绍

针对其他地区发电公司调研分析发现，大部分发电公司均签订长期供煤合同，以保证燃煤供应问题。长期供煤合同条款通常包括品质条款、数量条款、价格条款、支付条款、违约条款、不可抗力条款等几个方面。下面结合发电集团在印度尼西亚、俄罗斯、澳大利亚、中国香港签订的长期供煤合同分析其主要条款。

7.2.2.1 品质条款

品质条款的基本内容主要包括煤炭的品名、等级、标准、规格等。同时对品质机动幅度做出约定，允许卖方交货的品质与合同要求略有不同，但超出机动幅度范围，买方就有权拒收。

(1) 印度尼西亚

合同约定交付的煤炭质量符合根据国际标准化组织（ISO）标准所确定的以下规格（表 7-13），并且不得含有任何可能会对卸输煤设施、煤炭制粉系统及燃煤设备等造成意外损坏的物质。

表 7-13 国际标准化组织煤炭质量标准

参数	保证值	拒收
全水分（收到基）/%	≤18	—
灰分（空干基）/%	≤12	—
挥发分（空干基）/%	≤45	—
含硫量（收到基）/%	≤1	>1.2
收到基低位发热量/（kcal/kg）	≥5500	<5000
哈氏可磨系数（HGI）	≥45	—
粒度/mm	0~50	—

煤炭的实际质量以通用公证行（SGS）在装船地点取样并化验后出具的质量证明为准。若 SGS 的质量证明无法按合同质量标准项目提供，或双方中任一方若对 SGS 的质量证明有异议，可于接到 SGS 证明后书面通知另一方共同委托具有资质的化验机构复检，所需费用由提出异议方负责。若复检与商检发热量偏差小于 100kcal/kg，则以原检结果为验收计价依据；若复检发热量偏差大于或等于 100kcal/kg，则以复检结果作为验收结算依据。

复检费用应由提出复检的一方负担。

(2) 俄罗斯

合同中约定的煤炭质量标准和计价标准见表 7-14 和表 7-15。

表 7-14　合同约定的煤炭品种与质量标准

煤种	低位发热量 $Q_{net,ar}$ /（kcal/kg）	硫分 $S_{t,ad}$/%	粒度/mm	全水 M_t	灰分 A_{ar}	挥发分 V_{ad}
俄罗斯煤	5 500	0.8	0~50	15%	9%	25%~38%

表 7-15　合同约定的质量计价标准

煤种	收到基低位发热量 $Q_{net,ar}$ /（kcal/kg）	硫分 $S_{t,ad}$/%
俄罗斯煤	$Q_{net,ar}$>5500 每增加 1 奖励 0.145 元/t； $Q_{net,ar}$<5500 每降低 1 扣罚 0.145 元/t	价格不做调整

合同约定的拒收条款包括：

1）低位发热量 $Q_{net,ar}$<5200；

2）全水 M_t>16%；

3）灰分 A_{ar}>15%；

4）硫分 $S_{t,ar}$>1%；

5）挥发分 V_{ar}<25%或>38%；

6）粒度>150mm；

7）如卖方收到煤炭质量指标任意一项达到上述质量指标拒收范围，卖方有权拒收煤炭。

(3) 澳大利亚

合同中约定的煤炭质量标准见表 7-16。

表 7-16　澳大利亚煤炭质量标准表

参数			单位	规格
近似检验	高位热值（空干基）	GCV	kcal/kg	
	全水（收到基）	TM	%	
	灰分（空干基）	Ash	%	
	挥发分（空干基）	VM	%	
	固定炭（空干基）	FC	%	
	内水（空干基）	IM	%	
	硫分（空干基）	TS	%	
最终检验	碳（干燥无灰基）	C	%	
	氢（干燥无灰基）	H	%	
	氧（干燥无灰基）	O	%	
	氮（干燥无灰基）	N	%	
	硫（干燥无灰基）	S	%	

参数			单位	规格
灰熔点温度	哈氏可磨性指数（指数点）	HGI	—	
	T1 初始变形温度，ID	IDT	℃	
	软化温度，ST（H-W）	ST	℃	
	半球温度，HT（H-1/2W）	HT	℃	
	流体	FT	℃	
颗粒大小	>50mm		%	
颗粒度	<2mm		%	
灰分检验	SiO_2（干基）		%	
	Al_2O_3（干基）		%	
	Fe_2O_3（干基）		%	
	CaO（干基）		%	
	MgO（干基）		%	
	TiO_2（干基）		%	
	Na_2O（干基）		%	
	K_2O（干基）		%	
	Mn_3O_4（干基）		%	
	P_2O_5（干基）		%	
	灰分检验（干基）		%	
	SO_3（干基）		%	

（4）中国香港

合同中约定的煤炭质量标准见表 7-17。

表 7-17　中国香港煤炭质量标准表

项目	标准值	最大值/最小值
总发热值		
总水分		
内部水分		
灰分含量（空干基）		
硫总量（空干基）		
挥发性物质（空干基）		
尺寸		
哈氏可磨性指数（HGI）		
……		
……		

7.2.2.2 数量条款

数量条款的基本内容主要包括煤炭的交货数量和使用的数量单位。

（1）印度尼西亚

煤炭总数量约为××t，以合同最后执行的数量为准。

第一船煤炭数量为××万 t，每次装船数量（包括第一船）允许浮动±5%，以实际装船数量为准。

煤炭的实际重量为 SGS 在装船地点检测船舶水尺计算的实载重量。

（2）俄罗斯

数量××万 t，数量验收以卸货港船舶检测水尺计算实载数量作为验收数量。

质量验收以卸货港出入境检验检疫局出具的检查报告为准。

（3）澳大利亚

在正常供煤期内每一年的 180 天之前，买方向卖方发出交货通知，宣布该年度预计交付的煤量，该预计交付量最少为××万 t，最多为××万 t（年度计划煤量）；以及将年度计划煤量平均分为四个季度，并明确该年度每个季度预计交付的煤量（季度计划煤量）。

（4）中国香港

卖方指定独立检验机构依照国际通行方法在装货港进行水尺测量以确定每批发运货物的数量，并承担其费用。该机构发布重量证书。其结果作为提单数量的基础且是终局性的并对双方有约束力。

7.2.2.3 价格条款

价格条款的基本内容主要包括单价和总价，其中单价包括计量单位、单位价格、计价货币、价格术语四项内容。

（1）印度尼西亚

印度尼西亚装港离岸价（FOB）= ××美元/t，计价标准为收到基低位热值 5500kcal/kg。

热值调整：当在装港的收到基低位发热量为 5550 执行基准价格美元/t，如果高于 5550kcal/kg 或者低于 5450kcal/kg，按照每增减 100kcal/kg，价格增加或减少 1.5 美元/t。如增减量不足 100kcal/kg 时，按照相应比例计算。当发热量 $Q_{net,ar}$ <5000kcal/kg 时，买方有权拒收。

含硫量调整：当含硫量 $S_{t,ar}$ >1%时，每升高 0.01%减价 0.02 美元/t。当含硫量 $S_{t,ar}$ >1.2%时，买方有权拒收。

(2) 俄罗斯

结算价格（到岸一票含税） = 到岸基本价 + 质量调整价。

到岸基本价：质量符合标准的到岸基本价；一票含税到岸基本价×××元/t。

(3) 澳大利亚

合同约定每一船煤炭的标准煤炭价格应按照以下基准价格调整公式进行计算：

$$CP_{in} = BCP_{yn} \times (CV/CVRef) \times [(100\% - TM) / (100\% - TMRef)]$$

其中：

CP_{in} = 第 i 日历年的第 i 船煤的煤炭价格（"n"指合同期内的日历年）；

BCP_{yn} = 第 n 日历年的基准价格；

CV = 保证热值（空干基，单位为 kcal/kg）；

$CVRef$（空干基，单位为 kcal/kg） = 6700；

TM = 保证全水值；

$TMRef$（收到基） = 8%。

基准价格的确定为煤炭的每公吨基准价格，应根据当前年度前的 4 个日历年煤炭报告确定指数价格确定。

(4) 中国香港

商业发票额的单位价格的计算应该按照以下公式进行调整：

发票单位价格 = 基本价格×（实际发热值 GAR/约定发热值）

7.2.2.4　支付条款

支付条款的基本内容主要包括支付时间、支付方式和支付金额。

(1) 印度尼西亚

每船货物（包括第一船）的货款通过不可撤销不可转让的信用证支付，信用证的金额按照合同条款的价格调整条款自动增加或减少。

合同签订后，卖方将通过其银行开出以买方为受益人的履约保函，履约保函的金额为每次装船（包括第一船货物）总价的 2% 计算。

买方应当在收到履约保函后的 7 个工作日内向卖方开立以卖方为受益人的、不可撤销的、不可转让的即期信用证。信用证总金额为每批发船货物数量的 100% 金额及合同允许溢短装的 5% 的金额。

(2) 俄罗斯

卖方数量、质量检验合格后一次支付全部煤炭款。

(3) 澳大利亚

买方通过规定的信用证方式向卖方支付煤炭款。买方应在一家买方和卖方接受的一流的主要国际商业银行开具一张以卖方为受益人的美元计价即期不可撤销信用证（"L/C"），其金额足以能够支付该船货物（在数量上可以有$+/-*\%$的公差）的价值。信用证应允许因质量调整产生的超支和不足支付。

（4）中国香港

买方或买方代理人在合同订立日后七（7）日内开立一个不可撤销的即期信用证。该信用证金额应为根据本合同将装运的煤炭量总价的100%，包括卖方可以根据本合同行使的上浮10%发货数量的价款。信用证应由已得到卖方同意的一流国际银行开出。卖方应将发票原件、质量证书、重量证书、原产地证书等单据交给议付行。

7.2.2.5 违约条款

违约条款的基本内容主要包括索赔条款和罚金条款。索赔条款的主要内容为一方违约，对方有权提出索赔，包括索赔依据、索赔期限。罚金条款的主要内容为当一方违约时，应向对方支付一定数额的约定罚金，以弥补对方的损失。

（1）印度尼西亚

买卖双方对执行合同的一切争议，应先通过友好协商解决，如协商未果，由中国国际经济贸易仲裁委员会裁决。仲裁地点在中国北京，仲裁程序应以中文进行。

（2）俄罗斯

履约权利与责任：

1）买方在船舶到达卸港前要向卖方提供货物的产地证明、货物提单以及装港质量报告。

2）船舶及船员必须遵守卖方国家相关法律、及卖方相关制度。

3）在合同执行过程中，甲乙双方均有权对本合同提出书面修改意见，对此买、卖双方应本着相互理解合作的精神进行协商，在双方未就修改意见达成一致及制作书面文件之前，提出的修改意见不得视为成立。

4）一旦双方就修改意见达成一致，应以补充协议形式双方盖章确认，视为本合同有效组成部分。

违约责任。

5）买方应保证将约定质量和数量的煤炭运至本合同所规定的地点交付。如煤炭未能如期交付，或所提供的煤炭质量或数量与本合同规定不符，卖方有权要求买方承担由此给卖方造成的经济损失。

6）因买方煤炭中掺杂异物造成××电厂卸煤设备事故的直接经济损失由买方承担。

（3）澳大利亚

买方对卖方违约可以行使的权利：

买方可以按照合同的规定从卖方之外的煤炭供应商处购买煤炭且风险和费用由卖方承担；或者解除本协议，并就卖方的违约兑现相应的保函，作为对买方因此等违约和协议解除的赔偿。

卖方对买方违约可以行使的权利：

一旦出现买方违约事件并且在其后的任何时间内此等违约事件一直持续并且没有被补救，卖方可以自行决定解除本协议，并就买方的违约兑现相应的保函。一旦解除本协议，双方应不再有义务履行合同的义务。

（4）中国香港

自煤在装运港越过船舷之时，煤的风险或损失即从卖方平稳地转向买方。自卖方足额收到发票中的金额时起，煤的所有权转至买方。

7.2.2.6　不可抗力条款

不可抗力条款的基本内容如下所述。

不可抗力事故的范围：一类是由于自然力量所引起的，如地震、海啸、台风等；另一类是由于社会力量所引起的，如战争、罢工、政府禁令等。

不可抗力的法律后果，主要表现为解除合同、免除部分责任、延迟履行合同。

因不可抗力事件而不能履行合同的一方当事人应承担的义务，包括及时通知义务，提供证明义务。

（1）印度尼西亚

在任何合同履行期间内，如果任何一方因战争、对抗、军事行动、全民暴动或暴乱、检疫限制、政府干涉、火灾、洪水、煤气爆炸、传染病、罢工或其他劳动冲突、禁运等原因而不能履行相应的部分或全部的义务，那么履行义务的时限将顺延直至情况改变。

任何交付或货物的部分放弃/时间顺延都将不能被视为其余部分的同样放弃/时间顺延。如果影响情况持续超过 3 个月，任何一方有权以书面通知终止本合同，那么任何一方都不能要求相关的损失赔偿。因合同中所提及的原因而不能履行合同义务的一方必须在情况发生后 15 天内将情况告之另一方。由买方或卖方国家的任何主管当局或商会根据实际情况做出的证明将被作为不可抗力存在和时间顺延的依据。未交付的矿物将不能视为卖方未履行合同中的义务。

不可抗力发生后，受不可抗力事件影响的一方当事人应立即尽一切合理努力采取措施，消除影响，减少损失。

（2）俄罗斯

如在双方履行合同期间及区域内因发生不可抗力（如战争、封锁、骚乱、沉船、铁路或电网崩溃、电站垮塌等及航道阻塞以及火灾、水灾、恶劣天气等自然灾害）使合同无法正常履行时，甲乙双方均无须对不能正常履行合同负责。

发生不可抗力后，不能正常履行合同的一方应在第一时间将详情通知对方，并有义务尽量将损失降到最低。不能履行合同的一方需向另一方提供相关部门颁发的事故证明。

不可抗力解除后，对是否延期履行、部分履行或取消履行本合同，双方应本着相互谅解、互惠互利原则协商确定。

（3）澳大利亚

在买方遭受不可抗力事件（包括其影响）期间，在按照合同规定发出通知的前提下，买方无义务接受本应交付的煤炭，也无需为该煤炭支付本应支付的款项。在该事件期间，买方保留其做出以下选择的权利：拒绝接受交付的煤炭；或在不可抗力事件（包括其影响）期间推迟该等煤炭的交付。

在卖方遭受不可抗力事件（包括其影响）期间，买方应有权从任何其他供应商、承包商或货源（包括现货市场）订货，并有权购买并接受可能在卖方遭受的不可抗力事件结束后交付的上述订购煤炭。买方订购的、并在不可抗力事件期间或结束后交付的任何该等煤炭，应以公吨为单位，减少买方最小购买量的义务，直至从卖方以外的其他人订购的煤炭全部交付完毕。

（4）中国香港

若部分或全部因不可抗力事件而使得任何一方未能或迟延履行合同的义务，不应视为对本合同违约。但是受影响的一方有义务应采取合理措施减轻不可抗力后果，以便尽快恢复义务的履行。

如果不可抗力事件可能会发生或能够遇见，受影响的一方应立即以书面形式通知对方。一旦遇到不可抗力事件，受影响一方应立即通知对方，并且在一个工作日内以书面通知形式作确认，通知应具体描述不可抗力事件和预计的持续时间。受影响一方应在不可抗力时间发生之日起 15 日内向对方提供证据文件，包括相关的政府文件。

7.2.3　国外煤电联动机制

7.2.3.1　日本

日本发电企业严重依赖国外燃料的进口，燃料进口价格变动对十大电力公司经营业绩有着巨大的影响。为了使电力收费能够迅速反映燃料价格、汇率变动等情况，日本从 1996 年开始实行"燃料费调整制度"。

用户电价每 3 个月进行一次自动调整，以海关统计所公布的上上季度各种燃料进口价格 3 个月平均值为依据，计算的销售电价变动幅度超过 5% 时进行调整。

无论燃料进口价格变动幅度多大，销售电价一次调整的上限为原销售电价水平的 50%，以防止供电价格过度波动。

燃料费调整在用户电价中以燃料费调整额［0.01 日元/（kW·h）］的形式反映。下面以东京电力公司为例介绍核定燃料费调整额的方法：

$$燃料费调整额 = （燃料实际平均价格 - 标准燃料价格）× 标准电力单价 ÷ 1000$$

式中，标准燃料价格规定为 42 700 日元/千升，标准电力单价为燃料平均价格变动 1000 日元/千升时的燃料费调整额。对于低压、高压及特高压用户，分别为 0.190、0.185、0.182 日元/（kW·h）。燃料实际平均价格按下式确定：

$$发电燃料实际平均价格 = A×α + B×β + C×γ$$

式中，A、B、C 分别为按季度平均计算的每千升原油价格、每吨液化天然气价格，每吨煤炭价格；α、β、γ 是各种燃料的平均价格换算成原油平均价格的系数，分别为 0.2782、0.3996、0.2239。当燃料实际平均价格为 40 600~44 800 日元/千升时，燃料费不调整。当燃料实际平均价格为 44 800~64 100 日元/千升时，燃料费调整额为正数；当燃料实际平均价格高于 64 100 日元/千升时，均按 64 100 日元/千升调整；当实际燃料价格低于 40 600 日元/千升时，燃料费调整额为负数。

日本各供电公司核定燃料费调整额的方法基本相同，但由于各公司各种发电燃料使用的比重和燃料进价不同，因此每季度的燃料调整额度不同。

7.2.3.2　美国

美国自 20 世纪 80 年代末开始实施发电竞价上网，发电竞价上网前后电价与燃料价格的协调机制不同。

发电竞价上网前，发电企业上网电价与用户电费均在基价之外单独设立燃料调整费。用户燃料调整费用与电厂燃料调整费用联动，当电厂燃料价格变动时，电厂自动调整与电网结算的燃料调整费用标准，电网则相应调整用户电费单中的燃料调整费。电厂燃料增支可以全部通过电价转移出去，联动周期最短为 1 个月，政府对电厂采购燃料的原始单据进行审计，发现有弄虚作假的将进行严厉惩罚。

发电竞价上网后，煤等主要发电燃料价格的变动向发电价的传导主要依靠市场力量实现。输电价由政府按电网输电服务的成本定价，不受发电燃料价格变动影响。用户销售电价中，一些电力公司设置燃料调整费，反映发电燃料价格的变动对电价的影响，如田纳西州 TVA 电力公司，经营发电与售电业务，用户销售电价中设置因燃料价格变动引起的电费调整额度。TVA 电力公司预测下月其所辖发电厂的煤、天然气等直接燃料成本，其他与燃料相关的成本，以及从其他发电商购电的成本的变化，确定电费调整额度，将单位电量的电费调整额度向用户公布，并在下月实施。若下月实际执行时，燃料成本的变化高于（低于）预测值，则收取的燃料调整费与供电公司燃料调整费的实际需求存在缺口（盈余），这部分金额在下下月的燃料调整费核算中相应补收（扣减）。

7.2.3.3　南非

南非，煤电价格联动需经政府审批。南非的电价机制中，明确提出燃料成本变动情况下的电价调整机制。该调整机制建立在成本核算基础之上。对于煤炭，如果煤价变动，偏离政府核定电价时采用的煤价（基准煤炭成本），南非国营电力公司则可按照下式重新核算定价的发电燃料成本：

$$发电燃料成本 = a \times 实际煤炭成本 + (1-a) \times 基准煤炭成本$$

a 取值范围为 0~1，反映南非国营电力公司与用户分担的风险权重。

如果煤炭价格上涨，南非国营电力公司可向电力监管部门提出调价申请，电价的变动最终由政府决定。

在南非，电力企业可参与煤炭开发，或通过与煤炭供应商签订长期合同，抑制煤炭价格大幅度波动，减轻电价压力。南非国营电力公司签约投资参与煤矿的建设以保障煤炭供应，其九家大型火电厂与煤炭公司签订了对自己有利的长期供煤合同——固定价格合同，煤矿以预定的价格向电厂供煤。

7.2.4　国外电厂燃煤稳定供应经验对我国的启示

7.2.4.1　建立电力与煤炭企业长期合同管理机制

根据国外经验，建立电力企业与煤企业的长期合同管理机制是维持稳定的电煤供应的关键。以美国为例，美国煤矿和电厂签订的煤炭购销合同，基本上是长期合同，其中，10 年期合同占 39%，11~30 年期合同占 32%，30 年以上期合同占 29%。

为保证电煤长期合同交易执行，需要在政府严格的监管下，完善相关法律法规，营造严格执行煤电长期合同的法律环境，同时开展电煤企业的信用评级，在鼓励企业采用法律手段维护合同严肃性的同时，由政府对信用度差的企业给予处罚。

7.2.4.2　改善煤电企业市场运营体制

参照美国的煤电市场运营机制，解决我国煤电困局的关键在于建立配套的煤电运营体制，即改变目前的"市场煤"、"计划电"的局面。

我国煤炭市场实行的是开放的市场机制。煤炭企业的改革和发展，是要进一步建立一个开放的煤炭市场，促进煤炭合理有效的经营和交易，形成较先进的调控体系。而电力行业仍由政府监管，发电上网电价和终端销售电价均由政府审批，由此形成目前的"市场煤"和"计划电"的矛盾。煤炭的价格上涨，不能有效及时地向电价传递，致使发电企业亏损。

7.2.4.3　实行煤电一体化

参照国外经验，根据我国煤炭分布不平衡、电煤运输瓶颈等问题，建立煤电一体化经营模式，有利于维护国家能源安全、资源高效利用、多方利益平衡以及煤电企业协调发展。具体形式可以采用煤电企业相互参股，电力企业和煤炭企业通过资产重组组成大型煤电联营集团，电力企业兼并或独立开发煤矿。

7.2.4.4　建设坑口电厂

参照国外经验，坑口电厂建设优先，应是我国在燃煤电厂发展中始终坚持的规划原则，它有利于资源的科学合理流动、解决运输瓶颈，对资源分布极不平衡的中国来说具有重大战略意义。特别是，我国目前特高压输电技术已居世界领先地位，应当大力发展，实现更大范围内的资源优化配置。

7.3　中国电厂燃煤稳定供应策略分析

7.3.1　建立长期供煤合同管理机制

7.3.1.1　长期合同的必要性和可行性

煤炭和电力行业作为国民经济的基础产业，承载着国家能源安全稳定供应的重要使命。由于煤炭在我国一次能源中的主导地位在相当长的时间内不会改变，这决定我国电源结构中煤电仍占主导地位。我国现在有 50%~60% 的煤炭用于发电，随着国民经济的发展和电力工业的发展，这一比例还会不断提高。从本书的分析可以看出，电厂用煤的数量和质量保障，直接影响电厂运行的安全性、可靠性和经济性，影响全社会的发展和安定。因此，在作为能源产业链上下游的煤炭企业与发电企业之间，建立具有法律约束力的长期供煤合同管理机制，是市场经济条件下，保障电力安全稳定供应和煤炭科学发展的必然选择。

煤矿与电厂签订具有法律约束力的长期的供煤合同，不仅对保障国家的能源安全具有重要的作用，同时对煤炭企业和电力企业都是有利的。电力企业可以得到数量和质量有保障的煤炭供应，保障电厂的安全、经济运行；煤炭企业可以得到长期稳定的大客户订单，可以按照订单的数量组织生产和扩大再生产，有利于煤炭企业的规模化、集约化发展，有利于企业内部挖潜和产业升级改造，还有利于抑制小煤矿的无序竞争。同时，可以减少销售流通环节的费用支出。煤炭、电力企业对签订长期供煤合同的好处，是有共识的，但关键的问题是在合同有效期间，供煤的价格如何调整，往往不能达成一致，致使长期供煤合同难以签订或半途夭折。

众所周知，任何商品的价格都会随着市场的供需平衡发生波动，对于动力用煤而言，它的价格也是会不断变化的，在这一点上供需双方都是认可的，但未来十几年甚至几十年的价格是多少，谁都无法预测。因此，要使长期的供煤合同可以成立并得以延续，供需双方必须对煤炭的价格调整办法取得共识，这是维持长期供煤合同生命的关键。

我国已经建立了市场经济体系，也逐渐地融入了国际市场体系。国际上一次能源产品的价格对于我国的一次能源产品价格同样会产生影响。因此，建立我国动力用煤炭的价格指数体系和调整机制，是保证煤矿与电厂签订具有法律约束力长期的供煤合同的基础，就这一问题本书在后面专门进行论述。

7.3.1.2　中国长期供煤合同的重点条款

借鉴国外长期供煤合同情况，建议中国长期供煤合同重点条款主要包括品质条款、数量条款、价格条款、支付条款、违约条款、不可抗力条款等。推荐主要条款内容如下所述。

(1) 品质条款

合同约定，煤炭质量应符合根据 ISO 标准所确定的以下规格（表 7-18），并且不得含有任何可能会对卸输煤设施、煤炭制粉系统及燃煤设备等造成意外损坏的物质。

表 7-18　国际标准化组织煤炭质量标准

参数	保证值	拒收
全水分（收到基）		
灰分（空干基）		
挥发分（空干基）		
含硫量（收到基）		
收到基低位发热量		
哈氏可磨系数（HGI）		
粒度/mm		

（2）数量条款

合同约定，在正常供煤期内每一年的年度计划煤量，合同明确预计交付量最少为××万t，最多为××万t（年度计划煤量）；以及将年度计划煤量平均分为四个季度，并明确该年度每个季度预计交付的煤量（季度计划煤量）。

（3）燃煤品质价格调整条款

合同约定，每一批次煤炭的标准煤炭价格应按照以下基准价格调整公式进行计算：

$$CP_{in} = BCP_{yn} \times (CV/CVRef) \times [(100\% - TM) / (100\% - TMRef)]$$

式中，CP_{in}＝n日历年的第i批次的煤炭价格（"n"指合同期内的日历年）；BCP_{yn}＝n日历年的基准价格，为当年按合同约定的煤炭价格指数调整后的价格；CV＝保证热值（空干基，单位为kcal/kg）；CVRef（空干基，单位为kcal/kg）＝6700；TM＝保证全水值；TMRef（收到基）＝8%。

（4）支付条款

合同约定，买方通过规定的信用证方式向卖方支付煤炭款。买方应在买方和卖方共同接受的一流的主要国际商业银行开具一张以卖方为受益人的美元计价即期不可撤销信用证，其金额足以能够支付该船货物（在数量上可以有+/-×%的公差）的价值。信用证应允许因质量调整产生的超支和不足支付。

（5）违约条款

买方对卖方违约可以行使的权利：

买方可以按照合同的规定从卖方之外的煤炭供应商处购买煤炭且风险和费用由卖方承担；或者解除本协议，并就卖方的违约兑现相应的保函，作为对买方因此等违约和协议解除的赔偿。

卖方对买方违约可以行使的权利：

一旦出现买方违约事件并且在其后的任何时间内此等违约事件一直持续并且没有被补救，卖方可以自行决定解除本协议，并就买方的违约兑现相应的保函。一旦解除本协议，双方应不再有履行合同的义务。

（6）不可抗力条款

在买方遭受不可抗力事件（包括其影响）期间，在按照合同规定发出通知的前提下，买方无义务接受本应交付的煤炭，也无需为该煤炭支付本应支付的款项。在该事件期间，买方保留其做出以下选择的权利：拒绝接受交付的煤炭；或在不可抗力事件（包括其影响）期间推迟该等煤炭的交付。

在卖方遭受不可抗力事件（包括其影响）期间，买方应有权从任何其他供应商、承包商或货源（包括现货市场）订货，并有权购买并接受可能在卖方遭受的不可抗力事件结束后交付的上述订购煤炭。买方订购的、并在不可抗力事件期间或结束后交付的任何该等煤炭，应以公吨为单位，减少买方最小购买量的义务，直至从卖方以外的其他人订购的煤炭全部交付完毕。

7.3.2　燃煤价格调整机制

7.3.2.1　燃料供应合同价格的构成

大宗货物长期稳定供应协议条件的主要风险在于其合同执行的长期性，要求合同在长期执行过程中，合同条件能适应具有不确定性的经济环境变化，并能使供需双方长期保持相对平衡的风险责任。其中，价格风险是最大风险因素，建立有效地、能适应经济环境变化的合同价格调整机制是燃煤长期稳定供应保障的必要条件。为研究论证燃料长期供应合同价格调整机制，应首先从构成燃料供应合同价格的要素分析入手，从目前掌握的国内燃料供应合同条件分析，到达火电厂的燃料供应合同价格一般由出矿价格与运价构成，即燃料合同价格（到厂）＝出厂价格＋运价，但实际上，上述价格中还包含煤炭运销环节费用，只是该部分费用缺乏规范和监管，弹性较大，无法在价格构成中明确体现。

7.3.2.2　影响燃料长期供应合同价格的主要因素和测评工具

构建长期燃料供货价格机制，要从形成合同价格的各环节进行有效梳理，明确各环节要素对价格变化的影响机理，从国际上大宗货物长期稳定供应的合同条件以及我国铁矿石、石油采购经验上看，其核心是需要使合同价格与一定具有权威性的且具有国际影响力的价格指数进行关联，以反映经济环境变化对价格的影响。反观我国现状，在动力煤产运销市场，尚未形成一套科学的且具有公信力的价格指数体系，使长期供应合同中价格调整缺乏现实基础。同时，由于缺乏科学的价格测评体系，也削弱了国家对资源价格实施宏观调控的力度和准确性。

（1）出矿价格的影响因素和测评工具

出矿价格的确定，一般主要考虑市场供需关系以及成本因素、合理利润等综合因素，其中成本因素的核心是采煤工艺以及劳动力成本、机械化程度因素。

可采用建立出矿价格指数或矿区价格指数体系的方式进行有效测评。

（2）运输价格和测评工具

运输价格的确定，主要基于国家运价体系，国家运价体系的核心为成本因素及合理利润，其中成本因素的核心是车型、运距、动力费用（如油价、电价）以及劳动力成本因素。

可采用国内海运、铁路等分物料类运价指数。

（3）供销环节费用和测评工具

影响此环节费用的因素主要是市场供需关系以及采购总量和总额，因此弹性较大。供销环节费用难以有效监测，需要国家制定相关政策进行管控。

7.3.2.3 建立有效相关价格指数体系

(1) 出矿价格指数的建立

A. 建立出矿价格指数的可行性

从现状看，我国煤炭资源主要分布在 14 个煤炭生产基地，除新疆准东基地尚在建设开发过程中，其余的 13 个煤炭生产基地均是我国大多数火力发电企业的燃煤供应基地。这 14 个基地包括神东、晋北、晋东、蒙东、云贵、河南、鲁西、晋中、两淮、黄陇（华亭）、冀中、宁东、陕北、准东的煤田，煤田（除准东）涉及 15 个省（自治区、直辖市），煤炭保有储量 8633 亿 t，占全国总储量的 87%。大型煤炭基地煤炭储量丰富，煤炭种类齐全，煤质优良，开采条件好，区位优势明显，具有大规模生产开发的条件和工程配套设施。大型煤炭生产基地的规划建设对维护国家能源安全、满足经济社会发展需求、调整优化煤炭生产结构和促进资源地区经济社会发展，意义重大。

目前，除准东基地尚在建设外，其余 13 个煤炭基地包括 98 个主要矿区，2010 年煤炭总产量为 25 亿 t，占全国总产量约 80%。从煤炭供应流向上看，神东、晋中、晋东、晋北、陕北的煤炭基地地处中西部地区，主要担负向华东、华北、东北地区供应煤炭，并作为"西电东送"北通道的电煤基地。冀中、河南、鲁西、两淮的基地主要向京津冀、华东、中南地区供给煤炭，蒙东基地担负向东北三省及蒙东地区供给煤炭。云贵基地担负向西南、中南地区供给煤炭，并作为"西电东送"南通道电煤基地，黄陇（华亭）、宁东基地担负向华东、西北、中南地区供给煤炭。大型煤炭基地的建设按发展循环经济的要求，综合开发利用煤炭和煤共伴生资源，实现上下游产业联营和集聚效应，把大型煤炭基地建成煤炭调出基地、电力供应基地、煤化工基地和煤炭综合利用基地，并可使丰富煤炭转成本地经济发展优势。根据煤炭工业"十二五"规划，国家鼓励煤炭企业通过兼并重组等方式，培育大的企业集团，提高行业的现代化水平，加快煤炭行业结构调整，形成 10 个亿 t 级、10 个 5000 万 t 级的特大型煤炭企业，其煤炭产量占全国 70% 以上。

大型煤炭产业基地的规划建设以及其规模化、集约化的特点，为形成以煤炭产业基地为核心的煤炭交易价格指数体系创造了有利条件。以此为基础，建立覆盖全国的大型矿区生产基地的煤炭价格（出矿）指数是可行的。创建煤炭交易价格指数体系可以反映煤炭市场运行情况，可以使国家对资源价格的掌控更加准确，是实行煤电联动政策的基础，也是政府对煤炭、电力行业实施宏观管理的有效手段。落实煤电联动政策，首先必须有一套煤电双方共同认可的、科学、公正、准确、权威的机制及时反映电煤价格变动情况，建立我国煤炭价格指数是唯一可行的选择。同时，煤炭价格指数体系的建立为长期稳定供煤协议中的价格调整机制的建立提供了坚实的基础。

B. 煤炭价格指标体系的形成

煤炭价格指数体系（图 7-9）的分类，横向指标按煤炭产地、集散地、煤种、交易方式进行归类，纵向按一级、二级、三级逐级细化。

一级：以 14 个产煤基地出矿价格指数为基础测算的全国性综合性煤炭价格指数。

二级：按燃煤生产基地分，以14个产煤基地出矿价格为基础。

按燃煤供应集散地分，指到主要煤炭集散港口价格。

三级：按煤炭种类，如无烟煤、贫瘦煤、烟煤、褐煤。

按煤炭消费对象分类，如动力煤、化工用煤、冶炼用煤、其他行业用煤等。在此基础上，按交易方式，又分为现货与期货两类市场价格体系。

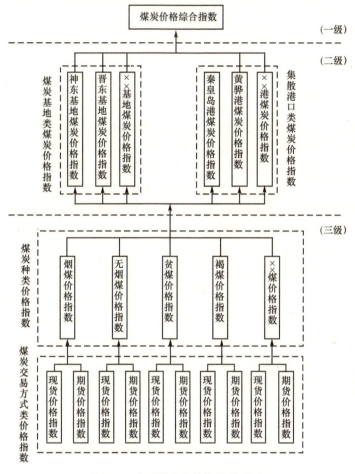

图 7-9　中国煤炭价格指数体系图

C. 煤炭价格指数的计算模型

煤炭价格指数的计算模型考虑因素包括：基期合同价格——基期采购价格的统计分析是形成基期价格的基础；采购量作为价格权重——基期采购价格不能简单平均，因为合同价格与采购量是相关的，需要对基期价格进行以采购量为权重的加权计算，才能反映基期采购价格的全面性，同时，报告期价格也需要通过过的权重变化进行转换权重的加权价格计算；库存因素——实践证明，库存因素与现货煤价相关度较高，当煤炭库存量大时，煤价往往相对较低。

煤炭价格指数的计算模型为

$$M_z = \frac{1}{M_c} \sqrt{\frac{\sum p_1 q_0 \sum p_1 q_1}{\sum p_0 q_0 \sum p_0 q_1}} \qquad (7\text{-}1)$$

式中，M_z 为煤炭价格指数；p_0 为基期煤炭价格；q_0 为基期采购量；p_1 为报告期煤炭价格；q_1 为报告期煤炭采购量；M_c 为煤炭库存指数：

$$M_c = \sum_{i=1}^{n} \beta_{mc} \frac{K_i}{K_0} \qquad (7\text{-}2)$$

式中，β_{mc} 为库存样本权重；K_i 为报告期库存数；K_0 为基期库存数。

（2）交通运价指数

交通运价指数可分解为铁路指数、航运指数及汽运指数，对于铁、水联运方式的运输，需要以集散地码头指数作为基础。

（3）铁路运价指数

铁路运价管理权限和执行主体分为国有铁路运价和地方铁路运价，国有运价按线路性质分为正式营业线运价、运营临管线运价和工程临管运价，在正式营业线上又有基本运价、特殊运价或特殊加价、杂费以及建设基金之分。正式营业线货运运价由基本运费、杂费、政府批准延伸费、地方附加费构成。其中，基本运费根据运营线路的不同分为统一运价、特殊运价、特殊加价。铁路运价指数是说明两个不同时期运价水平变化趋势和程度的指标，是研究运价变动的一种特殊工具，由于所采用对比期不同，分为运价定基和运价环比指数。铁路运价指数应根据一定时期内各类运输对象在铁路运输平均运程上的运输价格来计算，以衡量运价水平及变动情况。

铁路运价指数分为铁路运价总指数和分类运价指数。铁路运价总指数反映铁路货运及客运总产品平均运价水平的变动趋势和程度，包括货运总指数及客运总指数。分类运价指数反映不同口径运价水平的变化情况，由其相应的个别运价指数加权平均而得，包括铁路整车货运指数、零担运价指数、商业性运价指数、政策性运价指数、生产资料货运指数（含煤、化肥、工业机械、农业机械）。

我们应关注的是生产资料货运指数。动力煤运价指数 DM_y 的计算模型为

$$DM_y = \sqrt{\frac{\sum z_1 a_0 \sum z_1 a_1}{\sum z_0 a_0 \sum z_0 a_1}} \qquad (7\text{-}3)$$

式中，z_0 为基期动力煤炭运价；a_0 为基期动力煤周转量；z_1 为报告期煤炭价格；a_1 为报告期动力煤周转量。

（4）航运运价指数

为全面反映我国沿海运输市场运价变化情况，适应水运价格体制改革需要新的工具去描绘市场发展变化这一市场客观的需求，有利于沿海运输市场健康有序地发展，交通部于 2001 年 11 月在航交所正式启动中国沿海（散货）运价指数。

为适应国内沿海散货运输市场的变化，经 2007 年 4 月 24 日中国沿海（散货）运价指数编委会第 4 次全体会议表决通过，从 2007 年 5 月 18 日起，中国沿海（散货）运价指数正式启用新方案编制。新编制方案在船型、航线、样本公司、权重、发布形式和时间等方面均做出了调整，使指数更加准确、客观地反映市场变化，指数的及时性、表征性、实用性更加突出。调整后的编制与发布方式为基期。中国沿海（散货）运价指数以 2000 年 1 月为基期，基期指数 1000 点。

依据重要性原则，选择列入我国沿海港口散货吞吐量前五位的货种作为沿海运价指数样本货种，包括煤炭、原油、成品油、金属矿石和粮食。基于运量规模，兼顾区域覆盖性，以及航线未来发展趋势，选取 21 条样本航线，分别是：

原油：宁波—南京、舟山—南京、广州—南京；

成品油：大连—上海、大连—广州、天津—温州/台州、天津—汕头/广州；

金属矿石：北仑—上海、北仑—南通、青岛—张家港、舟山—张家港；

粮食：大连—广州、营口—深圳；

煤炭：秦皇岛—广州、秦皇岛—上海、秦皇岛—宁波、天津/京唐—上海、秦皇岛—福州、天津—南通、天津—宁波、黄骅—上海。

基于上述航线的煤炭产品运价指数可以作为航运价格调整的基础。

（5）汽车短途运价指数

汽车短途运价指数根据各地汽车短途运输价格编制，并根据油价调整作为调价基础。

（6）煤炭供销费率

煤炭供销中间环节收费是煤炭供销环节需要发生的传统费用，但该费用多年来无论发生在供应环节还是在运销环节，并不在燃料供应合同价格中明确显示，始终处于模糊状态，经常随行就市，弹性伸展幅度很大，近年来甚至成为煤价非理性上涨的实际推手。究其原因错综复杂，主要体现在垄断运销资源、信息不对称、利益输送、暗箱操作等方面，已影响到国家对煤炭价格的宏观调控。因此，国家应采取必要措施，严控此段利益链条的恶意膨胀对宏观经济秩序的消极影响。建议国家采取以下措施规范煤炭供销中间环节费用。

1）规范煤炭交易中间环节的交易内容和范围，在煤矿价格指数或运价指数的基础上制定中间环节收费的定额标准，即煤炭供销环节费率，作为费用上限，鼓励煤炭交易商在一定幅度内竞标。

2）清理地方制定的各项煤炭出省的明、暗不合理收费项目，国家应研究根据资源的稀缺性以及对全国经济的拉动效能，对资源大省进行增加资源类税种或提高资源类税额的试点，使各项收费更加透明、清晰且有法可依。

3）应尽快协调煤炭价格双轨制问题，鼓励企业签订长期供煤协议，对于签订长期供煤协议的企业，铁路部门将优先安排铁路运力，避免重点计划合同燃煤流入市场领域。

4）应鼓励发电企业与煤炭产地企业直接签订长期供煤协议，减少中间供销环节。

7.3.2.4 合同调整价格模型

上述各煤炭供应环节价格指数体系的建立，为合同价格调整奠定了良好的基础。长期合同价格调节机制的有效性有赖于各环节价格指数调整的准确性和时效性。建议按以下两种方式的煤炭供应合同价格调整模型。

（1）不考虑期货市场的合同价格调整模型

$$P_{MG} = P_{OK} \times (1 + M_{z1} - M_{z2})$$
$$+ P_{MY} \times (1 + DM_{y1} - DM_{y2})$$
$$+ P_{OK} \times (1 + M_{z1} - M_{z2}) \times \alpha \tag{7-4}$$

式中，P_{MG} 为分年度动力煤炭供应价格；P_{OK} 为合同煤合同签订期出矿价价格；M_{z1} 为合同煤出矿当期价格指数；M_{z2} 为合同煤合同签订期出矿价格指数；P_{MY} 为合同煤合同签订期运价；DM_{y1} 为合同煤当期交通价格指数；DM_{y2} 为合同煤合同签订期交通价格指数；α 为煤炭供销费率。

（2）考虑期货市场的合同价格调整模型

考虑到煤炭指数体系的建立，必然带动煤炭期货市场等金融工具的引入，因此期货市场价格对大宗原材料长期现货供应市场必然会产生较大影响，因此，需要在大宗物料长期供应合同价格调整模型上考虑期货市场价格对现货市场价格的带动作用，才能较为全面、客观地反映当期市场供需情况，使买卖双方在构建长期稳定价格模型时体现公平原则。

中远期动力煤期货价格指数 IPC 的数学模型为

$$\lambda = \frac{\left(\sum_{i=1}^{n} M_{qi} \times Q_{qi}\right) / \left(\sum_{i=1}^{n} Q_{qi}\right)}{\left(\sum_{i=1}^{n} M_{q0} \times Q_{q0}\right) / \left(\sum_{i=1}^{n} Q_{q0}\right)} \tag{7-5}$$

式中，λ 为中远期动力煤期货价格指数；M_{qi} 为中远期报告期收盘价；Q_{qi} 为中远期报告期合同持仓量；M_{q0} 为中远期基期收盘价；Q_{q0} 为中远期基期合同持仓量。

考虑期货市场的合同价格调整模型为

$$P_{MG} = P_{OK} \times (1 + M_{z1} - M_{z2}) \times (1 - \beta) + P_{OK} \times (1 + M_{z1} - M_{z2}) \times \lambda \times \beta$$
$$+ P_{MY} \times (1 + DM_{y1} - DM_{y2}) + P_{OK} \times (1 + M_{z1} - M_{z2}) \times \alpha$$
$$\tag{7-6}$$

式中，β 为考虑期货市场因素的权重系数，取值为 0~1。

7.3.3 煤电价格联动机制

7.3.3.1 煤炭价格双轨制

煤炭成本一般占燃煤电厂发电成本的 50%~70%，高的已达 75% 以上。也正因为如此，电煤价格是涉及电厂盈亏以及终端电力消费价格的关键。由于长期处于计划价格下的煤炭价格严重偏离其成本，导致煤炭企业普遍效率低下、亏损严重，我国于 1993 年放开了非电煤价格，试图由市场供求关系决定煤炭价格，让煤炭企业成为独立的经济实体。在煤炭价格放开初期，煤电产业之间并没有出现矛盾，因为当时对煤电价格实行"顺价"机制，即电煤涨价，电价也涨，双方都能获得适当的利润空间。然而，由于当时农村电价混乱，政府又重新控制了电价。由此，政府对发电用煤价格也必须实行控制。

1995 年，煤炭价格开始实行双轨制，即发电用煤实行政府指导价，其他煤价放开。在此基础上，政府又将电煤供应及其价格形成机制分为两部分：一部分由市场供应，其产、运、销都由企业通过市场解决，价格也由市场调节，这部分约占电煤总量的 2/3；另一部分列入国家重点计划，价格也由政府指导，约占总量的 1/3。也就是说，我国的煤炭价格双轨制不仅意味着电煤价格与非电煤价格是双轨制，而且电煤本身的价格也是双轨制，即一部分电煤（即非重点合同电煤）由市场配置，而另一部分电煤（即重点合同电煤）用计划手段确定。

具体而言，电煤价格双轨制又分为不同的种类：按照合同性质，电煤价格分为重点合同由电煤（绿合同）价格、非重点合同电煤（白合同）价格和市场电煤价格。重点合同电煤是指每年年底的全国煤炭产、运、需衔接会在电厂同煤炭企业签署的合同中体现，这部分煤又称为计划煤。与之相对应，市场煤即指非重点合同电煤。按是否包含中间费用，分为电煤井（坑）口价格和到（电）厂价格；按供应区域，可分为省内电煤价格和省外电煤价格。不同种类的电煤价格也不相同，计划煤与市场煤共同存在，称为"煤炭价格双轨制"。

2005 年，国家放开煤炭价格，但由于电煤供应紧张和煤炭价格上涨，多年以来，重点电煤受到政府的保障和保护，双轨制成为煤电矛盾的根源。为了保障电力等重点行业的动力燃料供应，国家要求 50% 以上的动力煤在国家"指导"下实行重点合同价格，其他煤炭实行市场价格。

7.3.3.2　煤电联动机制

2004 年，国家发展和改革委员会印发《关于建立煤电价格联动机制的意见的通知》（发改价格〔2004〕2909 号），规定煤、电价格联动由发改委组织各省（自治区、直辖市）价格主管部门及有关电力、煤炭企业实施。首次煤电价格联动以 2004 年 5 月底煤炭企业销售电煤的车板价为基础，根据 6~11 月电煤车板价的平均涨幅，按照本书所附煤电价格联动公式测算和调整发电企业上网电价和电网经营企业对用户的销售电价。电价调整将尽量以区域电网为单位进行。区域电网内煤价涨幅差距较大的，分省（自治区、直辖市）调整电价。煤电联动以不少于 6 个月为一个煤电价格联动周期，若周期内平均煤价较前一个周期变化幅度达到或超过 5%，便在电力企业自行消化 30% 的基础上，相应调整电价。

第一次煤电联动在 2005 年的 4 月，当时销售电价上调 2.52 分/（kW·h），而平均上网电价上调 1.78 分/（kW·h）；随后 2005 年 11 月虽然再次满足了联动条件，但却并未有所动作。时隔一年之后，第二轮煤电价格联动在 2006 年 6 月实施，全国销售电价平均每千瓦时提高 2.494 分，而上网电价上调 1.174 分/（kW·h）。

进入 2008 年，随着国内及全球经济的强劲增长，对煤炭的需求大幅攀升，同时，纽约期货市场原油价格屡创历史新高，作为石油能源替代品之一的煤炭价格也节节上扬。在各方面利好的带动下，国内煤价不断攀升，以秦皇岛山西优混煤（>5500kcal）平仓价为例，从年初的 525 元/t，年内最高攀升至 7 月的 1010 元/t。煤价的飙升极大地挤压了电力企业的利润，整个行业出现普亏，为此，国家分别在 7 月和 8 月实施两次煤电联动。7 月，上调上网电价 2.14 分/（kW·h），上调销售电价 2.61 分/（kW·h）。上网电价的调高仍无法弥补火电企业的亏损，8 月，国家进一步提高火电机组平均上网电价 0.02 元/（kW·h），同时，未调整销售电价，这是导致 2009 年电网出现大幅亏损的直接原因。据统计，2009 年 1~8 月国家电网和南方电网公司亏损 161 亿元，同比减少利润 238 亿元。

但在这一过程中，由于担心加剧通货膨胀、影响经济复苏等原因，煤电联动机制一直未能得到很好的执行，有几次的煤电联动都因此而拖延，甚至流产。

2011 年 5 月，国家发展和改革委员会发出《关于适当调整电价有关问题的通知》，一是适当提高火电企业上网电价，重点提高山西等 15 个省（自治区、直辖市）统调火电企业上网电价。综合考虑煤炭价格上涨对火电成本的影响及发电设备利用情况等因素，对山西等 15 个省（自治区、直辖市）统调火电企业上网电价适当提高。对上述 15 个省（自治区、直辖市）以外的其余省（自治区、直辖市）统调火电企业上网电价小幅提高，燃煤发电企业标杆上网电价同步调整、酌情提高部分省（自治区、直辖市）经营困难的统调电厂上网电价。二是核定和调整部分水电企业上网电价。三是调整部分省（自治区、直辖市）销售电价。

7.3.3.3　煤电联动不及时导致煤电企业亏损严重

电价形成机制直接关系着电力市场和煤、油、运相关行业的有效运行。尽管国家建立了煤电联动机制，规定煤电机组上网电价随着煤炭价格上涨相应调整，但煤电联动机制不规范、不完善，对解决"市场煤、计划电"的体制性矛盾没有起到应有作用。2003 年以来，国内能源价格涨幅最高的是煤炭（139.9%），其次是成品油（135.5%），其涨幅分别是电价涨幅（28.4%）的 4.9 倍和 4.8 倍。我国电煤价格一直与国外同步，而销售电价仅为国际水平的 50%。

不合理的电价机制导致的煤电供应矛盾可从以下两方面分析。

一方面，电煤价格双轨制造成重点煤合同签署率和兑现率不高。2009 年以后，除电煤外的各种煤炭产品已基本上实现了市场化定价。对华东重点煤炭生产企业的统计表明，合同煤价格已低于煤炭企业的生产成本。2010 年，华东地区 15 个重点煤炭生产企业合同煤价格为 504 元/t，比商品煤平均售价低 163 元/t，煤炭企业每供应 1t 合同煤就要亏损 70 多元。由于煤炭企业和电力企业对电煤价格的分歧，造成电煤合同签署率和兑现率不高，导致即使在煤炭供应和发电能力均较为充足的情况下仍出现电煤和电力供应紧张的局面。

另一方面，煤电价格联动不到位导致发电企业亏损严重，无力购煤。中电联《电力工业"十二五"规划研究报告》根据煤价涨幅、煤电价格联动机制和输配电成本增加等因素测算，至 2010 年，销售电价欠账约 5.29 分/（kW·h）。其中，煤电上网电价欠账 3.38 分/（kW·h）。同时电价的上调又会引起煤价以更大幅度的上涨，形成交替上涨的恶性循环，使发电企业亏损难以缓解。如 2011 年 4 月和 6 月国家上调部分省（自治区、直辖市）上网电价，但电煤价格环比持续明显上涨，以具有代表性的秦皇岛港 5500kcal 山西优混煤炭为例，4~6 月其平均价格分别为 777 元/t、820 元/t 和 838 元/t，分别环比上涨 11.3 元/t、42.4 元/t 和 18.0 元/t，6 月的平均价已经比 3 月上涨 71.6 元/t，使得本来已普遍亏损的火电企业经营更为困难。根据国家统计局统计，前 7 个月，电力行业虽然仍有利润，但是出现利润总额同比下降以及利润分布向部分省（自治区、直辖市）和部分企业集中的情况。从企业看，火电行业利润主要集中在重点电煤保障较好、或者上网电价较高（如与港澳台商合作经营电厂、中外合资经营企业）的少数企业中。从地区看，火电利润绝大部分集中在广东、浙江和江苏三省，华中六省、东北三省以及山东等省份亏损严重。大型发电企业经营更加困难。1~8 月，五大发电集团综合利润 35.6 亿元（但 8 月亏损 4.8 亿元），但电力业务亏损 98 亿元，其中火电业务亏损 213 亿元（同比增亏 128 亿元）。由此看出，盈利主要靠水电、核电和其他多种产业支撑，虽然国家在 4 月、6 月两次上调部分省（自治区、直辖市）火电上网电价，但是由于幅度较小以及电煤价格高位小幅上涨，5~8 月火电业务分别亏损 16.9 亿元、29.0 亿元、28.5 亿元、33.2 亿元。8 月综合利润总额也出现了 4.8 亿元亏损。负债率高、资金普遍比较紧张、煤炭价高质差且采购难度大，是发电企业经营困难的主要体现，且越来越严重。截至 6 月底，五大发电集团资产负债率均在 83% 以上。这就使得发电企业没有能力也没有动力按照市场价格购买电煤，导致电煤库存和设备利用率降低，也影响发电企业继续建设新项目，以满足国家经济发展、用电增长需求的积极性。

7.3.3.4　完善和落实煤电联动机制

(1)　完善和及时实施煤电联动

煤电联动的触发启动点要更加清晰明确，参照我国成品油定价机制，以"中国煤炭价格指数"变动为基础，当"中国煤炭价格指数"变动超过 5% 时上网电价自动调整，不再受调价周期限制，实现上网电价、销售电价与煤炭价格指数的联动。

(2)　弥补历史欠账，完善煤电联动机制

为保持电价与煤炭等一次能源的合理比价关系，应弥补电价历史欠账，合理上调电价水平。未来电价要随一次能源产品价格浮动而浮动。电价要能够反映电力资源的价值，进而通过价格杠杆优化电力资源配置。

(3)　取消发电企业自行消化 30% 的煤价上涨因素的政策

经过多轮煤电联动，发电企业自行消化的 30% 的煤价上涨因素部分已经再没有消化能力了，建议取消或调整。

7.3.4　煤电一体化

无论对于电力企业还是煤炭企业，煤电一体化都并非新事物。从"十一五"中期起，煤电一体化开始得到大规模发展，并逐步衍生出各大电力集团乃至大型煤炭集团的综合能源集团发展战略，使得煤电两大行业正在发生深刻改变。

煤电一体化得以大规模发展的主导因素是煤价的不断攀升与电价的政府严格管控。受电煤价格之困，各电力集团开始力图摆脱受制于人的局面，逐步进入煤炭、铁路、航运、港口、铝、煤化工等产业。

煤电一体化是我国电力集团目前应对煤电矛盾的必要举措。而政府在煤电联动政策屡屡难以启动的情况下，也把鼓励煤电一体化作为缓解发电企业经营压力的重要途径，综合能源集团由此得以快速发展。

7.3.4.1 煤电一体化的发展阶段

煤电一体化是20世纪80年代提出的概念，当时专指煤矿与电厂一体化运营的企业，一般都是一矿一厂，统一核算，主要是针对褐煤资源的有效利用，它是煤电联营的重要形式之一。煤电联营曾是1988年组建的能源部提出的重要工作，为此还专门设置了煤电联营处，安排了试点项目。虽然这种模式在电力行业提出很早，但发展步伐并不快，煤电一体化最初只是针对特定条件企业运作以提高生产效率的一种方式。

集团层面的煤电一体化还是从煤炭企业发端的。神华集团成立之初，为更有效地消化产能开始布局电厂，但其运作模式与原有的煤电一体化企业已有很大的不同，专业化运营成为神华集团煤电一体化的突出特征，神华所属的国华电力公司即是专业化发电企业，它并不直接经营煤矿。神华集团煤电一体化的另一个突出特点是拥有自成体系的铁路运输系统，从而形成了煤、电、运一体化产业链。

除华能伊敏煤电联营项目的早期实践外，五大发电集团中最早开展煤电一体化项目的是中电投集团。2004年9月，中电投集团收购了蒙东霍林河煤矿。由于霍林河为褐煤资源，就地转化发展煤电一体化项目成为必要的选择，在此基础上，中电投集团又投资建设了大型电解铝厂，逐步形成了产业集群。而从2007年起，为缓解电煤价格高涨、煤电联动滞后的矛盾，五大集团均开始进入煤炭行业，所拥有的煤炭资源和产能迅速增长。在政府的支持下，五大电力集团都提出了提高电煤自给率，发展煤电一体化、建设大型综合能源集团的战略目标。煤电一体化发展进入了新的阶段。

在这个阶段，电力行业煤电一体化的内涵已发生深刻变化，从单个企业的运营方式提升为集团级战略，并对各集团的发展方式产生了重要影响。与煤炭行业相比，电力行业煤电一体化的战略基点有着很大的不同。煤炭行业的煤电一体化目前应该说是风险预控战略，尽管直接卖煤的效益已远高于发电收入，但为回避未来产能可能过剩的市场风险，煤炭行业整体上仍未放弃煤电一体化项目，但步伐已相对放缓。对于发电集团，发展煤电一体化已成为生存战略，提高煤炭产能不仅要在更大程度上保障电煤供给，而且成为重要的利润增长点。相比之下，目前电力行业发展煤电一体化的积极性更高。由于煤电产能配置、电网输送以及煤炭就地转化比例等诸多因素的影响，作为发电集团战略，煤电一体化在向扩大区域供煤、加大铁路、港口、航运建设力度和发展煤化工、高耗能产业等方向发展，开展煤炭资源开发经营成为集团主营业务之一，并成为综合能源集团的重要发展基础。

以2010年10月国家发展和改革委员会《关于加快推进煤矿企业兼并重组的若干意见》为标志，煤电一体化又被注入更重要的新内涵，成为国家建设现代煤炭工业体系战略的重要组成部分，从集团战略提升到国家战略的更高阶段。实际上，早在2006年发改委草拟的"电力产业政策"中,就已提出要鼓励电力企业与煤炭企业通过资产重组,实现煤电一体化经营。煤电一体化在国家优化经济结构和产业结构的战略层面上,一直有着十分重要的意义。

深入分析国家关于推进煤矿企业兼并重组的战略安排,主要意图有四:一是不断提高产业集中度,提升行业运营效率;二是调整产业利益格局,增强国家对煤炭资源的掌握与调控能力;三是打破行业壁垒,推进现代企业制度建设;四是协调上下游产业关系,共享煤炭行业发展成果。传统电力工业体制的重要特征之一是垂直垄断一体化,此种体制目前在一些国家也仍在运行,但其主要弊端在于缺乏充分竞争而使资源配置难以优化,效率难以提高。煤电一体化是随着电力行业垂直垄断一体化的被打破而发展的一种新的产业形态,其特点是沿竞争环节的产业链展开,与电力体制改革的方向是基本一致的。

7.3.4.2　综合能源集团发展的重要意义

煤电一体化是电力企业产业链的纵向延伸,没有路、港、煤化工的综合配套发展,即使占有再多的煤炭资源,对于缓解经营压力的作用也是很有限的,这使得电力集团必然向综合能源集团发展。电力集团的核心竞争能力首先是独立生存发展能力,煤电一体化显然对此是有利的。煤电一体化目前对于发电企业来说,主要是自身结构的重要调整,既包括在最大程度上缓解电煤供应矛盾,也涉及盈利模式的多元化。

综合能源集团作为一种应对危机的现实选择,一旦形成就很难退回,并将对电力行业的产业形态产生深远影响。特别是当煤电一体化已提升为国家建设现代煤炭工业体系战略的重要组成部分,煤电一体化已从企业应急战略拓展为长远发展战略,综合能源集团也已是煤、电两大行业的共同选择。在国家大力推进煤炭企业兼并重组的战略中,提出打破行业、区域、所有制限制,鼓励冶金、电力等行业参与煤炭企业兼并重组,其意义已不仅是对各行业争相进入煤炭产业现实的承认,或缓解上下游行业的供需矛盾,而是要通过产业相互融合,优化资源配置,构建新型能源产业结构,改善能源企业的发展生态环境,成为现阶段调整产业结构的重要趋势之一。

火电作为电力集团的主导产业链,货品单一,流向明确,结构相对简单,可以比常规制造业更易打造"端到端"的全产业链竞争模式。通过发展煤电一体化整合内外部资源,优化燃料供应方式,提高管理效率,降低流通成本,将成为火电企业未来综合竞争实力的发展方向之一。

煤电一体化的边界条件可分为外部和内部。在外部边界条件中,除政策满足程度外,还应包括市场容量,煤电产业链各环节的市场容量都将对煤电一体化产生实质性影响。煤炭产能可能过剩因素的影响不可忽视。据统计,已有 16 个行业涉足煤炭产业,由于资本的趋利性,表明煤炭行业已是高利润行业。一般而言,如此之多的行业涌入一个行业,会大大促进该行业的发展,也相应会引发无序建设,使行业产能很快出现过剩。因此,煤炭行业的市场风险度也在不断提高。

煤电一体化的重要外部边界条件之一还有运输,企业的煤炭产出与物流输送能力密切相关。如果把问题简化,煤电一体化发展可分为就地转化和外运两大部分。电网输送制约下的就地转化规模和铁路运输制约下的外运规模,大体上可构成企业煤电一体化的规模。缺乏足够的运输能力，包括电网、铁路和航运输送能力，将直接制约煤电一体化的规模。

煤电一体化的内部边界条件包括资源获取能力、内部交易成本及风险管理能力、产业链综合协调能力等，每一个边界条件都构成企业纵向一体化的环节平衡点，如果没有充分的战略构想与安排，会企业面临新的经营风险。由于企业内外部边界条件都处于不断变化之中，因此，正确把握和积极拓展现有边界条件，是企业实行纵向一体化的战略基础。

综合能源集团的发展所带来的不仅是产业形态和竞争模式的变化，而且将对集团的组织结构、盈利模式、管理方式直至发展战略均产生深刻影响；将有力地促进集团产业布局的调整、应对风险能力的提升、竞争能力的增强，从而随着企业发展边界的拓展，逐渐形成新型能源产业链关系。发展煤电一体化、建设综合能源集团是对企业集团的一次重大战略调整，必须应对来自外部和内部的多重挑战。为顺利实施煤电一体化战略，首先，要在坚持主业稳步发展的基础上，尽快使产业链各环节形成规模，产生规模经济效应，奠定综合能源集团的发展基础。其次，借鉴神华集团的成功经验，应坚持不同产业之间的专业化分工，共同协调发展。最后，优化或再造集团经营管理流程，以适应集团产业链各环节的有机衔接。这其中的每一点，都是过去以发电或煤炭生产为主的企业未曾积累过经验的，都是对集团发展模式和管控模式的重大变革，需要深入研究、加强探索，勇于实践，走出一条电力产业发展的新路。

7.3.5　设置燃料管理专门机构

随着世界经济的快速发展，煤炭、石油、天然气等一次能源的消耗量急剧增加，导致其市场价格波动频繁，采购和供应的变数也大幅增加。为了应对国际能源市场的震荡和变化，德国、日本等发达国家的发电公司普遍建立起集团统一的燃煤管理体系，成立独立的燃料管理部门，负责集团下属所有电厂的燃煤计划、采购、检验、运输、储存、供应、协调、统计等全过程的信息化管理工作。同时，还设置电煤燃烧研究机构，研究分析各种煤质的燃烧特性、最佳掺烧配比、各类锅炉燃烧试验、提出集团层面的整体技术解决方案，为电力集团管理决策提供技术支撑。

我国各大电力集团应借鉴国外先进的管理经验，成立专门的集团层面燃料管理机构，统筹整个集团发电机组的燃煤采购、运输和分配等管理工作，逐步构建起统一完善的集团级燃煤管理体系。从中国的实际情况出发，应充分研究目前国内和国际煤炭市场现状、努力签订长期燃煤供应合同、积极寻找信用好的煤炭企业建立战略伙伴关系、大力开拓国际煤源调整国内供给不足，探索采用灵活多样的运输方式，充分利用混配掺烧技术最大化经济效益，科学挖潜加强管理降低燃煤发电综合成本，利用体系的优势和机制的优势稳定电厂燃煤的采购和供应问题。

燃煤管理机构的主要任务是根据电厂年度计划制订采购计划，根据月度发电计划和机组出力情况，确定月度采购的煤种、数量，从而为机组提供最佳配比的燃煤，为机组稳定、经济运行提供保证。

集团公司燃煤管理机构应考虑的主要策略为。

1）与主要煤炭供应商建立长期的战略伙伴关系，实行煤电一体化。发电企业可以根据煤质要求，寻求能保证长期稳定供应且信誉较好的煤炭企业，通过投资、参股等合作方式建立长期伙伴关系，增强双方抵御市场风险的能力，达到互惠互利的目的。

2）签订长期煤炭供应合同。签订长期供货合同，既有利于保证煤炭的长期稳定供应，又能够通过大批量的订货得到价格优惠。

3）加大混配掺烧的力度，拓宽进煤渠道。发电企业可以通过加强内部燃煤管理，改变混配掺烧的方式，从而提高煤炭的适应性，增加煤炭的可用品种，提高抗风险的能力。

4）采用灵活多样的运输方式。在目前铁路运输日益紧张的情况下，发电企业必须改变单一的运输途径。加强与运输部门的沟通，深入了解铁路、公路以及水路的情况，综合考虑运力、运价等因素，寻找有利的多种运输途径。同时，加大高效输电通道建设的力度，输煤和输电并举，实现对煤、电、运的多赢。

5）利用进口渠道调节国内煤炭的供需关系。我国近海地区的发电企业可以凭借地域优势，充分利用国内、国外两个市场的煤炭资源，用境外煤炭来调节国内的供给不足。

6）加强内部管理，降低燃煤综合成本。发电企业的燃煤供应是一个庞大的系统，环节多，可变因素多，降低成本的潜力也很大，企业通过深入分析燃煤的构成因素，加强各环节的科学管理、内部挖潜，可以达到降低燃煤发电综合成本的目的。

7.4　结论与建议

7.4.1　结论

7.4.1.1　建立长期供煤合同管理机制

根据国外先进经验，建立电力企业与煤炭企业的长期合同管理机制是保障电煤稳定供应的关键。为保证电煤长期合同的执行效力，需要在政府严格的监管下，完善相关法律法规，营造严格执行电煤长期合同的法律环境，同时开展电煤企业的信用评级，在鼓励企业采用法律手段维护合同严肃性的同时，由政府对信用度差的企业给予处罚。

煤矿与电厂签订具有法律约束力的长期的供煤合同，不仅对保障国家的能源安全具有重要的作用，同时对煤炭企业和电力企业都是有利的。电力企业可以得到数量和质量有保障的煤炭供应，从而，保障电厂的安全、经济运行；煤炭企业可以得到长期稳定的大客户订单，可以按照订单的数量组织生产和扩大再生产，有利于煤炭企业的规模化、集约化发展，还有利于抑制小煤矿的无序竞争。同时，可以减少销售流通环节的费用支出。

7.4.1.2　建立燃煤价格调整机制

供需双方必须对长期供煤合同中煤炭的价格调整办法取得共识，这是维持长期供煤合同生命的关键。我国已经建立了市场经济体系，同时，也逐渐地融入国际市场体系。国际上一次能源产品的价格对于我国的一次能源产品价格同样会产生影响。因此，建立我国煤炭的价格指数体系和调整机制，是保证煤矿与电厂签订具有法律约束力长期的供煤合同的基础。

我国应借鉴国际煤炭等大宗货物成熟的市场运行经验，结合我国国情及市场现状，有效梳理形成电煤合同价格的各个环节，创建一套煤炭、运输和电力行业公认的科学、公正、准确、权威的价格指数体系，并在此基础上构建具有中国特色的燃煤价格调整机制，搭建客观合理的合同价格调整模型，对电煤价格的波动做出快速、准确市场反应，保障长期供煤合同的高效执行。

7.4.1.3　建立煤电价格联动机制

发电企业的生产成本中燃料成本占据了较大比重，燃料价格的变动对生产成本的影响很大。欧洲、美国、日本等普遍实施煤电联动机制，当燃煤价格变动到一定幅度时调整上网电价，并顺序调整销售电价，利用成熟的煤电联动机制自动调节功能将由于燃料成本的变化引起的电价波动顺利地传递到终端用户，完全实现了市场化运行模式。

我国应借鉴国外成熟的经验，创建并逐步完善燃煤价格、上网电价、销售电价的联动机制，建立完整的电价市场化形成和运行模式，充分发挥价格信号对市场的引导作用，形成协调、有序、竞争的电力市场，通过健康的市场机制保障电厂燃煤的稳定供应。

7.4.1.4　建立电力集团层面的燃煤管理体系

我国各大电力集团应借鉴国外先进的管理经验，成立专门的集团层面燃料管理机构，统筹整个集团发电机组的燃煤采购、运输和分配等管理工作，逐步构建起统一完善的发电集团级燃煤管理体系。从中国的实际情况出发，充分研究目前国内和国际煤炭市场现状，努力签订长期燃煤供应合同，积极寻找信用好的煤炭企业建立战略伙伴关系；大力开拓国际煤源以调整国内供给不足，探索采用灵活多样的运输方式，充分利用混配掺烧技术提高经济效益；科学挖潜、加强管理，以降低燃煤发电综合成本，利用管理体系和机制的优势稳定电厂燃煤的采购和供应问题。

7.4.2　建议

1) 政府主管部门组织相关机构，编制具有法律约束力的长期供煤合同范本，以引导和规范发电企业与煤炭企业之间签订长期的供煤合同；在新建电厂审批核准阶段，将长期供煤合同作为必备的条件，并能动态考核。

2) 政府主管部门组织相关行业机构，研究建立一套公正、权威的燃煤价格指数体系，从而及时、准确地反映经济环境变化对燃煤价格的影响。并以此为基础建立燃煤价格调整机制，加强国家对煤炭资源价格实施宏观调控的力度和精度。

3) 加强对煤炭供销中间环节的监督、检查和管理，制定供销环节费用的定额标准，打破供应、运输和销售环节的垄断行为，坚决杜绝煤炭供销中间环节成为煤价非理性上涨背后的实际推手。

4) 稳步推进电力体制改革，建立科学、合理的电价形成机制，彻底解决当前的煤电矛盾。只有加快形成反映市场供求关系、资源稀缺程度、环境损害成本等生产要素和合理能源比价的电价机制，才能引导社会节约用电，遏制高耗能产业的无序扩张，促进社会经济的绿色和谐发展。

5）尽快完善煤电价格联动机制，按照燃煤价格、上网电价、销售电价同步联动的原则，将燃煤市场价格的波动快速、有效地传导至电力的最终用户，增强煤电价格联动的时效性，及时反映能源资源价格变动情况。充分发挥价格信号的引导作用，引导电力消费方式和经济发展方式朝科学、节能方向转变。

6）尽快完善相关法律、法规，建立电煤合同的信用等级评价体系，加强监督和检查，定期开展煤炭和发电企业信用评级工作。对不严格履行合同的行为采取信用降级、通报批评等行政手段加以处罚，与企业负责人的业绩考核相挂钩，提高燃煤长期合同的签约率和签约合同的执行率。

第 8 章 燃煤发电技术发展建议

我国一次能源结构和经济发展特征决定了电力工业在相当长的一段时间内必须以燃煤发电为主，清洁、高效的先进燃煤发电技术具有举足轻重的地位。

8.1 燃煤发电技术发展展望

8.1.1 煤粉锅炉发电技术展望

8.1.1.1 超超临界煤粉锅炉发电技术

超超临界煤粉锅炉发电技术发展的战略目标是：

1）在目前高温材料的基础上，自主开发和应用初参数为 600℃/620℃、单机容量为 1000～1200MW 的超超临界机组；开发和应用初参数为 600℃/610～620℃/610～620℃、单机容量为 1000MW 级的二次再热超超临界机组。

2）开发 700℃机组耐热合金材料，对 700℃机组的关键部件进行试验验证，开发 700℃机组的主要设备和辅助设备，建设 700℃超超临界机组示范工程，全面掌握 700℃超超临界机组技术。合理配置调峰机组，确保高参数机组能高效运行。

8.1.1.2 发电系统节能提效技术

总结和推广成熟的火力发电节能技术，从全系统的观点，以能源在数量和质量上双提效、双挖潜的视角，搞好技术进步和先进技术的配套集成应用，以期达到"提高存量火电机组利用效率和创新增量火电机组效率"的双赢目的。可采用的综合系统节能提效技术，主要包括：汽轮机系统改造（汽轮机通流部分改造、汽轮机间隙调整及汽封改造、汽轮机冷端优化、蒸汽和给水管道系统优化）、锅炉系统改造（锅炉排烟余热回收利用、空气预热器密封改造、锅炉风机改造、锅炉运行优化调整、锅炉等离子点火或微油点火技术）、综合改造（电除尘器高频电源改造及运行、脱硫系统运行优化、凝结水泵变频改造、电厂照明节能措施）、供热改造等。

8.1.1.3 热电（冷）联产技术

在保证热电稳定供应的基础上，使热电产业保持略快于国民经济增长的速度，具体到 2015 年，热电装机规模将达到 2.4 亿 kW，占同期全国发电机组总装机容量的 17%，"十二五"期间净增 7000 万 kW；到 2020 年，热电装机规模将达到 3.4 亿 kW，占同期全国发电机组总装机容量的 18%，"十三五"期间净增 1 亿 kW；2020 年后，热电的发展除要服从全国电力发展规划外，要根据热负荷的实际和发展，合理规划电源结构和发展大容量的供热（冷）机组，并进行供热（冷）能源多元化的试点和应用。今后还要根据我国能源结构的调整作出相应规划，届时随着我国天然气资源（含页岩气）的不断开发利用，热电将会朝更清洁、更环保方向发展。

8.1.1.4　燃煤发电节水技术

根据节水技术本身的成熟程度、国产化程度以及适应性，在空冷电厂应用干除灰、干除渣技术、辅机空冷技术，广泛应用活性焦等干法脱硫技术，使耗水指标降至 $0.04m^3/$（$s \cdot GW$）。

8.1.1.5　燃煤发电与太阳能（风能）复合发电技术

燃煤发电与太阳能风能复合发电技术在技术上是可行的，并且燃煤发电与太阳能风能复合发电机组的调峰性能良好，运行可靠性较高，运行成本较低，所产生的经济效益显著。在我国西北部的 11 个大型煤炭基地和风能、太阳能丰富的地区，建设燃煤发电与太阳能（风能）等可再生能源发电的复合发电机组，可以吸纳不稳定的太阳能和风能发电，实现化石燃料和可再生能源双赢发展的目的。

8.1.2　循环流化床锅炉发电技术展望

我国已掌握了系统的循环流化床锅炉技术，先进的节能型循环流化床技术与煤粉炉效率和可用率相当，加上其煤质适应广、低成本污染控制方面的优势，必将得到电力系统的青睐。因此应进一步提高机组可靠性，降低厂用电率、提高燃烧效率，深度降低 SO_2、NO_x 排放，发展超临界/超超临界大容量、高参数循环流化床锅炉技术。

8.1.3　IGCC 发电技术展望

IGCC 技术是煤炭清洁、高效利用，尤其是减排 CO_2 的有效途径之一，具有广阔的发展前景。该技术系统较复杂，投资费用和发电成本较高，要通过天津绿色煤电示范工程积累经验，尽快掌握和改进 IGCC 技术，并和煤化工等行业紧密结合，尽快做到煤炭的分级、按质利用，实现煤炭作为能源和资源高效利用的双赢目的。

8.1.4　燃煤发电污染控制技术展望

大力推进安全、经济、资源化的污染控制技术，不断降低 SO_2、NO_x、细颗粒物（$PM_{2.5}$）和重金属等污染物排放量，应优先采用新一代低 NO_x 燃烧等源头污染物控制技术，应用先进的技术对现有脱硫、脱硝、除尘装置进行改造，研究推广基于安全、经济、节能、节水、减少占地、系统简单和副产品可资源化的多污染物联合控制技术。

8.1.5　CCUS 技术展望

能耗过高和长期封存的安全性是实施 CCUS 技术发展的最大障碍。现阶段的重点是开发创新自主产权的利用新技术，并推进燃煤电厂 CO_2 捕集示范项目，重视 CO_2 在驱油和煤层气方面的利用。

8.2 燃煤发电政策建议

1）煤炭的清洁、高效、低碳利用是我国清洁能源的重要组成部分，应将清洁、高效、低碳燃煤发电技术纳入国家重大专项计划，加强对先进燃煤发电技术及相关产业的支持力度。

2）建议以环境质量要求为导向，以安全、高效、清洁、经济为目标，以先进的污染控制技术为基础，因地、因时制定火电污染物排放标准，同时统筹规划各行业大气污染物控制工作，制定科学合理的各行业污染物控制行业标准并严格实施，防止片面、"一刀切"式的粗放式环境管理方式。积极推进行政手段与市场手段相结合、以市场手段为主的污染物控制法规政策体系和制度，加大采用财政、税收、价格等经济手段，推进燃煤发电和污染物控制技术的应用和推广。

根据实际情况，对已颁布的《火电厂大气污染物排放标准》进行评议，根据各地区环境容量，采取分步走战略，科学、有序、积极、稳健地控制煤炭利用过程中污染物的排放；在近期，适当放宽非重点地区的排放限值，使得这些地区的电厂可以利用能源、环境、资源消耗和经济方面性能俱佳的低氮燃烧技术达到合理的环境标准，缓解我国资源消耗、电厂改造工期和近期脱硝市场供应能力方面的压力。

3）将节能减排的理念、指标、制度以及行业监管职责等通过法制化的形式予以确定。应逐步淡化或改变以行政要求为主的强制性节能减排的推进方式，建立法律推进的长效机制。加快完善环境目标制定的科学决策系统，建立科学的目标评估系统。

推进市场手段，促进节能减排，包括继续完善脱硫电价补偿机制，出台鼓励火电厂烟气脱硝的经济政策，继续推进火电厂烟气脱硫装置建设运行特许经营。

4）加快研究和制定 CCUS 相关的安全、环保等法规政策体系，研究和出台上网电价补贴、减免资源税政策，建立长期有效的金融支持机制，成立政府指导和协调下的，由煤炭、电力、石油、地质、运输等相关组织构成的联盟，推进 CCUS 技术研发和示范。

5）建立和完善保障电厂燃煤稳定供应的体制机制：建立长期合同、短期合同和现货合同相结合的电厂燃煤购销体制，确保按设计煤质供煤；建立起政府指导和监管、行业协调、企业为主体的燃煤管理体系；在创建煤炭价格指数的基础上，构建燃煤价格调整机制；逐步完善燃煤价格、上网电价、销售电价的联动机制。

8.3 燃煤发电技术发展路线图

根据我国在燃煤发电技术领域的发展，国家燃煤发电污染排放标准的实施和碳排放限额的要求，给出下面的技术发展线路图（图 8-1）。

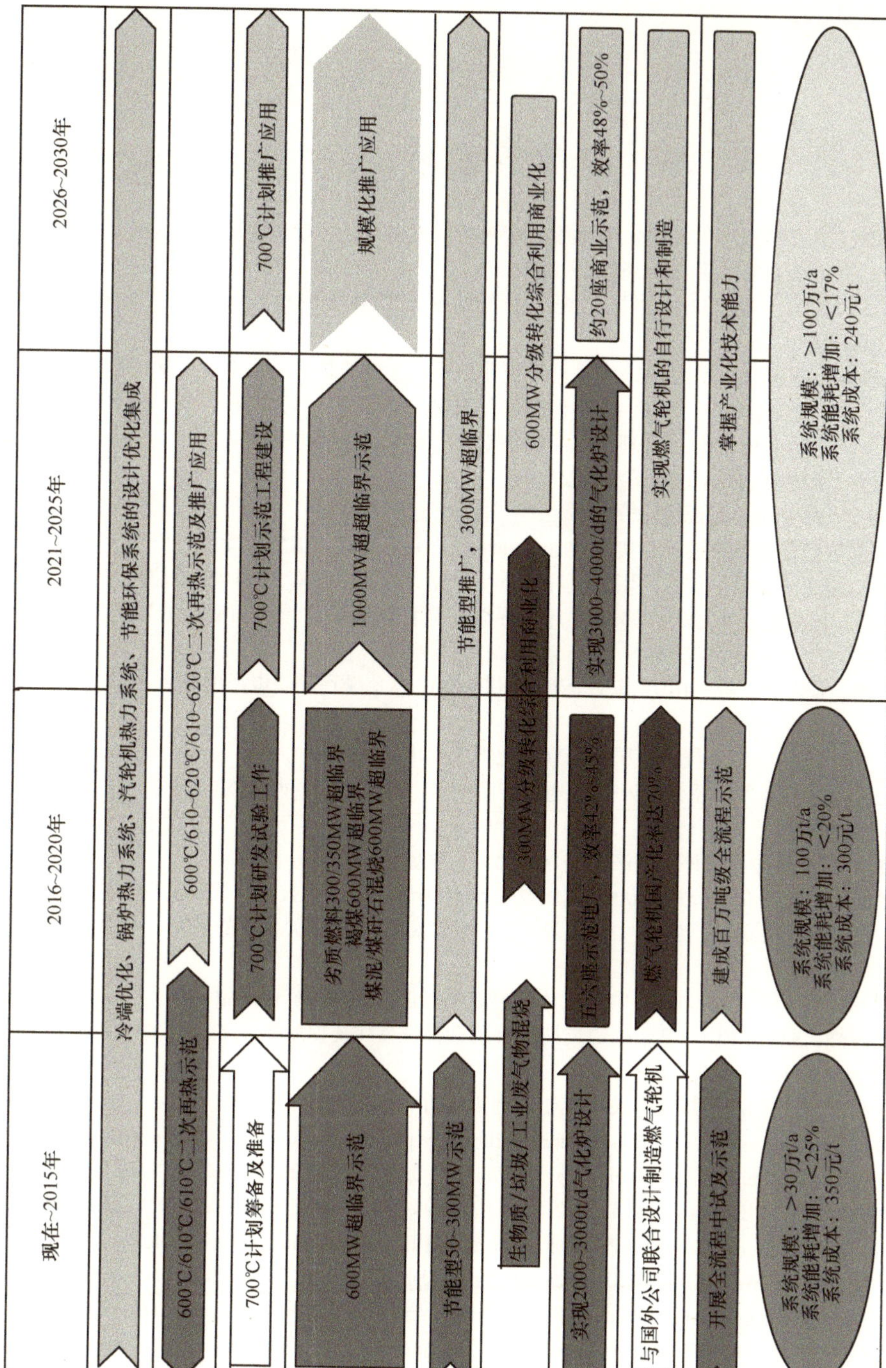

技术	项目	现在~2015年	2016~2020年	2021~2025年	2026~2030年
超超临界燃煤发电技术	系统优化	冷端优化、锅炉热力系统、汽轮机热力系统、节能环保系统的设计优化集成			
	再热优化	600℃/610℃/610℃二次再热示范	600℃/610℃-620℃/610℃-620℃二次再热示范及推广应用		
	提高参数	700℃计划筹备及准备	700℃计划研发试验工作	700℃计划示范工程建设	700℃计划推广应用
	大型化	600MW超超临界示范	劣质燃料300/350MW超超临界/超临界600MW超超临界　褐煤、煤矸石混烧600MW超超临界	1000MW超超临界示范	规模化推广应用
循环流化床	节能型	节能型50~300MW示范		节能型推广，300MW超临界　600MW超临界	
	综合利用	生物质/垃圾/工业废气物混烧	300MW分级转化综合利用商业化	600MW分级转化综合利用商业化	
IGCC	气化炉	实现2000~3000t/d气化炉设计	五环炉示范电厂，效率42%~43%	实现3000~4000t/d的气化炉设计	约20座商业示范，效率48%~50%
	燃气轮机	与国外公司联合设计制造燃气轮机	燃气轮机国产化率达70%	实现燃气轮机的自行设计和制造	
	规模水平	开展全流程中试发示范	建成百万吨级全流程示范	掌握产业化技术能力	
CCUS	关键参数	系统规模：>30万t/a　系统能耗增加：<25%　系统成本：350元/t	系统规模：100万t/a　系统能耗增加：<20%　系统成本：300元/t		系统规模：>100万t/a　系统能耗增加：<17%　系统成本：240元/t

图8-1　燃煤发电技术发展路线

参 考 文 献

岑可法，倪明江，骆仲泱，等．1998．循环流化床锅炉理论与设计运行．北京：中国电力出版社．

车间空气中二氧化碳卫生标准．GB 16201—1996．

陈超，胡聃，文秋霞，等．2007．中国水泥生产的物质消耗和环境排放分析．安徽农业科学，35
  （28）：8986~8989

程乐鸣，王勤辉，施正伦，等．2006．大型循环流化床锅炉中的传热．动力工程，26（3）：305~310．

程乐鸣，周星龙，郑成航，等．2008．大型循环流化床锅炉的发展．动力工程，28（6）：817~826．

冯俊凯，岳光溪，吕俊复．2003．循环流化床燃烧锅炉．北京：中国电力出版社．

工业企业设计卫生标准．TJ36—79．

廖祖仁．1993．产品寿命周期费用评价法．北京：国防工业出版社．

刘宇．2007．多联产能源系统设计和实施过程关键问题研究．北京：清华大学博士学位论文．

宋丹娜．2007．基于生命周期评价的铝工业环境负荷研究．长沙：中南大学硕士学位论文．

王超，程乐鸣，周星龙，等．2011．600MW 超临界循环流化床锅炉炉膛气固流场的数值模拟．中国电
  机工程学报，31（14）：1~7．

王云，赵永椿，张军营，等．2010．基于全生命周期的 O_2/CO_2 循环燃烧电厂的技术-经济评价．中国科
  学，41（1）：119~128．

徐旭常，周力行．2007．燃烧技术手册．北京：化学工业出版社．

严宏强，程均培，都有兴，等．2009．中国电气工程大典（第4卷）：火力发电工程．北京：中国电力
  出版社．

杨建新．2002．产品生命周期评价方法及应用．北京：气象出版社．

中国大唐集团科技工程有限公司．2009．燃煤电站 SCR 烟气脱硝工程技术．北京：中国电力出版社．

中国国家发展和改革委员会．2004．关于燃煤电站项目规划和建设有关要求的通知．中国发展和改革委
  员会〔2004〕864 号文件．

中华人民共和国国家统计局．2009．中国统计年鉴2008．北京：中国统计出版社．

周建国，周春静，赵毅．2010．基于生命周期评价的选择性催化还原脱硝技术还原剂的选择研究．环境
  污染与防治，32（3）：102~108．

周亮亮，刘朝．2011．洁净燃煤发电技术全生命周期评价．中国电机工程学报．

Black J. 2010. Cost and performance baseline for fossil energy plants（Volume 1）：Bituminous coal and natural
  gas to electricity. National Energy Technology Laboratory，DOE/NETL-2010/1397.

Cheng L M，Zhou X L，Huang C，et al. 2012. Heat transfer of suspended surface in a CFB with 6 cyclones and
  a pant-leg. The 21st International Conference on Fluidized Bed Combustion，Naples，Italy.

Cheng L M，Zhou X L，Wang C，et al. 2011. Gas-solids hydrodynamics in a CFB with 6 cyclones and a pant-leg. The
  10th International Conference on Circulating Fluidized Beds and Fluidization Technology，Oregon，USA.

Ciferno J. 2008. Pulverized coal oxyfuel combustion（Volume 1）：Bituminous coal to electricity final re-
  port. National Energy Technology Laboratory，DOE/NETL-2007/1291.

Liang Z Y，Ma X Q，Lin H，et al. 2011. The energy consumption and environmental iMPacts of SCR technolo-
  gy in China. Applied Energy，（88）：1120~1129.

National Bureau of Statistics of China. 2009. China Statistical Yearbook 2008. Beijing：China statistics press
  （in Chinese）.

OSPAR Convention. 1992. The Convention for the Protection of the Marine Environment of the North-East Atlantic.

Zhou X L，Cheng L M，Wang Q H，et al. 2012. Non-uniform distribution of gas-solid flow through six parallel
  cyclones in a CFB system：An experimental study. Particuology.（10）：172~175.